国防科工委“十五”规划教材.力学

复合材料结构力学与结构设计

赵美英　陶梅贞　编著

西北工业大学出版社

北京航空航天大学出版社　北京理工大学出版社
哈尔滨工业大学出版社　哈尔滨工程大学出版社

内容简介

全书内容包括复合材料结构力学与飞机复合材料结构设计两部分。复合材料结构力学部分从各向异性体弹性力学基本方程出发，论述了复合材料层合梁、层压板以及层合壳结构在各种不同铺层形式下的弯曲、屈曲问题的一般求解方法，内容由浅入深，注重基础理论。飞机复合材料结构设计部分详细介绍了复合材料结构设计原则和设计方法，层压板与层压构件设计，连接设计，耐久性/损伤容限设计方法，以期达到指导复合材料飞机结构设计的目的。

全书在内容编排上循序渐进，力求深入浅出，主要作为高等院校本科生及研究生的教学用书，也可作为从事复合材料飞机结构设计与分析工程技术人员和研究人员的参考书。

图书在版编目(CIP)数据

复合材料结构力学与结构设计/赵美英，陶梅贞编著. —西安：西北工业大学出版社，2007.12(2020.8 重印)
国防科工委"十五"规划教材. 力学
ISBN 978-7-5612-2158-7

Ⅰ.复… Ⅱ.①赵…②陶… Ⅲ.①复合材料结构力学—高等学校—教材②复合材料—结构设计—高等学校—教材 Ⅳ.TB33

中国版本图书馆 CIP 数据核字(2007)第 013460 号

复合材料结构力学与结构设计

赵美英 陶梅贞 编著
责任编辑 季强
责任校对 季苏平
西北工业大学出版社出版发行
西安市友谊西路 127 号
市场部电话：029-88493844 88491757
http://www.nwpup.com
陕西向阳印务有限公司印制 各地书店经销
开本：787 mm×960 mm 1/16
印张：12 字数：245 千字
2007 年 12 月第 1 版 2020 年 8 月第 3 次印刷
ISBN 978-7-5612-2158-7 定价：35.00 元

总　序

国防科技工业是国家战略性产业，是国防现代化的重要工业和技术基础，也是国民经济发展和科学技术现代化的重要推动力量。半个多世纪以来，在党中央、国务院的正确领导和亲切关怀下，国防科技工业广大干部职工在知识的传承、科技的攀登与时代的洗礼中，取得了举世瞩目的辉煌成就；研制、生产了大量武器装备，满足了我军由单一陆军，发展成为包括空军、海军、第二炮兵和其他技术兵种在内的合成军队的需要，特别是在尖端技术方面，成功地掌握了原子弹、氢弹、洲际导弹、人造卫星和核潜艇技术，使我军拥有了一批克敌制胜的高技术武器装备，使我国成为世界上少数几个独立掌握核技术和外层空间技术的国家之一。国防科技工业沿着独立自主、自力更生的发展道路，建立了专业门类基本齐全，科研、试验、生产手段基本配套的国防科技工业体系，奠定了进行国防现代化建设最重要的物质基础；掌握了大量新技术、新工艺，研制了许多新设备、新材料，以“两弹一星”、“神舟”号载人航天为代表的国防尖端技术，大大提高了国家的科技水平和竞争力，使中国在世界高科技领域占有了一席之地。党的十一届三中全会以来，伴随着改革开放的伟大实践，国防科技工业适时地实行战略转移，大量军工技术转向民用，为发展国民经济做出了重要贡献。

国防科技工业是知识密集型产业，国防科技工业发展中的一切问题归根到底都是人才问题。50多年来，国防科技工业培养和造就了一支以“两弹一星”元勋为代表的优秀的科技人才队伍，他们具有强烈的爱国主义思想和艰苦奋斗、无私奉献的精神，勇挑重担，敢于攻关，为攀登国防科技高峰进行了创造性劳动，成为推动我国科技进步的重要力量。面向新世纪的机遇与挑战，高等院校在培养国防科技人才，产生和传播国防科技新知识、新思想，攻克国防基础科研和高技术研究难题当中，具有不可替代的作用。国防科工委高度重视，积极探索，锐意改革，大力推进国防科技教育特别是高等教育事业的发展。

高等院校国防特色专业教材及专著是国防科技人才培养当中重要的知识载体和教学工具，但受种种客观因素的影响，现有的教材与专著整体上已落后于当今国防科技的发展水平，不适应国防现代化的形势要求，对国防科技高层次人才的培养造成了相当不利的影响。为尽快改变这种状况，建立起质量上乘、品种齐全、特点突出、适应当代国防科技发展的国防特色专业教材体系，国防科工委全额资助编写、出版200种国防特色专业重点教材和专著。为保证教材及专著的质量，在广泛动员全国相关专业领域的专家学者竞投编著工作的基础上，以陈懋章、王泽山、陈一坚院士为代表的100多位专家、学者，对经各单位精选的近550种教材和专著进行了严格的评审，评选出近200种教材和学术专著，覆盖航空宇航科学与技术、控制科学与工程、仪器科学与工程、信息与通信技术、电子科学与技术、力学、材料科学与工程、机械工程、电气工程、兵器科学与技术、船舶与海洋工程、动力机械及工程热物理、光学工程、化学工程与技术、核科学与技术等学科领域。一批长期从事国防特色学科教学和科研工作的两院院士、资深专家和一线教师成为编著者，他们分别来自清华大学、北京航空航天大学、北京理工大学、华北工学院、沈阳航空工业学院、哈尔滨工业大学、哈尔滨工程大学、上海交通大学、南京航空航天大学、南京理工大学、苏州大学、华东船舶工业学院、东华理工学院、电子科技大学、西南交通大学、西北工业大学、西安交通大学等，具有较为广泛的代表性。在全面振兴国防科技工业的伟大事业中，国防特色专业重点教材和专著的出版，将为国防科技创新人才的培养起到积极的促进作用。

党的十六大提出，进入21世纪，我国进入了全面建设小康社会、加快推进社会主义现代化的新的发展阶段。全面建设小康社会的宏伟目标，对国防科技工业发展提出了新的更高的要求。推动经济与社会发展，提升国防实力，需要造就宏大的人才队伍，而教育是奠基的柱石。全面振兴国防科技工业必须始终把发展作为第一要务，落实科教兴国和人才强国战略，推动国防科技工业走新型工业化道路，加快国防科技工业科技创新步伐。国防科技工业为有志青年展示才华，实现志向，提供了缤纷的舞台，希望广大青年学子刻苦学习科学文化知识，树立正确的世界观、人生观、价值观，努力担当起振兴国防科技工业、振兴中华的历史重任，创造出无愧于祖国和人民的业绩。祖国的未来无限美好，国防科技工业的明天将再创辉煌。

张华祝

前　言

复合材料的力学分析和研究大致可分为材料力学和结构力学两大部分，习惯上把复合材料的材料力学部分称为复合材料力学，而把复合材料结构（如板、壳结构）的力学部分称为复合材料结构力学，这两部分在广义上也可称为复合材料力学。本书主要介绍复合材料结构力学与复合材料结构设计的相关内容。

复合材料结构力学，它从简单结构件的角度来分析复合材料结构的力学性能，把层压材料作为分析问题的起点。层压材料的力学性能可从宏观力学方法求出，或为了简便和可靠，可用实验方法直接求出。复合材料结构力学的研究对象为复合材料组成的各种形状的结构元件，如杆、梁、板、壳等元件及由这些元件组成的各式各样的工程结构件，考虑构件的边界条件，计算在已知外载荷作用下构件的应力分布与变形。其主要研究内容包括静力、稳定性分析以及结构优化设计等内容，其中有层压板、夹层结构和壳结构的弯曲、屈曲等问题。在复合材料结构力学中，层压板及壳是被当做具有平均性能的单元体，因此在实质上，它就是非各向同性材料的结构力学。其分析方法以各向异性弹性力学方法为主，同时采用有限元素法、有限差分法、能量变分法等方法，有关内容将分别在本书相应章节内加以介绍。

复合材料结构设计部分以飞机复合材料结构为对象，以大量国内外最新研究成果和资料为基础，以结构设计流程为主线，对结构设计要求、设计原则和设计方法做了全面、系统、完整的阐述，以期达到指导复合材料飞机结构设计的目的。由于复合材料的特点，当设计、分析具体实施时，在很多方面复合材料结构不同于金属结构。铺层设计（含纤维取向设计）和组合件、整体化设计概念，与结构形式相关的细节设计和连接设计，以及采用低成本工艺技术是复合材料结构设计技术的突出特点。书中对国内外现已应用的复合材料结构设计要求、设计原则和设计方法，结构设计选材与许用值确定，层压板与层压壁板设计，连接设计与修理，开口设计等做了详细介绍；同时对结构验证，结构耐久性/损伤容限设计，疲劳特性分析，湿热、雷电、腐蚀环境的设计防护等也做了扼要介绍。

全书内容力求系统完整、科学严谨、深入浅出、反映技术最新进展。书中图文并茂，以利读者尽快掌握复合材料结构力学的基本理论和复合材料结构设计的基本技术。

本书由赵美英编写了第1至4章，陶梅贞编写了第5至8章。

承蒙中国飞机强度研究所沈真研究员，西北工业大学马祖康教授审阅了全稿，并提出了宝贵意见，在此表示衷心感谢。

对于书中的缺点和错误，敬请读者不吝指出，以便再版时修正。

编　者

2007年6月

目　　录

第 1 章　复合材料结构分析

1.1　各向异性体弹性力学基本方程

一、概述

在弹性理论中，各向同性材料的平衡方程、几何方程（即应变-位移关系）、协调方程和本构方程（即应力-应变关系）已为我们所熟知。连续纤维增强复合材料是各向异性的，对于各向异性材料，在应用这些方程分析复合材料的小变形、线弹性问题时只须考虑复合材料的各向异性，修改应力-应变关系即可，而其他各方程都与各向同性材料的相同。

二、各向异性弹性体的应力-应变关系

在各向异性弹性体内取一正六面体单元，尺寸为 dx，dy，dz，坐标系如图 1.1 所示。

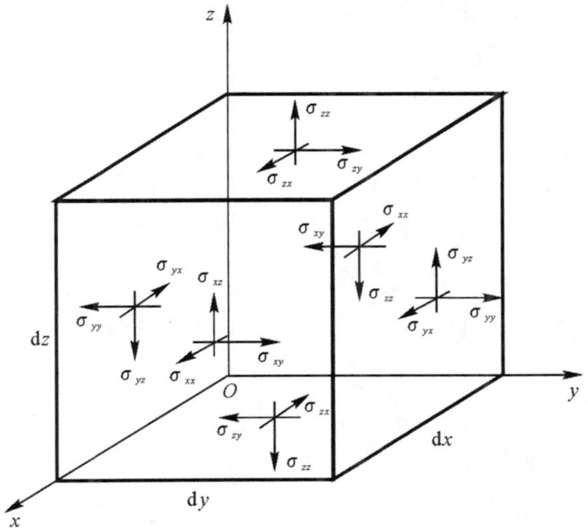

图 1.1　正六面体单元坐标系

在外界因素作用下，单元体的表面上同时存在正应力和剪应力。各应力分量可以统一用张量符号表示为 σ_{ij} $(i,j = x, y, z$ 或 $i,j = 1, 2, 3)$。任一应力分量的前下标表示该应力作用面

的外法线所平行的轴，后下标表示该应力分量所平行的轴。对于外法线沿正轴方向的面称为正面，反之称为负面；当应力分量沿正轴方向时，应力分量为正向，反之应力为负向。应力的正负号与下标的关系规定如下：正面正向或负面负向的应力均为正，否则为负。例如，当应力分量是在外法线沿负轴方向的面上时，沿负轴方向的应力分量为正（如图 1.1 所示应力均为正）。

任何物体在外力作用下处于平衡状态时，物体内部各点之间的距离将发生变化，这就形成了物体的变形。由于物体变形，所取单元体的棱边长度和夹角都将改变，发生相应的应变。应变分量统一用张量符号 ε_{ij} 表示。其中线应变 ε_{ii} $(i=x,\ y,\ z)$ 是当正应力 σ_{ii} 作用在单元体上时，单元体中沿下标方向尺寸的变形的度量；剪应变 ε_{ij} $(i\neq j)$ 正比于在 σ_{ij} 作用下单元体两棱边所夹直角的角度改变量。例如，在单元体的 xOy 平面内（见图 1.2），在剪应力 σ_{xy} 和 σ_{yx} 作用下发生剪应变 γ_{xy}，即

$$\gamma_{xy}=\frac{\pi}{2}-\Phi$$

而剪应变张量定义为

$$\varepsilon_{xy}=\frac{1}{2}\gamma_{xy}$$

类似的有

$$\varepsilon_{xz}=\frac{\gamma_{xz}}{2},\quad \varepsilon_{yx}=\frac{\gamma_{yx}}{2}$$

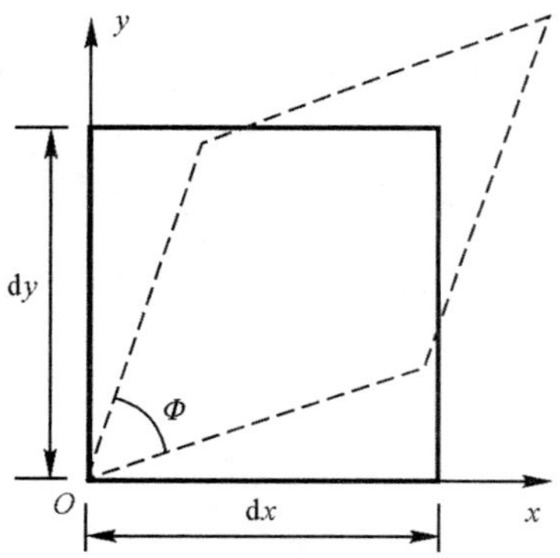

图 1.2　单元体的 xOy 平面内的剪应变

在一般情况下，各向异性体中的每一个应变分量都是全部应力分量的线性函数。如果用张量形式表示，它们的关系可写为

$$\sigma_{ij}=C_{ijkl}\varepsilon_{kl} \tag{1.1}$$

式(1.1)称为本构方程，亦即广义胡克定律，其中 $[C_{ijkl}]$ 称为刚度矩阵。由于应力 σ_{ij} 和应变 ε_{kl} 都是二阶张量，故在三维空间中，$[C_{ijkl}]$ 是一个四阶张量，含有 $3^4=81$ 个元素，这些元素分别表示一个相应的弹性常数。但是，在实际材料中，考虑到均质各向异性材料的实际情况，可以使 $[C_{ijkl}]$ 得到大大简化。

(1) 由于应力张量 σ_{ij} 和应变张量 ε_{kl}，都是对称张量，即 $\sigma_{ij}=\sigma_{ji}$，$\varepsilon_{kl}=\varepsilon_{lk}$，所以 $C_{ijkl}=C_{jilk}$。于是，$[C_{ijkl}]$ 的独立分量由原来的 81 个缩减为 36 个。

(2) 由于存在弹性应变能密度函数

$$U_0=\frac{1}{2}\sigma_{ij}\varepsilon_{ij}$$

且

$$\frac{\partial U_0}{\partial \varepsilon_{ij}}=C_{ijkl}\varepsilon_{kl}=\sigma_{ij}$$

故可证明 $C_{ijkl}=C_{klij}$。于是，对均质各向异性材料来说，$[C_{ijkl}]$ 的独立分量（即独立的弹性常数）

进一步缩减为 21 个。

工程中通常采用简化符号，$C_{ijkl}=C_{mn}(m,\ n=1,2,\cdots,6)$，即下标 $11=1,22=2,33=3,23=4,31=5,12=6$。于是应力和应变的张量符号同工程简化符号有如下对应关系：

$$\sigma_{11}=\sigma_1,\quad \sigma_{22}=\sigma_2,\quad \sigma_{33}=\sigma_3$$

$$\sigma_{23}=\sigma_4=\tau_{23},\quad \sigma_{31}=\sigma_5=\tau_{31},\quad \sigma_{12}=\sigma_6=\tau_{12}$$

$$\varepsilon_{11}=\varepsilon_1,\quad \varepsilon_{22}=\varepsilon_2,\quad \varepsilon_{33}=\varepsilon_3$$

$$2\varepsilon_{23}=\varepsilon_4=\gamma_{23},\quad 2\varepsilon_{31}=\varepsilon_5=\gamma_{31},\quad 2\varepsilon_{12}=\varepsilon_6=\gamma_{12}$$

根据弹性常数的对称关系，可将式(1.1) 展开，并用工程简化符号写为

$$\begin{bmatrix}\sigma_1\\ \sigma_2\\ \sigma_3\\ \sigma_4\\ \sigma_5\\ \sigma_6\end{bmatrix}=\begin{bmatrix}C_{11} & C_{12} & C_{13} & C_{14} & C_{15} & C_{16}\\ & C_{22} & C_{23} & C_{24} & C_{25} & C_{26}\\ & & C_{33} & C_{34} & C_{35} & C_{36}\\ & \text{对} & & C_{44} & C_{45} & C_{46}\\ & & \text{称} & & C_{55} & C_{56}\\ & & & & & C_{66}\end{bmatrix}\begin{bmatrix}\varepsilon_1\\ \varepsilon_2\\ \varepsilon_3\\ \varepsilon_4\\ \varepsilon_5\\ \varepsilon_6\end{bmatrix} \tag{1.2}$$

或缩写为

$$[\sigma_i]=[C_{ij}][\varepsilon_j]\quad (i,j=1,2,\cdots,6) \tag{1.2'}$$

这就是工程中常用的用应变表示应力的广义胡克定律表达式。如果将刚度矩阵$[C_{ij}]$求逆，可得用应力表示应变的另一种形式的广义胡克定律表达式，即

$$\begin{bmatrix}\varepsilon_1\\ \varepsilon_2\\ \varepsilon_3\\ \varepsilon_4\\ \varepsilon_5\\ \varepsilon_6\end{bmatrix}=\begin{bmatrix}S_{11} & S_{12} & S_{13} & S_{14} & S_{15} & S_{16}\\ & S_{22} & S_{23} & S_{24} & S_{25} & S_{26}\\ & & S_{33} & S_{34} & S_{35} & S_{36}\\ & \text{对} & & S_{44} & S_{45} & S_{46}\\ & & \text{称} & & S_{55} & S_{56}\\ & & & & & S_{66}\end{bmatrix}\begin{bmatrix}\sigma_1\\ \sigma_2\\ \sigma_3\\ \sigma_4\\ \sigma_5\\ \sigma_6\end{bmatrix} \tag{1.3}$$

或缩写为

$$[\varepsilon_i]=[S_{ij}][\sigma_j]\quad (i,j=1,2,\cdots,6) \tag{1.3'}$$

式中，$[S_{ij}]$称为柔度矩阵，显然$[S_{ij}]=[C_{ij}]^{-1}$，或$[C_{ij}]=[S_{ij}]^{-1}$。

三、弹性应变能

在弹性体受力发生变形的过程中，外力要做功。与此同时，弹性体内部储存能量称为弹性应变能。在等温或绝热条件下，弹性应变能在数值上等于外力功。弹性体中的弹性应变能用 U 表示。单位体积内的弹性应变能用 U_0 表示，即弹性应变能密度。

根据弹性力学知识，如果在应力$(\sigma_x,\sigma_y,\cdots,\tau_{xy})$作用下，单元体的应变状态从$(\varepsilon_x,\varepsilon_y,\cdots,$

γ_{xy}）变为（$\varepsilon_x+\mathrm{d}\varepsilon_x,\varepsilon_y+\mathrm{d}\varepsilon_y,\cdots,\gamma_{xy}+\mathrm{d}\gamma_{xy}$），则在此过程中单位体积内的应变能为

$$\mathrm{d}U=\sigma_x\mathrm{d}\varepsilon_x+\sigma_y\mathrm{d}\varepsilon_y+\sigma_z\mathrm{d}\varepsilon_z+\tau_{yz}\mathrm{d}\gamma_{yz}+\tau_{zx}\mathrm{d}\gamma_{zx}+\tau_{xy}\mathrm{d}\gamma_{xy} \tag{1.4}$$

在应变从零缓慢地增加到终值（$\varepsilon_x,\varepsilon_y,\cdots,\gamma_{xy}$）的整个加载过程对式(1.4)进行积分，便得到

$$U_0=\frac{1}{2}(\sigma_x\varepsilon_x+\sigma_y\varepsilon_y+\sigma_z\varepsilon_z+\tau_{yz}\gamma_{yz}+\tau_{zx}\gamma_{zx}+\tau_{xy}\gamma_{xy}) \tag{1.5}$$

或写成矩阵形式

$$U_0=\frac{1}{2}[\sigma_i]^{\mathrm{T}}[\varepsilon_i] \tag{1.5$'$}$$

对于均质各向异性弹性体来说，材料的弹性性质与坐标位置无关。由于弹性应变能密度是应变分量（$\varepsilon_x,\varepsilon_y,\cdots,\gamma_{xy}$）的函数，且仅与应变的最终值有关。因此可以写成

$$\mathrm{d}U_0=\frac{\partial U_0}{\partial\varepsilon_x}\mathrm{d}\varepsilon_x+\frac{\partial U_0}{\partial\varepsilon_y}\mathrm{d}\varepsilon_y+\frac{\partial U_0}{\partial\varepsilon_z}\mathrm{d}\varepsilon_z+\frac{\partial U_0}{\partial\gamma_{yz}}\mathrm{d}\gamma_{yz}+\frac{\partial U_0}{\partial\gamma_{zx}}\mathrm{d}\gamma_{zx}+\frac{\partial U_0}{\partial\gamma_{xy}}\mathrm{d}\gamma_{xy} \tag{1.6}$$

对比式(1.4)与式(1.6)可得

$$\left.\begin{aligned}\frac{\partial U_0}{\partial\varepsilon_x}&=\sigma_x\\ \frac{\partial U_0}{\partial\varepsilon_y}&=\sigma_y\\ \frac{\partial U_0}{\partial\varepsilon_z}&=\sigma_z\\ \frac{\partial U_0}{\partial\gamma_{yz}}&=\tau_{yz}\\ \frac{\partial U_0}{\partial\gamma_{zx}}&=\tau_{zx}\\ \frac{\partial U_0}{\partial\gamma_{xy}}&=\tau_{xy}\end{aligned}\right\} \tag{1.7}$$

将上式代入广义胡克定律表达式(1.2)，有

$$\begin{bmatrix}\dfrac{\partial U_0}{\partial\varepsilon_x}\\ \dfrac{\partial U_0}{\partial\varepsilon_y}\\ \vdots\\ \dfrac{\partial U_0}{\partial\gamma_{xy}}\end{bmatrix}=\begin{bmatrix}C_{11} & C_{12} & \cdots & C_{16}\\ C_{21} & C_{22} & \cdots & C_{26}\\ \vdots & \vdots & & \vdots\\ C_{61} & C_{62} & \cdots & C_{66}\end{bmatrix}\begin{bmatrix}\varepsilon_x\\ \varepsilon_y\\ \vdots\\ \gamma_{xy}\end{bmatrix} \tag{1.8}$$

如果将上式中的第一式和第二式分别对 ε_y 和 ε_x 求偏导，可得

$$\frac{\partial^2U_0}{\partial\varepsilon_x\partial\varepsilon_y}=C_{12},\quad \frac{\partial^2U_0}{\partial\varepsilon_y\partial\varepsilon_x}=C_{21}$$

由于导数值与微分顺序无关，所以

$$C_{12}=C_{21}$$

同理，可以证明在其余各刚度系数之间也存在类似关系，即

$$C_{ij}=C_{ji} \quad (i,j=1,2,\cdots,6)$$

这表明刚度矩阵$[C_{ij}]$是一个对称矩阵。由于柔度矩阵是刚度矩阵的逆矩阵，所以柔度矩阵$[S_{ij}]$也必是一个对称矩阵。从而证明了本节二中提到的结论，即均质各向异性材料具有 21 个独立的弹性常数。

若将应力-应变关系式(1.2) 代入式(1.5) 可得

$$U_0=\frac{1}{2}[\varepsilon_i]^{\mathrm{T}}[C_{ij}][\varepsilon_j] \quad (i,j=1,2,\cdots,6) \tag{1.9}$$

即

$$\begin{aligned}U_0=&\frac{1}{2}C_{11}\varepsilon_x^2+C_{12}\varepsilon_x\varepsilon_y+C_{13}\varepsilon_x\varepsilon_z+C_{14}\varepsilon_x\gamma_{yz}+C_{15}\varepsilon_x\gamma_{zx}+C_{16}\varepsilon_x\gamma_{xy}+\\&\frac{1}{2}C_{22}\varepsilon_y^2+C_{23}\varepsilon_y\varepsilon_z+C_{24}\varepsilon_y\gamma_{yz}+C_{25}\varepsilon_y\gamma_{zx}+C_{26}\varepsilon_y\gamma_{xy}+\\&\frac{1}{2}C_{33}\varepsilon_z^2+C_{34}\varepsilon_z\gamma_{yz}+C_{35}\varepsilon_z\gamma_{zx}+C_{36}\varepsilon_z\gamma_{xy}+\\&\frac{1}{2}C_{44}\gamma_{yz}^2+C_{45}\gamma_{yz}\gamma_{zx}+C_{46}\gamma_{yz}\gamma_{xy}+\\&\frac{1}{2}C_{55}\gamma_{zx}^2+C_{56}\gamma_{zx}\gamma_{xy}+\\&\frac{1}{2}C_{66}\gamma_{xy}^2\end{aligned} \tag{1.10}$$

同理，若将应力-应变关系式(1.3) 代入式(1.5)，可得与式(1.9) 相似的另一种表达形式，即

$$U_0=\frac{1}{2}[\sigma_i]^{\mathrm{T}}[S_{ij}][\sigma_j] \quad (i,j=1,2,\cdots,6)$$

1.2 具有弹性对称性的几种典型情况

在均质弹性体内，若过每一点沿不同的方向都具有不同的弹性特性，则称此弹性体为一般各向异性体，它的独立的弹性系数有 21 个；反之，在均质弹性体内，若过每一点沿不同的方向都具有相同的弹性特性，则此弹性体即为各向同性体，这时独立的弹性系数只有 2 个。事实上，复合材料有各种不同程度的对称性，即存在弹性对称面。所谓弹性对称面，就是指相对于该平面为对称的任意两个方向上的弹性性质都相同。通过利用这种对称性，将会使各向异性材料的独立的弹性系数进一步减少，从而使广义胡克定律的方程式和应变能密度函数的表达式得到简化。

下面分别对几种常用的弹性对称性材料进行讨论。

一、具有一个弹性对称面的情况

这种材料存在一个性能对称的正交平面，假设为 xOy 平面，z 轴与弹性对称面相垂直，如图 1.3(a) 所示。根据弹性对称性，当 z 轴变为相反方向时，如图 1.3(b) 所示。材料的应变能密度表达式应保持不变，但坐标 z 及位移分量 w 均变号，因此，

$$\gamma_{yz}=\frac{\partial v}{\partial z}+\frac{\partial w}{\partial y},\quad \gamma_{zx}=\frac{\partial u}{\partial z}+\frac{\partial w}{\partial x}$$

这两个剪应变将变号，而其余应变分量的符号保持不变。要使应变能密度表达式(1.10) 保持不变，显然该式中包括 γ_{yz}，γ_{zx} 的一次幂的各项应当为零，于是可得

$$C_{14}=C_{15}=C_{24}=C_{25}=C_{34}=C_{35}=C_{46}=C_{56}=0 \tag{1.11}$$

这样，独立的弹性常数减为 13 个。因此，对于垂直于 z 轴的平面为弹性对称面的各向异性体来说，其刚度矩阵 $\boldsymbol{C}$ 简化为

$$\begin{bmatrix} C_{11} & C_{12} & C_{13} & 0 & 0 & C_{16} \\ C_{12} & C_{22} & C_{23} & 0 & 0 & C_{26} \\ C_{13} & C_{23} & C_{33} & 0 & 0 & C_{36} \\ 0 & 0 & 0 & C_{44} & C_{45} & 0 \\ 0 & 0 & 0 & C_{45} & C_{55} & 0 \\ C_{16} & C_{26} & C_{36} & 0 & 0 & C_{66} \end{bmatrix}$$

柔度矩阵 $\boldsymbol{S}$ 的简化形式与此完全类似。

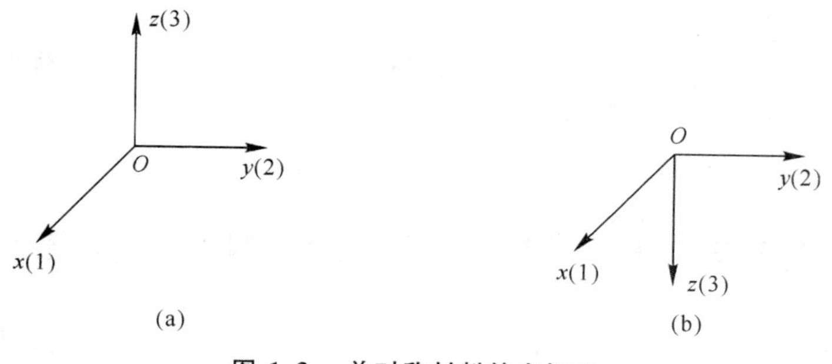

图 1.3　单对称材料的坐标系

二、具有三个相互正交的弹性对称面的情况

上面已证明了当材料存在一个弹性对称面时，它有 13 个独立的弹性系数。随着材料对称性程度的增加，独立的弹性系数的数量将继续减少。如果过均质弹性体的每一点有三个相互正

交的平面都是弹性对称面，则称之为正交各向异性体。

如果材料的弹性性能对正交平面 yOz 也对称，则当 x 轴改为相反方向时应变能密度表达式应保持不变，但是 γ_{zx}，γ_{xy} 要变号，因此式(1.10)中包括 γ_{zx} 及 γ_{xy} 的一次幂的各项应当为零，于是，除了式(1.11)成立外，还需

$$C_{16}=C_{26}=C_{36}=C_{45}=0 \tag{1.12}$$

同样，还可假设该材料的弹性性能对正交平面 zOx 对称，但是不会增加新的等于零的弹性系数了。也就是说：如果一种材料有两个正交的材料性能对称面，则对于和该两平面相垂直的第三个平面也必具有对称性。这种正交各向异性材料的独立弹性系数只有 9 个，它的刚度矩阵 $\boldsymbol{C}$ 简化为

$$\begin{bmatrix} C_{11} & C_{12} & C_{13} & 0 & 0 & 0 \\ C_{12} & C_{22} & C_{23} & 0 & 0 & 0 \\ C_{13} & C_{23} & C_{33} & 0 & 0 & 0 \\ 0 & 0 & 0 & C_{44} & 0 & 0 \\ 0 & 0 & 0 & 0 & C_{55} & 0 \\ 0 & 0 & 0 & 0 & 0 & C_{66} \end{bmatrix} \tag{1.13}$$

同理，可以得到简化了的类似的柔度矩阵 $\boldsymbol{S}$。

三、具有一个各向同性面的情况

这种材料也具有三个互相垂直的弹性对称面，且其中的一个是各向同性的，即在该平面内所有各个方向的弹性性质均相同，该平面即为各向同性面，这样的弹性体即称之为横观各向同性体（见图 1.4）。

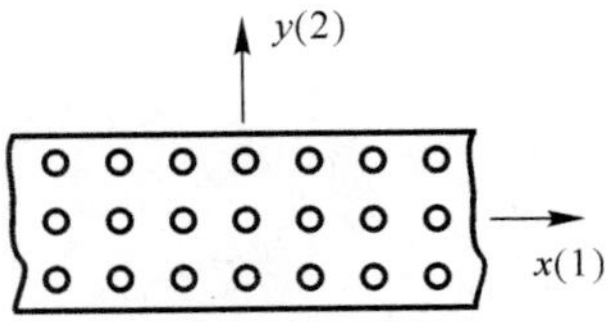

图 1.4　横观各向同性图

假设垂直于纤维方向的 xOy 平面为各向同性平面，当坐标轴 x 和 y 互换时，应变能密度表达式(1.10)应不变。当 ε_x 换为 ε_y，ε_y 换为 ε_x，γ_{yz} 换为 γ_{xz}，要求式(1.10)不变，必须有

$$C_{11}=C_{22},\quad C_{44}=C_{55},\quad C_{23}=C_{13} \tag{1.14}$$

将式(1.11)，(1.12)，(1.14)代入式(1.2)，有

$$\left.\begin{aligned} \sigma_x &= C_{11}\varepsilon_x + C_{12}\varepsilon_y + C_{13}\varepsilon_z \\ \sigma_y &= C_{12}\varepsilon_x + C_{11}\varepsilon_y + C_{13}\varepsilon_z \\ \tau_{xy} &= C_{66}\gamma_{12} \end{aligned}\right\} \tag{1.15}$$

由于 xOy 是材料的各向同性平面，则在这个平面内沿着任何方向都有相同的材料性质，因此不论坐标轴转过任何角度，应力、应变间都有相同的关系。容易证明

$$C_{66}=\frac{1}{2}(C_{11}-C_{12}) \tag{1.16}$$

将式(1.14)及式(1.16)代入式(1.13)得横观各向同性材料的刚度矩阵 $\boldsymbol{C}$ 表达式为

$$\begin{bmatrix} C_{11} & C_{12} & C_{13} & 0 & 0 & 0 \\ C_{12} & C_{11} & C_{13} & 0 & 0 & 0 \\ C_{13} & C_{13} & C_{33} & 0 & 0 & 0 \\ 0 & 0 & 0 & C_{44} & 0 & 0 \\ 0 & 0 & 0 & 0 & C_{44} & 0 \\ 0 & 0 & 0 & 0 & 0 & \frac{1}{2}(C_{11}-C_{12}) \end{bmatrix} \tag{1.17}$$

显然，横观各向同性材料只有 5 个独立的弹性系数。同理，可以得到简化了的类似的柔度矩阵 $\boldsymbol{S}$。

四、各向同性情况

若均质弹性体内每一点的任意方向上的弹性性质都相同，则称之为各向同性体。由于这种材料的弹性性能对互相垂直的三个对称平面完全一样，当坐标轴依次轮换时，应变能密度表达式(1.10)保持不变，因此得

$$\left.\begin{aligned} &C_{11}=C_{22}=C_{33} \\ &C_{12}=C_{13}=C_{23} \\ &C_{44}=C_{55}=C_{66}=\frac{1}{2}(C_{11}-C_{12}) \end{aligned}\right\} \tag{1.18}$$

以柔度矩阵 $\boldsymbol{S}$ 为例，可写为

$$\begin{bmatrix} S_{11} & S_{12} & S_{12} & 0 & 0 & 0 \\ S_{12} & S_{11} & S_{12} & 0 & 0 & 0 \\ S_{12} & S_{12} & S_{11} & 0 & 0 & 0 \\ 0 & 0 & 0 & 2(S_{11}-S_{12}) & 0 & 0 \\ 0 & 0 & 0 & 0 & 2(S_{11}-S_{12}) & 0 \\ 0 & 0 & 0 & 0 & 0 & 2(S_{11}-S_{12}) \end{bmatrix} \tag{1.19}$$

可以看出，正如人们已经熟知的那样，这时独立的弹性系数只有 2 个。

1.3 弹性力学问题的一般解法

分析弹性体受力后在弹性变形范围内的状态，要求解出 $\sigma_x,\sigma_y,\sigma_z,\tau_{yz},\tau_{zx},\tau_{xy}$ 六个应力分量，$\varepsilon_x,\varepsilon_y,\varepsilon_z,\gamma_{yz},\gamma_{zx},\gamma_{xy}$ 六个应变分量和 u,v,w 三个位移分量，共 15 个未知数。为此就需要有 15 个方程联立求解。上一节根据弹性体变形的几何关系(位移和应变关系)、物理关系(应力和应变关系，又称广义胡克定律)和平衡关系(平衡方程)恰巧建立了 15 个方程，弹性力学的基本任务就是在一定的边界条件下求解这 15 个方程。

在处理问题过程中，如果把应变-位移关系式

$$\varepsilon_x = \frac{\partial u}{\partial x}, \quad \varepsilon_y = \frac{\partial v}{\partial y}, \quad \varepsilon_z = \frac{\partial w}{\partial z}$$

$$\gamma_{yz} = \frac{\partial w}{\partial y} + \frac{\partial v}{\partial z}, \quad \gamma_{xz} = \frac{\partial w}{\partial x} + \frac{\partial u}{\partial z}, \quad \gamma_{xy} = \frac{\partial u}{\partial y} + \frac{\partial v}{\partial x}$$

代入广义胡克定律式(1.2) 或式(1.3)，然后再将应力代入平衡方程式

$$\frac{\partial \sigma_x}{\partial x} + \frac{\partial \tau_{xy}}{\partial y} + \frac{\partial \tau_{xz}}{\partial z} = 0$$

$$\frac{\partial \tau_{xy}}{\partial x} + \frac{\partial \sigma_y}{\partial y} + \frac{\partial \tau_{yz}}{\partial z} = 0$$

$$\frac{\partial \tau_{xz}}{\partial x} + \frac{\partial \tau_{yz}}{\partial y} + \frac{\partial \sigma_z}{\partial z} = 0$$

便得到仅含有位移分量 u,v,w 的偏微分方程，解出位移就能得到问题的全部解答，这种方法称为位移法。如果在求解这些方程时，既需要确定某些位移，也需要确定某些应力，经过变换可以在联立方程中同时包括位移和应力两种未知数，解这种联立方程的方法称为混合法。若在求解方程时仅应力为未知数，便称之为力法。对于具体问题采用何种方法，与问题所给定的边界条件有很大关系，因此，在解弹性力学问题时，根据求解方法和边界条件的不同，可归纳出以下三类基本问题。

第一类基本问题是在弹性体的全部表面上都给定了外力，要求确定弹性体内部及表面任意点上的应力和位移，这类问题的边界条件可写成如下形式：

在 S(物体表面) 上，

$$\left.\begin{aligned}
\sigma_x \cos(\boldsymbol{n},x) + \tau_{xy}\cos(\boldsymbol{n},y) + \tau_{xz}\cos(\boldsymbol{n},z) &= X_n \\
\tau_{xy}\cos(\boldsymbol{n},x) + \sigma_y \cos(\boldsymbol{n},y) + \tau_{yz}\cos(\boldsymbol{n},z) &= Y_n \\
\tau_{xz}\cos(\boldsymbol{n},x) + \tau_{yz}\cos(\boldsymbol{n},y) + \sigma_z \cos(\boldsymbol{n},z) &= Z_n
\end{aligned}\right\} \tag{1.20}$$

式中，$\boldsymbol{n}$ 是外力合力的主矢量，X_n,Y_n,Z_n 是外力沿坐标轴的分量。

第二类基本问题是在弹性体的全部表面上都给定了位移，要求确定弹性体的内部及表面任意点上的应力与位移，对这类问题的边界条件的提法如下：

在 S 上，

$$\left.\begin{aligned}
u &= u^* \\
v &= v^* \\
w &= w^*
\end{aligned}\right\} \tag{1.21}$$

式中，“$*$”表示已知量。

第三类基本问题是在弹性体的一部分表面上给定了外力，在其余的表面上给定了位移，要求确定弹性体的内部及表面任意点上的应力与位移，对这类问题的边界条件的提法如下：

在 S_σ 上有　　$\sigma_{ij} n_j = X_i$

在 S_u 上有

$$u_i = u_i^*$$

而且

$$S_\sigma + S_u = S$$

从理论上讲，由上述 15 个方程加上相应的边界条件，完全可以得到 15 个未知量的确定解，这些基本方程已在很多年前被力学领域的先驱者们推导出来并进行了验证。但实际上，完全采用解析的方法，即便是最常见的工程问题，也会遇到数学上的很大障碍，弹性理论发展了 100 多年，许多力学家就是致力于寻找某个典型问题的解析解，可以说每解决一个具体问题，就是对弹性理论的一个贡献。近几十年来，由于计算机的出现，使采用数值解法分析复杂的弹性结构问题成为可能，在这方面的理论与实践发展很快，已经在力学领域形成了一个计算力学分支。

第2章　复合材料梁

复合材料梁是复合材料板中的一类特殊结构，几何特征是长度尺寸远大于宽度和高度尺寸。梁是飞机结构中最常见的受力构件，如翼面结构中的大梁、翼肋，机身结构中的纵向梁等，它们通常由只受剪切载荷的腹板及受轴向拉、压载荷的缘条构成。针对这两种结构件，并考虑层压板受载形式的不同，又将复合材料梁分为复合材料层压梁、复合材料板梁、复合材料薄壁梁等。本章对复合材料层压梁、板梁、薄壁梁等构件进行受力分析，并给出分析方法和设计计算的基本公式。

2.1　复合材料层压梁

由单向板叠合而成的层压梁，在图 2.1 所示平面内承受载荷，可以有两种形态。一种如图 2.1(a) 所示，和层压板相似，只是其宽和高与长度相比都很小，一般称为层压梁；另一种如图 2.1(b) 所示，通常称为板梁，一般板梁指仅为腹板而无凸缘的梁，其厚度比高度更小。

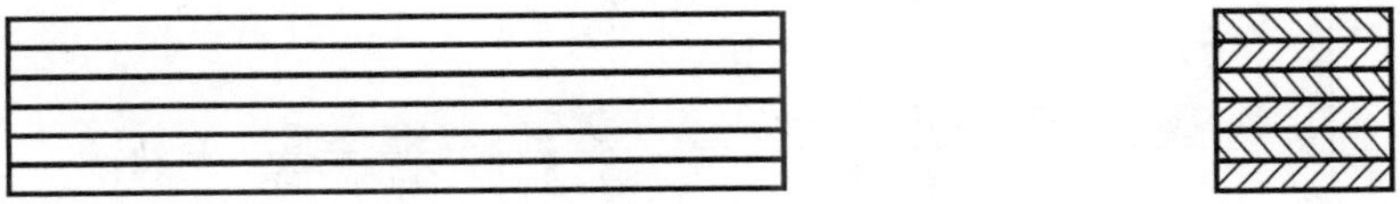

(a)

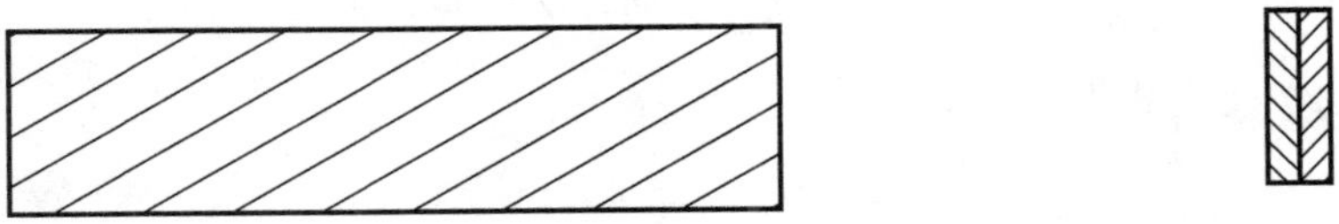

(b)

图 2.1　层压梁的两种结构形式

一、层压梁的抗弯刚度和应力

如图 2.2 所示由单向板叠合的层压梁，当横向(z 轴方向)受力，载荷作用在对称面 xOz 上时，将造成层压梁的中面离开原来的位置而产生横向位移，即发生弯曲变形。假设梁的变形满足直法线假设，即层压梁的平截面在变形后仍保持平面，同时梁的弯曲变形呈柱状，亦即

(1) 位移 v 等于零；

(2) 位移 u 与 w 沿整个宽度 b 是常数，即 u,w 与 y 无关，只须考察梁在 xOz 平面内的变形。

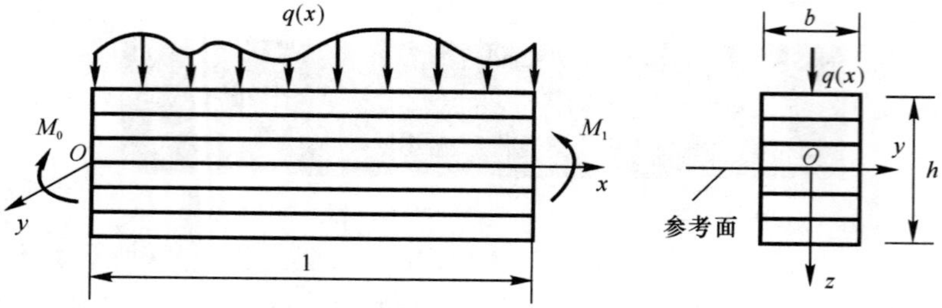

图 2.2　层压梁

设在与 xOz 平行的截面上，距中面为 z 的点，其沿 x 轴与 z 轴的位移分别为 u 和 w，若中面上的点的位移分别是 u_0 和 w_0，则

$$u = u_0 - z\frac{\partial w}{\partial x}$$

$$v = v_0 - z\frac{\partial w}{\partial y}$$

由位移-应变关系，有

$$\begin{cases} \varepsilon_x = \dfrac{\partial u}{\partial x} = \dfrac{\partial u_0}{\partial x} - z\dfrac{\partial^2 w}{\partial x^2} = \dfrac{\partial u_0}{\partial x} + zk_x \\ \varepsilon_y = \dfrac{\partial v}{\partial y} = \dfrac{\partial v_0}{\partial y} - z\dfrac{\partial^2 w}{\partial y^2} = \dfrac{\partial v_0}{\partial y} + zk_y \\ \gamma_{xy} = \dfrac{\partial u}{\partial y} + \dfrac{\partial v}{\partial x} = \dfrac{\partial u_0}{\partial y} + \dfrac{\partial v_0}{\partial x} - 2z\dfrac{\partial^2 w}{\partial x \partial y} = \dfrac{\partial u_0}{\partial y} + \dfrac{\partial v_0}{\partial x} + zk_{xy} \end{cases}$$

其中 $k_x = -\dfrac{\partial^2 w}{\partial x^2}, k_y = -\dfrac{\partial^2 w}{\partial y^2}, k_{xy} = -2\dfrac{\partial^2 w}{\partial x \partial y}$ 分别为层压板的曲率和扭率。

由假设(1)，(2) 及上式得

$$\varepsilon_x = \frac{\partial u_0}{\partial x} + zk_x, \quad \varepsilon_y = 0, \quad \gamma_{xy} = 0 \tag{2.1}$$

对于层压梁中的第 k 层，根据胡克定律其应力为

$$\left.\begin{aligned} \sigma_x^{(k)} &= \bar{Q}_{11}^{(k)}\varepsilon_x = \bar{Q}_{11}^{(k)}\left(\frac{\partial u_0}{\partial x} + zk_x\right) \\ \sigma_y^{(k)} &= \bar{Q}_{12}^{(k)}\varepsilon_x = \frac{\bar{Q}_{12}^{(k)}}{\bar{Q}_{11}^{(k)}}\sigma_x^{(k)} \\ \tau_{xy}^{(k)} &= \bar{Q}_{16}^{(k)}\varepsilon_x = \frac{\bar{Q}_{16}^{(k)}}{\bar{Q}_{11}^{(k)}}\sigma_x^{(k)} \end{aligned}\right\} \tag{2.2}$$

沿梁高度对应力积分，分别得梁的内力为

$$\left.\begin{aligned}N_x&=\int_h \bar{Q}_{11}^{(k)}\left(\frac{\partial u_0}{\partial x}+zk_x\right)\mathrm{d}z=\\&\sum_{k=1}^{n}\bar{Q}_{11}^{(k)}(h_k-h_{k-1})\frac{\partial u_0}{\partial x}+\frac{1}{2}\sum_{k=1}^{n}\bar{Q}_{11}^{(k)}(h_k^2-h_{k-1}^2)k_x=A_{11}\frac{\partial u_0}{\partial x}+B_{11}k_x\\N_y&=A_{12}\frac{\partial u_0}{\partial x}+B_{12}k_x\\N_{xy}&=A_{16}\frac{\partial u_0}{\partial x}+B_{16}k_x\end{aligned}\right\}\tag{2.3}$$

和内力矩

$$\left.\begin{aligned}M_x&=B_{11}\frac{\partial u_0}{\partial x}+D_{11}k_x\\M_y&=B_{12}\frac{\partial u_0}{\partial x}+D_{12}k_x\\M_{xy}&=B_{16}\frac{\partial u_0}{\partial x}+D_{16}k_x\end{aligned}\right\}\tag{2.4}$$

对于如图 2.2 所示梁，承受均布载荷 $q(x)=-q_0$，其中 q_0 为常数，在任一 x 截面上的力矩为

$$M_x=M_0+\int_0^x q(\xi)(x-\xi)\mathrm{d}\xi=M_0-\frac{1}{2}q_0x^2$$

内力为

$$N_x=0\tag{2.5}$$

将后一个条件代入式(2.3)的第一式中得

$$\frac{\partial u_0}{\partial x}=-\frac{B_{11}}{A_{11}}k_x\tag{2.6}$$

再将此式代入式(2.4)的第一式便得

$$M_x=\left(D_{11}-\frac{B_{11}^2}{A_{11}}\right)k_x$$

亦即

$$-\frac{\partial^2 w}{\partial x^2}=\frac{A_{11}}{A_{11}D_{11}-B_{11}^2}M_x\tag{2.7}$$

记

$$D=\frac{A_{11}D_{11}-B_{11}^2}{A_{11}}=D_{11}-\frac{B_{11}^2}{A_{11}}$$

D 称为层压梁抗弯刚度。将式(2.7)积分两次，得梁的弯曲挠度

$$w(x)=-\frac{1}{D}\int\left[\int M_x(x)\mathrm{d}x\right]\mathrm{d}x+C_1x+C_2\tag{2.8}$$

式(2.2)已给出梁应力公式，将式(2.6)和式(2.7)分别代入以后，便得

$$\left.\begin{aligned}\sigma_x^{(k)}&=\bar{Q}_{11}^{(k)}\frac{A_{11}}{B_{11}^2-A_{11}D_{11}}\left(\frac{B_{11}}{A_{11}}-z\right)M_x\\\sigma_y^{(k)}&=\bar{Q}_{12}^{(k)}\frac{A_{11}}{B_{11}^2-A_{11}D_{11}}\left(\frac{B_{11}}{A_{11}}-z\right)M_x\\\tau_{xy}^{(k)}&=\bar{Q}_{16}^{(k)}\frac{A_{11}}{B_{11}^2-A_{11}D_{11}}\left(\frac{B_{11}}{A_{11}}-z\right)M_x\end{aligned}\right\}\tag{2.9}$$

对于非对称铺层的层压梁，即不具有几何中面对称性的层压梁，其中性面并不是梁的几何中面，如图 2.3 所示的层压梁，假设仅在参考面上作用有轴向力 N，此时梁内沿参考面上各点的内力和内力矩

$$N_x = N, \quad M_x = 0$$

由式(2.4) 的第一式可得

$$\frac{\partial u_0}{\partial x} = \frac{D_{11}}{B_{11}} \frac{\partial^2 w}{\partial x^2}$$

代入式(2.3) 的第一式，则有

$$\frac{\partial^2 w}{\partial x^2} = \frac{B_{11}}{A_{11} D_{11} - B_{11}^2} N \tag{2.10}$$

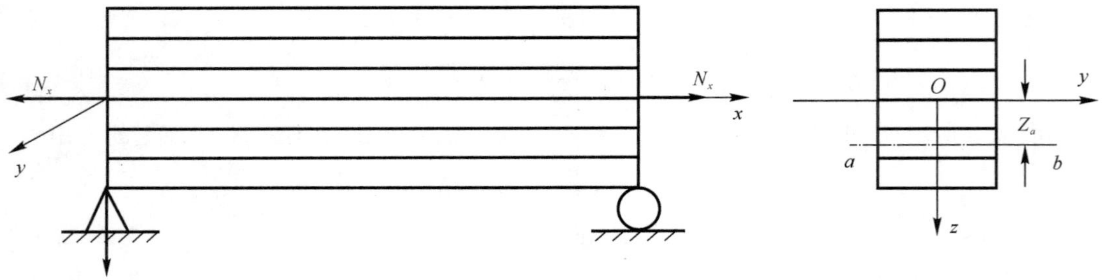

图 2.3　非对称铺层层压梁

假定梁的中性面是距参考面为 z_a 的 a —b 面，则作用在几何中面上的轴向力 N 将相对于梁中性面有一力矩 Nz_a 作用。从另一方面，若视偏心的轴向力为作用在层压梁上的一个力矩 Nz_a，则梁在此力矩下所产生的挠度由式(2.7) 给出，轴向力 N 的作用不论是按由偏心力作用引起的挠度，还是按由力矩作用引起的挠度，其效果应该是一致的，因此有

$$\frac{B_{11}}{A_{11} D_{11} - B_{11}^2} N = \frac{A_{11}}{B_{11}^2 - A_{11} D_{11}} N z_a$$

从而

$$z_a = -\frac{B_{11}}{A_{11}} \tag{2.11}$$

二、层压梁的剪应力

在横向载荷作用下的层压梁将在 yOz 面内产生剪应力，图 2.4 给出了在集中载荷作用下简支层压梁的剪力图和弯矩图。与各向同性梁一样，在层压梁的横截面上将有剪应力 τ_{xz}。在梁上取由 a—a 和 b—b 截出的 $\mathrm{d}x$ 长的一段微元体，由弯矩图可知 $M_a \neq M_b$，取与参考轴 Ox 相距为 z_i 的 m—n 截面以上部分 $amnb$，此微元体上各应力分量分布如图 2.4(b) 所示。列出该微元体在 x 方向的平衡方程，即 $\sum X = 0$，考虑梁宽为 b，则

$$\int_{z_i}^{h/2} \sigma_x b \,\mathrm{d}z + \tau_{xz}^{(k)} b \,\mathrm{d}x = \int_{z_i}^{h/2} \left(\sigma_x + \frac{\partial \sigma_x}{\partial x}\mathrm{d}x\right) b \,\mathrm{d}z$$

从而得

$$\tau_{xz}^{(k)} = \frac{1}{\mathrm{d}x}\int_{z_i}^{h/2} \mathrm{d}\sigma_x^{(k)} \,\mathrm{d}z$$

将式(2.9)的第一式代入则有

$$\tau_{xz}^{(k)} = \frac{1}{D}\frac{\mathrm{d}M_x}{\mathrm{d}x}\left[\frac{B_{11}}{A_{11}}\int_{z_i}^{h/2} \bar{Q}_{11}^{(k)} \mathrm{d}z - \int_{z_i}^{h/2} \bar{Q}_{11}^{(k)} z \mathrm{d}z\right]$$

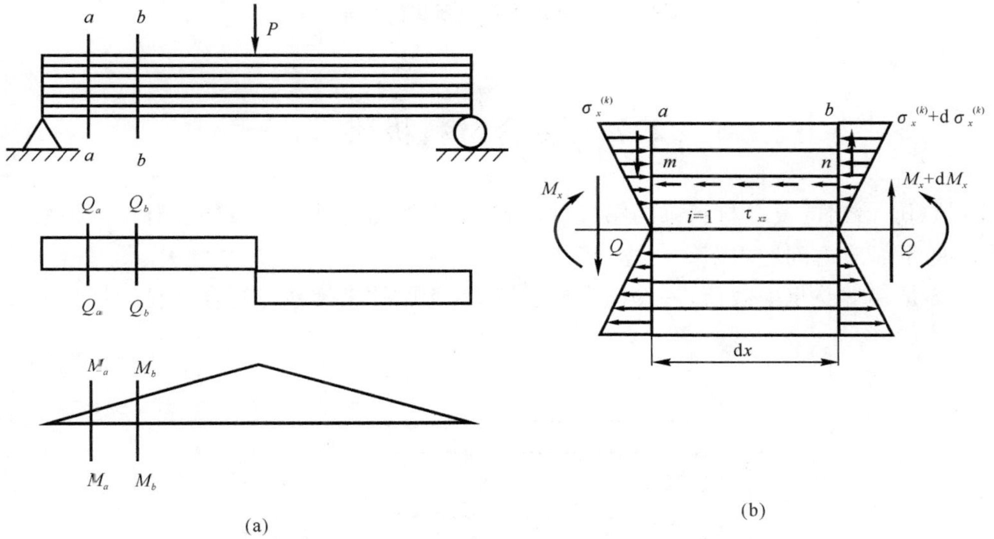

图 2.4　三点弯曲层压梁的剪力和弯矩

(a) 剪力图和弯矩图;(b) 微元体的平衡

当层压梁为对称铺层时,$B_{11}=0$,于是层压梁的剪应力

$$\tau_{xz}^{(k)} = -\frac{Q_x}{D}\int_{z_i}^{h/2} \bar{Q}_{11}^{(k)} z \mathrm{d}z \tag{2.12}$$

注意到

$$\int_{z_i}^{h/2} \bar{Q}_{11}^{(k)} z \mathrm{d}z = \sum_{k=i}^{n/2} \bar{Q}_{11}^{(k)} \frac{z_k^2 - z_{k+1}^2}{2}$$

式中,$\frac{z_k^2 - z_{k+1}^2}{2}$ 是 z_k 处单位宽度层板对于参考轴的静矩,用 S_k 表示,整理后则得到剪应力公式为

$$\tau_{xz}^{(k)} = -\frac{Q_x}{D}\sum_{k=i}^{n/2} \bar{Q}_{11}^{(k)} S_k \tag{2.13}$$

剪应力沿层压梁高度的分布如图 2.5 所示。其中 τ_k 为第 k 层剪应力,τ_m 为层压板平均剪应力。

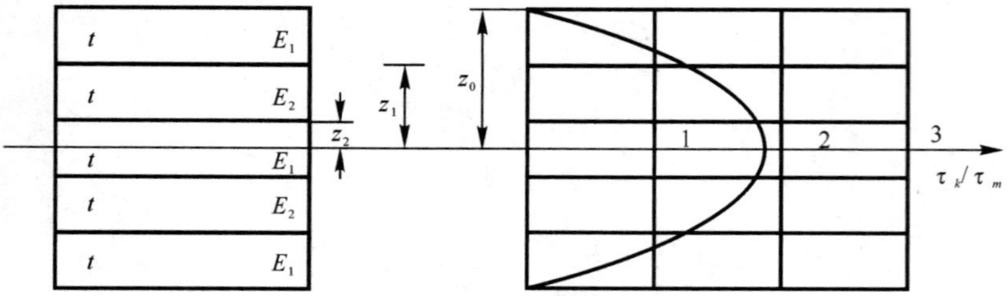

图 2.5　剪应力沿层压梁的分布

2.2　复合材料板梁

图 2.1(b) 给出的复合材料梁的第二种形式，通常称为复合材料板梁。对这一种梁可以按弹性力学的平面应力问题求解。

图 2.6 是一端受集中载荷，一端固定的悬臂梁，所取的坐标系与复合材料的材料主方向不重合。

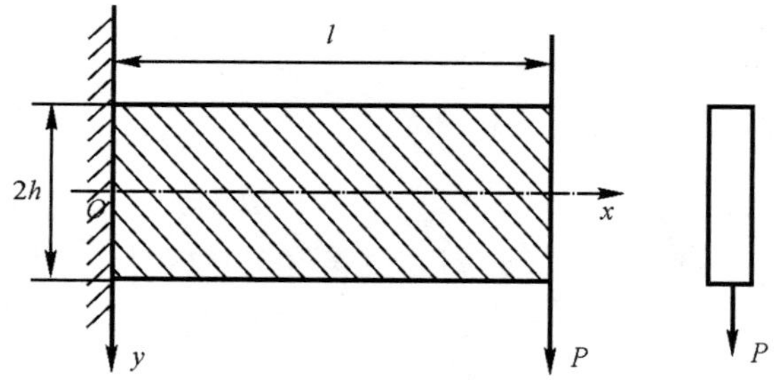

图 2.6　一端受集中载荷的板梁

设存在一应力函数 $F(x,y)$，此函数与平面应力状态应力分量的关系为

$$\left.\begin{aligned}\sigma_x&=\frac{\partial^2 F(x,y)}{\partial y^2}\\\sigma_y&=\frac{\partial^2 F(x,y)}{\partial x^2}\\\tau_{xy}&=-\frac{\partial^2 F(x,y)}{\partial x\partial y}\end{aligned}\right\}\tag{2.14}$$

由于受集中载荷的悬臂梁上、下边界无任何外力，因此应该有 $\sigma_y=0$，亦即

$$\sigma_y=\frac{\partial^2 F(x,y)}{\partial x^2}=0\tag{2.15}$$

对 x 积分两次则有

$$F(x,y)=xf_1(y)+f_2(y) \tag{2.16}$$

由变形协调方程

$$\varepsilon_x=\frac{\partial u}{\partial x},\quad \varepsilon_y=\frac{\partial v}{\partial y},\quad \gamma_{xy}=\frac{\partial v}{\partial x}+\frac{\partial u}{\partial y}$$

可推得

$$\frac{\partial^2\varepsilon_x}{\partial y^2}+\frac{\partial^2\varepsilon_y}{\partial x^2}=\frac{\partial^2\gamma_{xy}}{\partial x\partial y} \tag{2.17}$$

又有平面应力状态的应力-应变关系

$$\begin{bmatrix}\varepsilon_x\\ \varepsilon_y\\ \gamma_{xy}\end{bmatrix}=\begin{bmatrix}S_{11} & S_{12} & S_{13}\\ S_{21} & S_{22} & S_{23}\\ S_{31} & S_{32} & S_{33}\end{bmatrix}\begin{bmatrix}\sigma_x\\ \sigma_y\\ \tau_{xy}\end{bmatrix}$$

将应力函数式(2.15)代入上式后，再将应变表达式代入变形协调方程(2.17)，可得平面问题的基本微分方程

$$\begin{aligned}\bar{S}_{22}\frac{\partial^4F(x,y)}{\partial x^4}-2\bar{S}_{26}\frac{\partial^4F(x,y)}{\partial x^3\partial y}+(2\bar{S}_{12}+\bar{S}_{66})\frac{\partial^4F(x,y)}{\partial x^2\partial y^2}\\ -2\bar{S}_{16}\frac{\partial^4F(x,y)}{\partial x\partial y^3}+\bar{S}_{11}\frac{\partial^4F(x,y)}{\partial y^4}=0\end{aligned} \tag{2.18}$$

式中，$\bar{S}_{ij}(i,j=1,2,6)$是相对于参考坐标的材料柔度分量。

将式(2.16)代入式(2.18)中，可得

$$-2\bar{S}_{16}\frac{\mathrm{d}^3f_1(y)}{\mathrm{d}y^3}+\bar{S}_{11}x\frac{\mathrm{d}^4f_1(y)}{\mathrm{d}y^4}+\bar{S}_{11}\frac{\mathrm{d}^4f_2(y)}{\mathrm{d}y^4}=0 \tag{2.18a}$$

式(2.18a)是关于 x 的一次方程，若使此方程对任意 x 均成立，应有

$$\frac{\mathrm{d}^4f_1(y)}{\mathrm{d}y^4}=0 \tag{2.18b}$$

及

$$-2\bar{S}_{16}\frac{\mathrm{d}^3f_1(y)}{\mathrm{d}y^3}+\bar{S}_{11}\frac{\mathrm{d}^4f_2(y)}{\mathrm{d}y^4}=0 \tag{2.18c}$$

对式(2.18b)积分可得

$$f_1(y)=B_1y^3+B_2y^2+B_3y+B_4 \tag{2.18d}$$

将式(2.18d)代入式(2.18c)中然后积分又得

$$f_2(y)=C_1y^4+C_2y^3+C_3y^2+C_4y+C_5 \tag{2.18e}$$

此时将式(2.18d)，式(2.18e)代回式(2.16)并略去不影响应力分布的一次项及常数项，由此便得到对应于图 2.6 的应力函数

$$F(x,y)=B_1xy^3+B_2xy^2+B_3xy+C_1y^4+C_2y^3+C_3y^2 \tag{2.19}$$

在所讨论的例子中，当 $y=\pm h/2$ 时(即上、下边界上)，剪应力 $\tau_{xy}=0$，因此可分别令 $y=h/2$ 与 $y=-h/2$，将式(2.19)代入式(2.14)的第三式并使其相等，得

$$-\frac{3}{4}B_1h^2+B_2h-B_3=-\frac{3}{4}B_1h^2-B_2h-B_3$$

为使上式成立，应是 $B_2=0$。可把这一问题的应力函数重新写成如下多项式形式：

$$F(x,y)=A_1xy+A_2y^2+A_3y^3+A_4xy^3+A_5y^4 \tag{2.20}$$

利用解出的应力函数和式(2.14)便可列出板梁的应力分量

$$\left.\begin{aligned}\sigma_x&=\frac{\partial^2F(x,y)}{\partial y^2}=2A_2+6A_3y+6A_4xy+12A_5y^2\\ \sigma_y&=\frac{\partial^2F(x,y)}{\partial x^2}=0\\ \tau_{xy}&=-(A_1+3A_4y^2)\end{aligned}\right\} \tag{2.21}$$

待定系数 $A_i(i=1,2,\cdots,5)$ 可由基本方程和边界条件确定。

首先，应力函数应满足基本微分方程式(2.18)，由此得

$$A_4=2\left(\frac{S_{11}}{S_{16}}\right)A_5$$

给出如图2.6所示的各边界上的条件是：

当 $y=\pm h/2$ 时(上、下边界上)，$\sigma_y=0$，$\tau_{xy}=0$；

当 $x=l$ 时(自由端处)，力矩为零，即 $M=\int_{-h/2}^{+h/2}\sigma_x y\,\mathrm{d}y=0$；

沿 x 轴方向的轴向力为零，即 $N_x=\int_{-h/2}^{+h/2}\sigma_x\,\mathrm{d}y=0$；

自由端的集中载荷，即 $P=\int_{-h/2}^{+h/2}\tau_{xy}\,\mathrm{d}y$。

将式(2.21)代入上列各边界条件后分别得

$$\left\{\begin{aligned}&A_1+\frac{3}{4}A_4h^2=0\\ &A_3+A_4l=0\\ &A_2+\frac{1}{2}A_5h^2=0\\ &A_1+\frac{1}{4}A_4h^2=\frac{-P}{h}\end{aligned}\right.$$

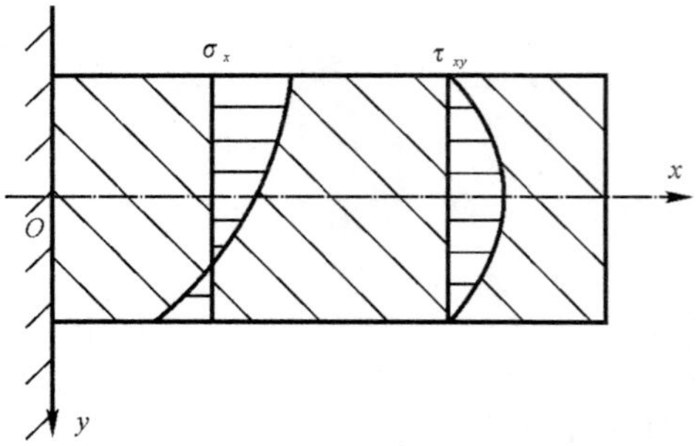

图2.7 复合材料板梁中的应力分布

联立解上式得

$$A_1=-\frac{3}{2}\frac{P}{h},\quad A_2=-\frac{P}{2h}\frac{S_{16}}{S_{11}},\quad A_3=-\frac{2Pl}{h^3}$$

$$A_4=\frac{2P}{h^3},\quad A_5=\frac{P}{h^3}\frac{S_{16}}{S_{11}}$$

于是在这种受力情况下梁内的应力分布(见图2.7)为

$$\left.\begin{aligned}\sigma_x &= -12\frac{P}{h^3}(l-x)y - \frac{S_{16}}{S_{11}}\frac{P}{h^3}(h^2-12y^2)\\ \sigma_y &= 0\\ \tau_{xy} &= \frac{3}{2}\frac{P}{h^3}(h^2-4y^2)\end{aligned}\right\} \tag{2.22}$$

由式(2.22)和图 2.7 可见，对于 S_{16} 不等于零的复合材料板梁，弯曲时 σ_x 并不是关于几何中面对称的，但 τ_{xy} 不受 S_{16} 的影响。为求得梁沿 x 和 y 方向的位移 u，v，可将所得的应力表达式代入应变-应力公式然后进行积分。这里仅给出梁中线的最大挠度，即在 $x=l$ 处的 v：

$$v_{\max} = \frac{2Pl^3}{h^3}\left[2S_{11} + 4\frac{h^2}{l^2}\left(3S_{66} - \frac{2S_{16}^2}{S_{11}}\right)\right] \tag{2.23}$$

2.3　复合材料薄壁梁

目前，航空航天领域中在使用复合材料制造主要承力件时，常采用薄壁梁作为承弯构件的主要形式。这主要是由于航空航天飞行器要求尽可能地减轻结构重量，同时又要满足结构安全和应用需要，制成复合材料薄壁梁更能充分发挥材料的作用。薄壁构件有多种形式，其截面形状主要有矩形、T 形、工字形、帽形等。薄壁结构截面中心线不封闭的，称为开口薄壁结构，如图 2.8(a) 所示；而图 2.8(b) 所示截面形状的薄壁构件中心线封闭，称为闭口薄壁构件。帽形薄壁构件与蒙皮组合后可形成闭口薄壁构件。开口薄壁构件在制造加工、维修等方面都比较简单，但抗剪切和扭转的能力差，在弯曲载荷作用下还容易发生失稳破坏，而闭口薄壁构件的抗扭刚度比开口薄壁构件的抗扭刚度强。

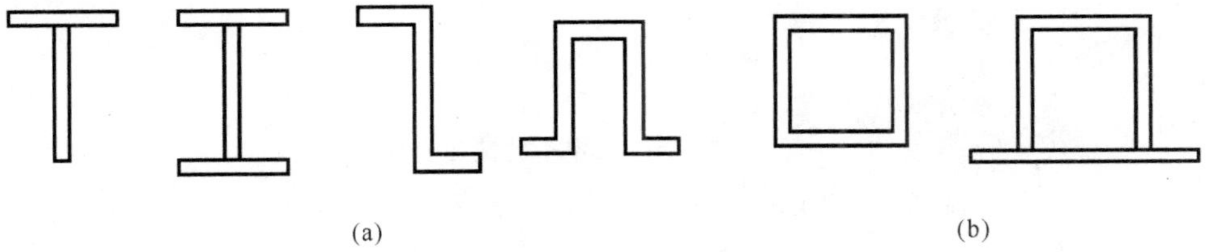

图 2.8　薄壁梁的截面形状

(a) 开口；(b) 闭口

一、弯曲时薄壁梁截面的变形

在上一节讨论层压梁时，曾假设弯曲时截面形状不变，但薄壁梁弯曲时截面形状变化较大，需考虑截面的变形。图 2.9(a) 所示是受弯的工字梁，取工字梁下凸缘的一段 AB 进行分析(见图 2.9(b))，若弯曲时作用在下凸缘上的拉应力为 σ_x，单位宽上的拉力 $N_x=\sigma_x t$，t 是下凸缘的厚度，弯曲变形使拉力间产生夹角，两侧拉力的合力为 R，它指向弯曲的曲率中心 O。ΔOAB

与力三角形相似，故有

$$R = \frac{N_x}{\rho} \mathrm{d}s \tag{2.24}$$

若令 $p = \frac{R}{\mathrm{d}s}$，$p$ 相当于在翼梁缘上作用着 z 向的分布载荷，p 沿凸缘宽度的分布按照结构承压刚度分配，这里简化为均匀分布。将式(2.24)代入，则得

$$p = \frac{\sigma_x t}{\rho} \tag{2.25}$$

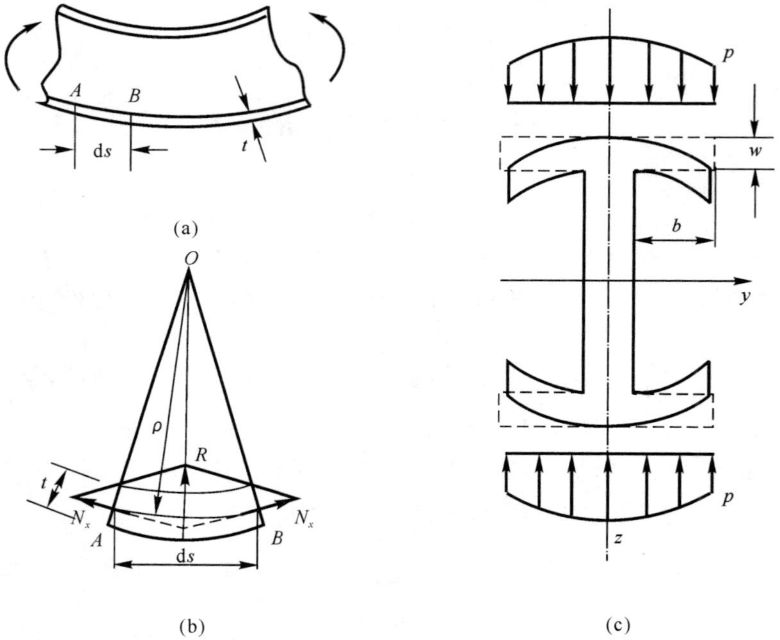

图 2.9　受弯工字梁的截面变形

(a) 受弯工字梁；(b) 下凸缘上的力和变形；(c) 工字梁截面的变形

同样，当工字梁弯曲时，在上凸缘产生压应力，应力合力指向截面形心，也相当于作用着分布力。此时凸缘可视为一边固定一边自由的悬臂板条，若将作用在悬臂板条上的分布力简化为均匀载荷，则板条自由边的最大挠度为

$$w_{\max} = \frac{pb^4}{8D_y} \tag{2.26}$$

式中，b 是凸缘一侧的宽度，D_y 是凸缘在 y 方向上的抗弯刚度，可由凸缘铺层情况确定。由此可知凸缘在梁产生弯曲时将发生弯向形心的变形(见图 2.9(c))。通常为了提高梁的惯性矩和连接上的需要，所选用的工字形梁凸缘(面板)均比较宽，即所谓的宽凸缘“工”字形薄壁梁。但从式(2.26)可见，凸缘自由边的挠度与其宽度的四次方成正比，与抗弯刚度成反比，因此凸缘越

宽(即 b 值越大),凸缘越薄(D_y 值越小),凸缘产生的弯向形心的变形量就越大。这样将引起整个工字梁抗弯刚度降低,从而引起承载能力下降。因此在设计工字形复合材料薄壁梁时要综合考虑选择凸缘宽度和合理设计铺层材料的抗弯刚度,并且在梁的强度和刚度计算时,不可以做出截面形状维持不变的假设而应将截面的变形考虑进去。

二、薄壁梁中的剪应力

由于复合材料的抗弯强度较低,尤其是层间抗剪能力差,同时薄壁梁的剪应力又会对正应力的分布和横截面变形产生影响,因此分析薄壁梁中的剪应力对复合材料构件设计至关重要。图 2.10 是一承受弯曲载荷的工字梁,为求凸缘上的剪应力,取上凸缘右侧一单位宽微元体 A,放大后如图 2.10(b) 所示。由于梁在 ab 面和 cd 面处所受的弯矩不同,所以这两个面的正应力大小不同,根据微元体 $\sum X = 0$ 的平衡条件得知,在 $bb'—dd'$ 面上必有剪应力 τ_{xy} 作用(因 $aa'—cc'$ 面是自由边缘,故无剪应力),因此

$$\int_{z_{a'}}^{z_a} \sigma_x \mathrm{d}z + \int_{z_{a'}}^{z_a} \tau_{xy} \mathrm{d}x\mathrm{d}z = \int_{z_{a'}}^{z_a} \left(\sigma_x + \frac{\partial \sigma_x}{\partial x}\mathrm{d}x\right)\mathrm{d}z$$

即

$$\tau_{xy} = \int_{z_{a'}}^{z_a} \frac{\partial \sigma_x}{\partial x}\mathrm{d}z$$

式中 σ_x 不能用式(2.21)的结果,因为在导出该式时做了梁在整个宽度上挠度 w 与 y 无关的假设,而由上节分析知凸缘在弯曲时挠度 w 与 y 有关,其正应力沿梁的宽度不再是常数,可见求解 τ_{xy} 是非常复杂的。现在采用简单的材料力学方法,由图 2.10(b) 所示的微元体的平衡条件可以得出

$$\tau_{xy} t_1 \mathrm{d}x = F_1 - F_2 \tag{2.27}$$

F_1 和 F_2 分别为作用在微元体的两个相对截面上的正应力的合力;t_1 为凸缘的厚度。由梁的应力和弯矩的基本公式得

$$F_1 = \int_A \sigma_{x_1} \mathrm{d}A = \frac{-M_{x_1}}{I_y}\int_A z\,\mathrm{d}A$$

$$F_2 = \int_A \sigma_{x_2} \mathrm{d}A = \frac{-M_{x_2}}{I_y}\int_A z\,\mathrm{d}A$$

则

$$\tau_{xy} = \frac{M_{x_2} - M_{x_1}}{\mathrm{d}x}\,\frac{1}{I_y t}\int_A z\,\mathrm{d}A \tag{2.28}$$

式中

$$\frac{M_{x_2} - M_{x_1}}{\mathrm{d}x} = \frac{\mathrm{d}M_x}{\mathrm{d}x} = Q_x$$

令 $S_1 = \int_A z\,\mathrm{d}A$,表示从自由边到所求剪应力截面处的面积对形心的静矩,I_y 是薄壁梁截面相对于 y 轴的惯性矩,于是

$$\tau_{xy} = \frac{Q_x S_1}{I_y t_1} \tag{2.29}$$

对于所讨论的情况，$S_1=\frac{1}{2}\left(\frac{b}{2}-y\right)t_1h$，代入式(2.29)中得

$$\tau_{xy}=\frac{Q_xh}{2I_y}\left(\frac{b}{2}-y\right) \tag{2.30}$$

上式表明，剪应力在工字形凸缘上呈三角形分布，在凸缘的自由边处剪应力为零，中间为最大值。

现在计算工字梁腹板处的剪应力。工字梁腹板 z 处以上的面积相对于形心轴的静矩为

$$S_2=\frac{bt_1h}{2}+\frac{t_2}{2}\left(\frac{h^2}{4}-z^2\right)$$

于是根据式(2.29)，将 S_1 换成 S_2，t_1 换成 t_2，腹板处的剪应力为

$$\tau_{xy}=\left[\frac{bt_1}{2}h+\frac{t_2}{2}\left(\frac{h^2}{4}-z^2\right)\right]\frac{Q_x}{I_yt_2} \tag{2.31}$$

它沿高度呈抛物线分布，最大值在腹板的中点，这种情形和板梁的剪应力分布相似。工字形截面薄壁梁的剪应力分布和剪应力方向表示在如图 2.10(d) 中所示。

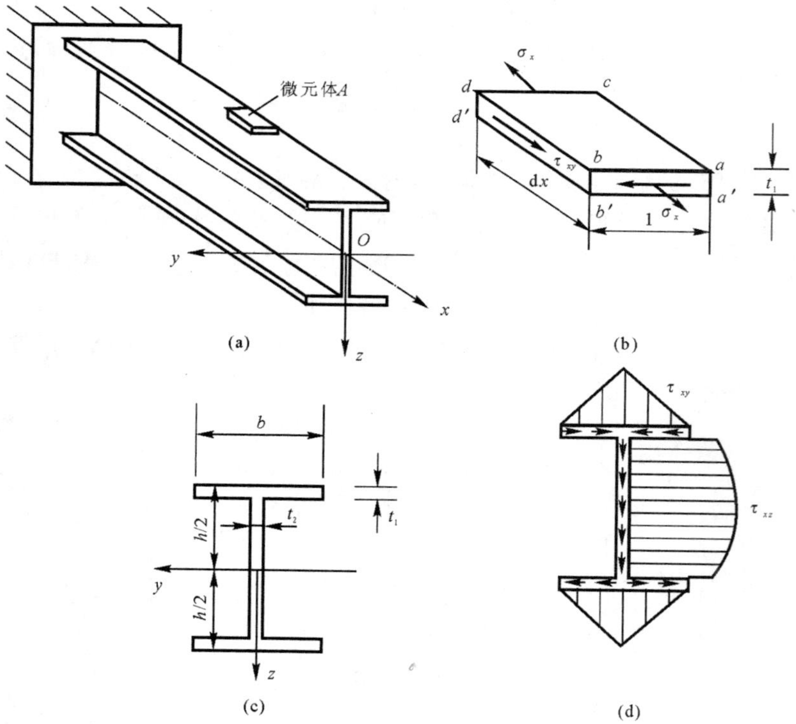

图 2.10　薄壁梁中的剪应力

(a) 受弯工字梁；(b) 梁凸缘微元体；(c) 工字梁横截面几何特征；(d) 工字梁横截面剪应力分布和剪流图

三、剪切变形对正应力的影响

在讨论层压板的弯曲时，曾采用了直法线假设，其实质是略去了剪应力的作用，因而也没

有考虑剪应力对正应力分布的影响。但对于薄壁梁，尤其是对于复合材料的薄壁梁，剪应力将使弯曲后的横截面不再保持平面，因此将影响正应力的分布。图 2.11(a) 所示为一箱形截面的薄壁梁，在 xOz 面上作用着分布载荷 $q(x)$，根据式(2.29) 薄壁上的剪应力为

$$\tau=\frac{QS}{I_y t} \tag{2.32}$$

分布情况如图 2.11(b) 所示。由于剪应力的作用，原来的截面 $ABCDE$ 变形后为 $A'B'C'D'E'$(由于截面对称于 Oz 轴，所以图中只绘出了它的一半)。取竖直壁上距中面为 z 的 K 点(见图2.11(d))，若该点处的剪应力为 τ，则剪应变是

$$\gamma=\frac{\tau}{G_{xz}} \tag{2.33}$$

式中，G_{xz} 是竖直壁板材料的剪切模量。

假定该点变形后沿 x 方向的位移为 u'，则该点处变形曲线相对于原来截面的倾角，即是该处的剪应变

$$\gamma'=\frac{\partial u'}{\partial z} \tag{2.34}$$

从而有

$$\frac{\partial u'}{\partial z}=\frac{\tau}{G_{xz}} \tag{2.35}$$

积分式(2.35) 得

$$u'=\int_0^z \frac{\tau}{G_{xz}}\mathrm{d}z \tag{2.36}$$

由此建立了因剪切变形引起的沿梁轴向的位移和剪应力的关系，将式(2.32) 代入后得

$$u'=\int_0^z \frac{QS}{G_{xz}I_y t}\mathrm{d}z \tag{2.37}$$

由几何关系 $\varepsilon'_x=\dfrac{\partial u'}{\partial x}$，假定在该处材料沿 x 方向的弹性模量为 E_x，则由剪切变形在该点引起的附加正应力为

$$\sigma'=E_x\varepsilon'_x \tag{2.38}$$

将式(2.37) 代入则有

$$\sigma'=E_x\frac{\partial u'}{\partial x}=E_x\frac{\partial}{\partial x}\int_0^z \frac{QS}{G_{xz}I_y t}\mathrm{d}z \tag{2.39}$$

受弯梁截面上的剪力 Q 与 z 无关，它仅是 x 的函数，而对于等截面和沿 z 向材料性能不变的梁，G_{xz}，I_y 均为常数，所以

$$\sigma'=\frac{E_x}{G_{xz}I_y}\frac{\mathrm{d}Q}{\mathrm{d}x}\int_0^z \frac{S}{t}\mathrm{d}z \tag{2.40}$$

此 σ' 就是薄壁梁的剪切变形引起的附加正应力，由式(2.40) 可知，在剪力 Q 沿 x 轴长度不变的那一段梁内，剪切变形将不会引起正应力的改变，在这一段梁内所有的横截面的翘曲都一样。对于矩形截面梁，由于积分所得的数值很小，所以剪切变形引起的附加正应力可以略去不计。

但对于宽梁缘的薄壁梁，如工字梁、箱形梁及槽形梁等，则必须考虑这种影响。前面分析薄壁梁横截面变形时，正应力合力引起的指向形心方向的分布力不是均匀的，其原因正是由于这种附加应力的影响(见图 2.11(c))。

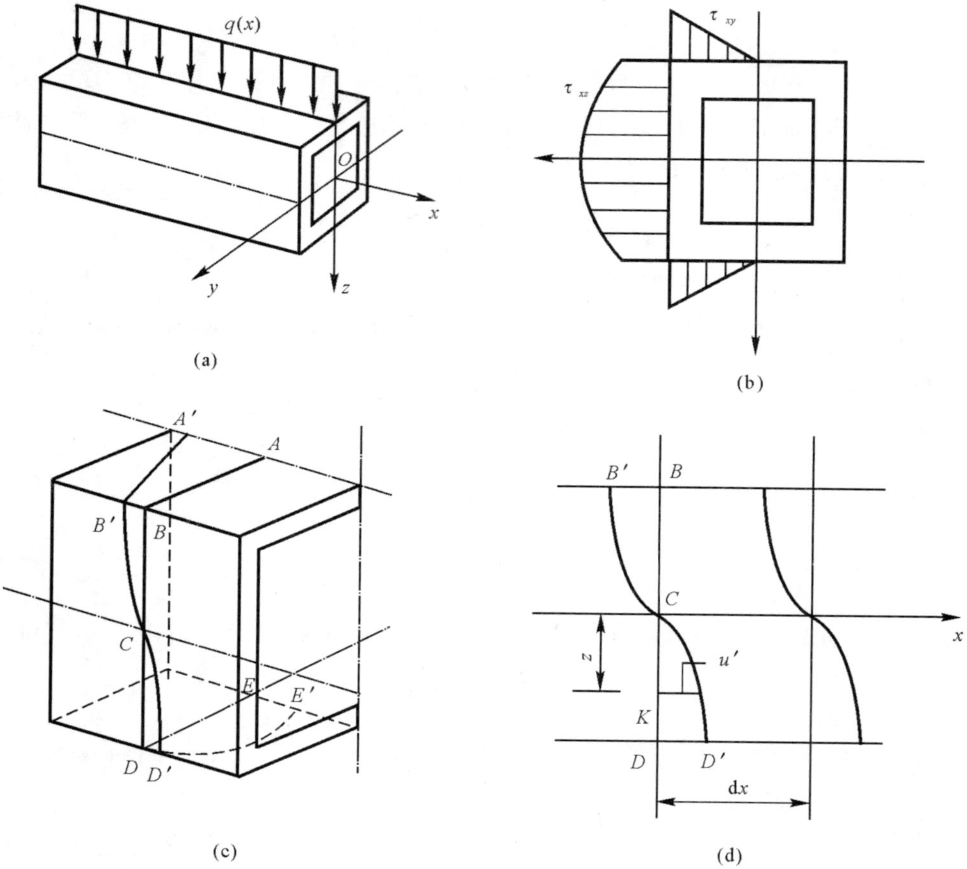

图 2.11　受弯曲的箱形薄壁梁

(a) 箱形梁受均布载荷 $q(x)$；(b) 箱形梁截面上的剪应力分布

(c) 箱形梁截面变形前后的位置；(d) 梁截面变形后沿 x 轴的位移

第3章　层压薄板的弯曲、屈曲及弯曲有限元分析

复合材料平板理论是在一般板壳力学的基础上发展起来的。它包括的内容很多，本章将针对平板的两个基本问题，即弯曲问题与稳定问题进行分析讨论。

在研究复合材料平板问题中，由于材料的各向异性，层压板的力学性质与各向同性板的性质有较大差别。首先，由于耦合刚度的存在，层压板会呈现出多种耦合效应；另外，层间剪切的影响，不仅取决于板的厚跨之比，还将取决于面内弹性模量与沿厚度方向的剪切模量之比。鉴于这些特点，复合材料平板问题将比各向同性材料的平板问题复杂得多。为此，本章将从最简单的情况开始，首先讨论无耦合效应、无横向剪切变形以及无湿热效应的层压板问题，给出有效的计算方法。在此基础上，再来逐步分析考虑层间剪切因素和个别耦合效应情况下的复合材料平板问题求解方法，需要指出的是，本章所涉及的平板均为薄板，即板的厚度远小于板面的其他尺寸。

本章研究的层压平板是各种复合材料层压板中最简单又应用最广的一种，其限制如下：

(1) 层压板的每个单层板是正交各向异性的，其材料主方向不一定与层压板坐标轴一致；材料是线弹性的，且层压板是等厚度的。

(2) 板的厚度与其长度和宽度相比很小，即为薄板。

(3) 不考虑体积力。

与前文层压板理论依据的假设相同，对于薄层压板有下列基本假设：

(1)σ_z，τ_{yz} 和 τ_{xz} 为零，即近似为平面应力状态，只考虑 σ_x，σ_y 和 τ_{xy}。

(2) 克希荷夫(Kirchhoff) 直法线假设，即变形前垂直于层压板中面的一直线段，变形后仍作为直线段垂直于变形后的中曲面，而其固有的中面法线长度保持不变。即横向剪应变 γ_{xz}，γ_{yz} 以及 ε_z 近似为零。ε_x，ε_y 和 γ_{xy} 以及 u，v 是 z 的线性函数。

(3) 位移 u，v 和 w 与板厚相比较很小，应变 ε_x，ε_y，γ_{xy} 与 1 相比很小，且略去转动惯量。

这些假设表明，讨论的是小应变和小挠度问题；另外假设限于正交各向异性材料，按经典层压板理论分析而不考虑层间应力和横向剪切影响。

3.1　层压板的弯曲基本方程

弯曲问题是指在横向荷载 $q(x,y)$ 作用下求解层压板的挠度、变形和应力。层压板几何尺

寸和作用力、力矩分别表示在图 3.1 与图 3.2 中。

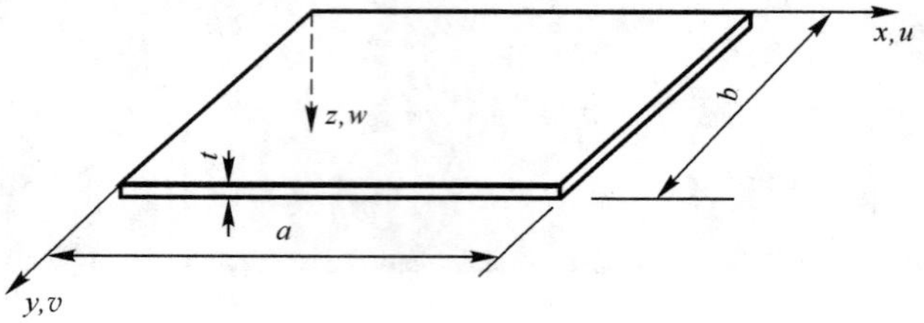

图 3.1　层压平板的几何尺寸

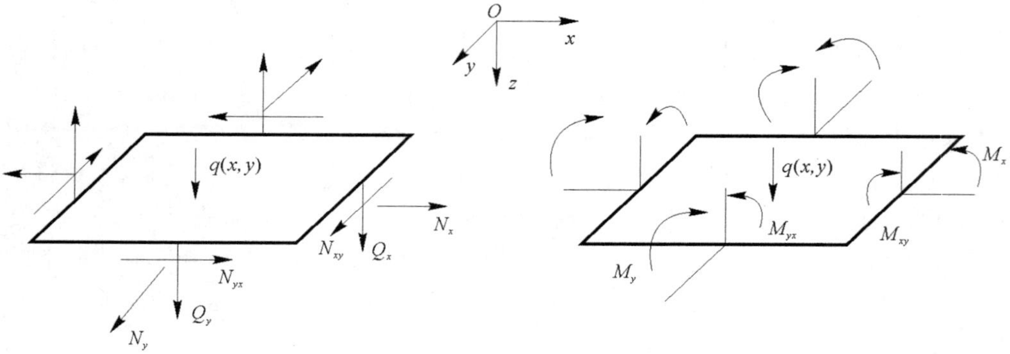

图 3.2　作用于板上的力和力矩

一、平衡方程

由前文可知，层压板的合力和合力矩与应变和曲率有下列关系：

$$\left.\begin{aligned}\begin{bmatrix}N_x\\N_y\\N_{xy}\end{bmatrix}&=[A_{ij}]\begin{bmatrix}\varepsilon_x^0\\\varepsilon_y^0\\\gamma_{xy}^0\end{bmatrix}+[B_{ij}]\begin{bmatrix}K_x\\K_y\\K_{xy}\end{bmatrix}\\\begin{bmatrix}M_x\\M_y\\M_{xy}\end{bmatrix}&=[B_{ij}]\begin{bmatrix}\varepsilon_x^0\\\varepsilon_y^0\\\gamma_{xy}^0\end{bmatrix}+[D_{ij}]\begin{bmatrix}K_x\\K_y\\K_{xy}\end{bmatrix}\end{aligned}\right\}\tag{3.1}$$

式中有

$$\begin{bmatrix}\varepsilon_x^0\\\varepsilon_y^0\\\gamma_{xy}^0\end{bmatrix}=\begin{bmatrix}\dfrac{\partial u_0}{\partial x}\\\dfrac{\partial v_0}{\partial y}\\\dfrac{\partial u_0}{\partial y}+\dfrac{\partial v_0}{\partial x}\end{bmatrix}$$

$$\begin{bmatrix} K_x \\ K_y \\ K_{xy} \end{bmatrix} = \begin{bmatrix} -\dfrac{\partial^2 w}{\partial x^2} \\ -\dfrac{\partial^2 w}{\partial y^2} \\ -2\dfrac{\partial^2 w}{\partial x \partial y} \end{bmatrix}$$

为了建立弯曲方程，从层压板中取一板单元($\mathrm{d}x,\mathrm{d}y,t$)，其在给定横向载荷作用下与板上作用的内力合力和合力矩相平衡，如图 3.3 所示。

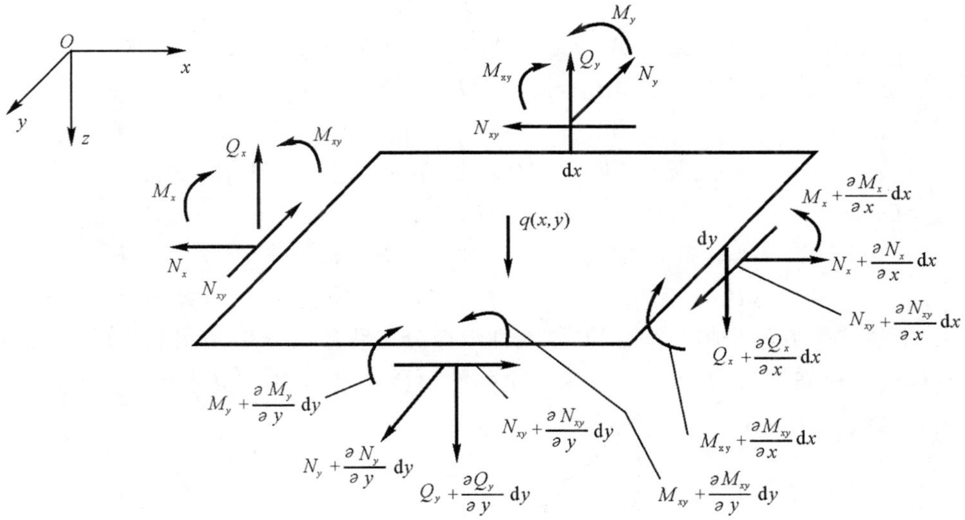

图 3.3　板元素受力图

在不计体积力作用的情况下，得到用合力和合力矩表示的平衡方程为

$$\left.\begin{aligned} &\frac{\partial N_x}{\partial x}+\frac{\partial N_{xy}}{\partial y}=0, && x\text{ 方向平衡} \\ &\frac{\partial N_{xy}}{\partial x}+\frac{\partial N_y}{\partial y}=0, && y\text{ 方向平衡} \\ &\frac{\partial Q_x}{\partial x}+\frac{\partial Q_y}{\partial y}+q=0, && z\text{ 方向平衡} \\ &\frac{\partial M_x}{\partial x}+\frac{\partial M_{xy}}{\partial y}=Q_x, && \text{绕 } y\text{ 轴力矩平衡} \\ &\frac{\partial M_{xy}}{\partial x}+\frac{\partial M_y}{\partial y}=Q_y, && \text{绕 } x\text{ 轴力矩平衡} \end{aligned}\right\} \tag{3.2}$$

由式(3.2)后三式综合得

$$\frac{\partial^2 M_x}{\partial x^2}+2\frac{\partial^2 M_{xy}}{\partial x\partial y}+\frac{\partial^2 M_y}{\partial y^2}+q=0 \tag{3.3}$$

将式(3.1)代入式(3.2)及式(3.3)中可得到用 u_0，v_0，w 表示的平衡方程，为书写简单，将 u_0，v_0 的下标“0”略去，并用“·”表示对下标变量的微分，例如：

$$u._{xx}=\frac{\partial^2 u}{\partial x^2}$$

$$u._{xy}=\frac{\partial^2 u}{\partial x\partial y}$$

则有

$$\begin{aligned}&A_{11}u._{xx}+2A_{16}u._{xy}+A_{66}u._{yy}+A_{16}v._{xx}+(A_{12}+A_{66})v._{xy}+A_{26}v._{yy}\\&\quad -B_{11}w._{xxx}-3B_{16}w._{xxy}-(B_{12}+2B_{66})w._{xyy}-B_{26}w._{yyy}=0\end{aligned} \tag{3.4}$$

$$\begin{aligned}&A_{16}u._{xx}+(A_{12}+A_{66})u._{xy}+A_{26}u._{yy}+A_{66}v._{xx}+2A_{26}v._{xy}+A_{22}v._{yy}\\&\quad -B_{16}w._{xxx}-(B_{12}+2B_{66})w._{xxy}-3B_{26}w._{xyy}-B_{22}w._{yyy}=0\end{aligned} \tag{3.5}$$

$$\begin{aligned}&D_{11}w._{xxxx}+4D_{16}w._{xxxy}+2(D_{12}+2D_{66})w._{xxyy}+4D_{26}w._{xyyy}+D_{22}w._{yyyy}\\&\quad -B_{11}u._{xxx}-3B_{16}u._{xxy}-(B_{12}+2B_{66})u._{xyy}-B_{26}u._{yyy}-B_{16}v._{xxx}\\&\quad -(B_{12}+2B_{66})v._{xxy}-3B_{26}v._{xyy}-B_{22}v._{yyy}=q(x,y)\end{aligned} \tag{3.6}$$

可以看出，上述三个方程是相互耦合的，该线性偏微分方程组的求解是很麻烦的，它是对于一般的非对称层压板来说的，方程组中反映了全面的耦合效应，必须联立求解 u,v,w。

引进下列微分算子：

$$L_{11}=A_{11}\frac{\partial^2}{\partial x^2}+2A_{16}\frac{\partial^2}{\partial x\partial y}+A_{66}\frac{\partial^2}{\partial y^2}$$

$$L_{12}=A_{16}\frac{\partial^2}{\partial x^2}+(A_{12}+A_{66})\frac{\partial^2}{\partial x\partial y}+A_{26}\frac{\partial^2}{\partial y^2}$$

$$L_{22}=A_{66}\frac{\partial^2}{\partial x^2}+2A_{26}\frac{\partial^2}{\partial x\partial y}+A_{22}\frac{\partial^2}{\partial y^2}$$

$$L_{33}=D_{11}\frac{\partial^4}{\partial x^4}+4D_{16}\frac{\partial^4}{\partial x^3\partial y}+2(D_{12}+2D_{66})\frac{\partial^4}{\partial x^2\partial y^2}+4D_{26}\frac{\partial^4}{\partial x\partial y^3}+D_{22}\frac{\partial^4}{\partial y^4}$$

$$L_{13}=-B_{11}\frac{\partial^3}{\partial x^3}-3B_{16}\frac{\partial^3}{\partial x^2\partial y}-(B_{12}+2B_{66})\frac{\partial^3}{\partial x\partial y^2}-B_{26}\frac{\partial^3}{\partial y^3}$$

$$L_{23}=-B_{16}\frac{\partial^3}{\partial x^3}-(B_{12}+2B_{66})\frac{\partial^3}{\partial x^2\partial y}-3B_{26}\frac{\partial^3}{\partial x\partial y^2}-B_{22}\frac{\partial^3}{\partial y^3}$$

其中算子 L_{13} 和 L_{23} 含有系数 B_{ij}，反映拉伸弯曲的耦合效应；A_{16}，A_{26}，B_{16}，B_{26}，D_{16}，D_{26} 分别反映拉伸、剪切耦合和弯曲、扭转耦合效应。这时平衡方程式(3.4)至式(3.6)可简单表示为

$$\left.\begin{aligned}L_{11}u+L_{12}v+L_{13}w=0\\L_{12}u+L_{22}v+L_{23}w=0\\L_{13}u+L_{23}v+L_{33}w=q\end{aligned}\right\} \tag{3.7}$$

实际应用的复合材料结构中，层压板的铺层不是完全随意的，而是根据设计和制造的要求在工程中有某种规定，这样一来，依照具体的特殊情况，由于减少了某些耦合效应而使问题的求解得到了简化。当层压板对称于中面时，$B_{ij}=0$，则式(3.4)、式(3.5)和式(3.6)相互独立，即含有位移 u,v 的项和含有位移 w 的项可以分开来。这时，只需由式(3.6)的相应简化式单独得出对称层压板弯曲的平衡方程

$$D_{11}w_{,xxxx}+4D_{16}w_{,xxxy}+2(D_{12}+2D_{66})w_{,xxyy}+4D_{26}w_{,xyyy}+D_{22}w_{,yyyy}=q(x,y) \tag{3.8}$$

用式(3.7)表示，则为($L_{13}=0$,$L_{23}=0$)

$$\left.\begin{aligned}L_{11}u+L_{12}v=0\\L_{12}u+L_{22}v=0\\L_{33}w=q\end{aligned}\right\} \tag{3.9}$$

此时 u,v 与 w 的方程相互独立，可分别求解。

式(3.8)表示，它与各向异性板的方程形式一样。只在计算 D_{ij} 时有所不同。

如果是正交各向异性的层压板，由于 $D_{16}=D_{26}=0$，平衡方程简化为

$$D_{11}w_{,xxxx}+2(D_{12}+2D_{66})w_{,xxyy}+D_{22}w_{,yyyy}=q \tag{3.10}$$

此式与正交各向异性均匀材料板方程形式一样。

如果各层均为各向同性材料，但每层材料不一定相同，则 $D_{11}=D_{22}=(D_{12}+2D_{66})=D$，$D_{16}=D_{26}=0$，平衡方程为

$$w_{,xxxx}+2w_{,xxyy}+w_{,yyyy}=q/D$$

这与各向同性板方程形式完全一样。

二、边界条件

为了获得问题的定解，还须研究边界上的约束条件。除了较特殊的弹性约束边界外，通常的边界条件有简支、固支和自由边界三种。根据实际情况，简支(用字母 s 表示)和固支(用字母 c 表示)边界条件又都可以分成四种类型。如假设在 n 与 t 的坐标系里，n 为边界的法线方向，t 为边界的切线方向，8 种可能类型的简支和固支边界条件一般分类如下。

1. 简支边界条件(用 s 表示)

$$\left.\begin{aligned}&s_1:w=0,\quad M_n=0,\quad u_n=\bar{u}_n,\quad u_t=\bar{u}_t\\&s_2:w=0,\quad M_n=0,\quad N_n=\bar{N}_n,\quad u_t=\bar{u}_t\\&s_3:w=0,\quad M_n=0,\quad u_n=\bar{u}_n,\quad N_{nt}=\bar{N}_{nt}\\&s_4:w=0,\quad M_n=0,\quad N_n=\bar{N}_n,\quad N_{nt}=\bar{N}_{nt}\end{aligned}\right\} \tag{3.11}$$

式中符号意义见图 3.4，下角标 n 表示法向，t 表示切向；“.”表示微分。w 表示挠度位移，M 为力矩，N 为力。带顶标“—”的量为一给定值，它们常常为零值。

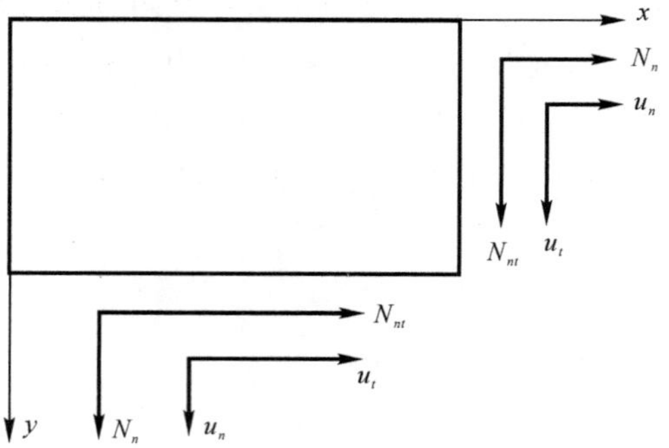

图 3.4　边界条件符号意义

2. 固支边界条件(用 c 表示)

$$\left.\begin{array}{l}c_1:w=0,\quad w_{,n}=0,\quad u_n=\bar{u}_n,\quad u_t=\bar{u}_t\\ c_2:w=0,\quad w_{,n}=0,\quad N_n=\bar{N}_n,\quad u_t=\bar{u}_t\\ c_3:w=0,\quad w_{,n}=0,\quad u_n=\bar{u}_n,\quad N_{nt}=\bar{N}_{nt}\\ c_4:w=0,\quad w_{,n}=0,\quad N_n=\bar{N}_n,\quad N_{nt}=\bar{N}_{nt}\end{array}\right\}\tag{3.12}$$

通常把这类由边界约束条件与控制微分方程一起求得定解的问题称为边界值问题。上述这种以位移 u,v,w 为基本未知量的求解方法称为位移法，一般来说，这时的边界条件也是以位移的形式给出。

矩形板的四边，每边可用上述 8 种边界条件的任一种表示，因此可能范围很大，如果再考虑自由边界条件，则每边有 12 种可能的边界条件，本章只讨论四边简支的矩形层压板。

3.2　正交各向异性板的弯曲问题

在这里，为了阐明问题起见，考虑一四边简支并承受分布横向荷载 $q(x,y)$ 作用的矩形层压板。如图 3.5 所示，可用双三角级数解，将横向荷载 $q(x,y)$ 展开为

$$q(x,y)=\sum_{m=1}^{\infty}\sum_{n=1}^{\infty}q_{mn}\sin\frac{m\pi x}{a}\sin\frac{n\pi y}{b}\tag{3.13}$$

一般说来 m,n 为任意正整数，q_{mn} 可由下式求出

$$q_{mn}=\frac{4}{ab}\int_0^a\int_0^b q(x,y)\sin\frac{m\pi x}{a}\sin\frac{n\pi y}{b}\mathrm{d}x\mathrm{d}y\tag{3.14}$$

对于均布载荷 $q(x,y)=q_0$，可得出

$$q(x,y)=q_0=\sum_{m=1,3,5}^{\infty}\sum_{n=1,3,5}^{\infty}\frac{16q_0}{\pi^2 mn}\sin\frac{m\pi x}{a}\sin\frac{n\pi y}{b}\tag{3.15}$$

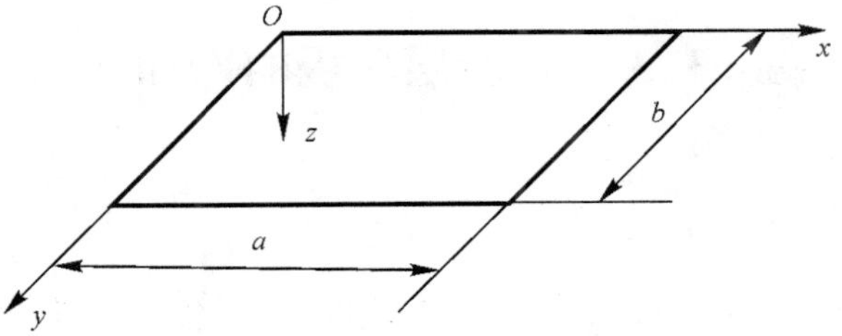

图 3.5　四边简支矩形层压板

下面重点讨论特殊正交各向异性层压板的解。

所谓特殊正交各向异性层压板，是指特殊正交各向异性材料单层板或对称于中面的多层特殊正交各向异性层压板。因为这时不仅具有对中面的弹性对称性质，而且对所取的参考坐标轴与材料的弹性主轴方向相平行。所以，这种层压板既不存在拉弯耦合，也不存在拉剪和弯扭耦合效应。这时有 $B_{ij}=0$，又 $A_{16}=A_{26}=D_{16}=D_{26}=0$，板的挠度 w 只由一个平衡微分方程描述，即式(3.10)。简支边界条件为

$$\left.\begin{aligned} x=0,\quad a: w=0,\quad M_x=-D_{11}w_{,xx}-D_{12}w_{,yy}=0 \\ y=0,\quad b: w=0,\quad M_y=-D_{12}w_{,xx}-D_{22}w_{,yy}=0 \end{aligned}\right\} \tag{3.16}$$

由于面内位移 u,v 在微分方程中不出现，所以，在这里可不考虑面内边界条件部分，故边界条件很简单。

根据熟知的纳维尔(Navier)解法，将挠度函数 w 假设成双重三角级数形式，既可满足边界条件的要求，又便于求解，其为

$$w=\sum_{m=1}^{\infty}\sum_{n=1}^{\infty}a_{mn}\sin\frac{m\pi x}{a}\sin\frac{n\pi y}{b} \tag{3.17}$$

将此式代入方程(3.10)可得

$$a_{mn}=\frac{q_{mn}/\pi^4}{D_{11}\left(\frac{m}{a}\right)^4+2(D_{12}+2D_{66})\left(\frac{m}{a}\right)^2\left(\frac{n}{b}\right)^2+D_{22}\left(\frac{n}{b}\right)^4}$$

代入式(3.17)可得 w 的精确解，对于均布载荷 q_0 有解

$$w=\frac{16q_0}{\pi^5}\frac{\sum\limits_{m=1,3,5}^{\infty}\sum\limits_{n=1,3,5}^{\infty}\frac{1}{mn}\sin\frac{m\pi x}{a}\sin\frac{n\pi y}{b}}{D_{11}\left(\frac{m}{a}\right)^4+2(D_{12}+2D_{66})\left(\frac{m}{a}\right)^2\left(\frac{n}{b}\right)^2+D_{22}\left(\frac{n}{b}\right)^4} \tag{3.18}$$

一旦求得挠度函数 $w(x,y)$，通过几何方程和物理方程即可相继地确定应变分量和应力分量。在计算应力时，由于层压板厚度方向的非均质性，应该逐层地算出各应力分量。注意式(3.18)中只用 D_{11},D_{12},D_{22},D_{66} 表示层压板刚度。

3.3　一般层压板的弯曲

一、对称角铺设层压板

这种层压板仍具有对中面弹性对称的性质，所以，不存在拉弯耦合效应，即有 $B_{ij}=0$。但它与特殊正交各向异性层压板不同的是出现了交叉耦合效应，在基本微分方程中增加了弯曲交叉刚度 D_{16}，D_{26} 的影响，其基本方程为式(3.8)。边界条件为

$$\left.\begin{aligned} &x=0,\quad a: w=0,\quad M_x=D_{11}w_{,xx}+D_{12}w_{,yy}+2D_{16}w_{,xy}=0 \\ &y=0,\quad b: w=0,\quad M_y=D_{12}w_{,xx}+D_{22}w_{,yy}+2D_{26}w_{,xy}=0 \end{aligned}\right\} \tag{3.19}$$

由于沿边界长度方向的二阶导数为零，则边界条件可简化为

$$\begin{cases} x=0,\quad a: w=0,\quad M_x=D_{11}w_{,xx}+2D_{16}w_{,xy}=0 \\ y=0,\quad b: w=0,\quad M_y=D_{12}w_{,xx}+2D_{26}w_{,xy}=0 \end{cases}$$

由于 D_{16}，D_{26} 存在，挠度 w 的表达式不能像式(3.17)那样用双三角级数展开，否则 $w_{,xxxy}$ 和 $w_{,xyyy}$ 将出现正弦和余弦奇次函数，变量不能分离。此外挠度展开式也不满足边界条件，因此只能用近似解法——瑞利-里茨法(Rayleigh-Ritz)。

根据熟知的瑞利-里茨法，所选取的挠度函数式(3.17)虽然不能满足问题的全部边界条件，但是，只需它能够满足几何边界条件($w=0$)即可，这时在挠度展开式中取足够的项，使近似能量也能收敛到精确能量。

用最小势能原理近似求解。应变能

$$U=\frac{1}{2}\int_0^a\int_0^b(M_xK_x+M_yK_y+M_{xy}K_{xy})\,\mathrm{d}x\mathrm{d}y \tag{3.20}$$

将式

$$\begin{bmatrix} M_x \\ M_y \\ M_{xy} \end{bmatrix}=\begin{bmatrix} B_{11} & B_{12} & B_{16} \\ B_{12} & B_{22} & B_{26} \\ B_{16} & B_{26} & B_{66} \end{bmatrix}\begin{bmatrix} \varepsilon_x^0 \\ \varepsilon_y^0 \\ \gamma_{xy}^0 \end{bmatrix}+\begin{bmatrix} D_{11} & D_{12} & D_{16} \\ D_{12} & D_{22} & D_{26} \\ D_{16} & D_{26} & D_{66} \end{bmatrix}\begin{bmatrix} K_x \\ K_y \\ K_{xy} \end{bmatrix}$$

代入式(3.20)得

$$\begin{aligned} U=&\frac{1}{2}\iint[(D_{11}K_x+D_{12}K_y+D_{16}K_{xy})K_x+(D_{12}K_x+D_{22}K_y+D_{26}K_{xy})K_y+ \\ &(D_{16}K_x+D_{26}K_y+D_{66}K_{xy})K_{xy}]\mathrm{d}x\mathrm{d}y= \\ &\frac{1}{2}\iint(D_{11}w_{,xx}^2+2D_{12}w_{,xx}w_{,yy}+D_{22}w_{,yy}^2+4D_{66}w_{,xy}^2+ \\ &4D_{16}w_{,xx}w_{,xy}+4D_{26}w_{,yy}w_{,xy})\mathrm{d}x\mathrm{d}y \end{aligned}$$

外力所做的功为
$$W^*=\iint qw\,\mathrm{d}x\mathrm{d}y$$

层压板总势能为

$$\Pi = U - W^{*} = \frac{1}{2}\iint (D_{11}w_{,xx}^{2} + 2D_{12}w_{,xx}w_{,yy} + D_{22}w_{,yy}^{2} + 4D_{66}w_{,xy}^{2} + 4D_{16}w_{,xx}w_{,xy} + 4D_{26}w_{,yy}w_{,xy} - 2qw)\,\mathrm{d}x\mathrm{d}y \tag{3.21}$$

仍选取式(3.17)的 w 表达式，它满足位移边界条件，$x=0,a:w=0;y=0,b:w=0$。但不满足力的边界条件，即 $x=0,a:M_x\neq 0;y=0,b:M_y\neq 0$。这时可用最小势能原理，将 w 表达式代入 Π 表达式，由最小势能原理得

$$\frac{\partial \Pi}{\partial a_{mn}} = 0$$

它是一个关于待定参数 a_{mn} 的线性代数方程组。如果对挠度展开式(3.17)选取 $m=1,2,\cdots,7;n=1,2,\cdots,7$，则由上式可得到49个线性代数方程，可解得49个未知量 a_{mn}。代回到式(3.17)中，即可获得挠度函数 w 的近似解。对于受均布载荷 q_0 作用的方板，当 $D_{22}/D_{11}=1$，$(D_{12}+2D_{66})/D_{11}=1.5$，$D_{16}/D_{11}=D_{26}/D_{11}=-0.5$ 时，得到层压板最大挠度

$$w_{\max} = \frac{0.00425a^4q_0}{D_{11}}$$

其精确解

$$w_{\max}^{*} = \frac{0.00452a^4q_0}{D_{11}}$$

如果忽略弯曲交叉耦合的影响，使 $D_{16}=0$ 和 $D_{26}=0$，即把对称角铺层层压板近似地作为 $D_{22}/D_{11}=1$，$(D_{12}+2D_{66})/D_{11}=1.5$ 和 $D_{16}=D_{26}=0$ 的特殊正交各向异性层压板，则最大挠度

$$w_{\max} = \frac{0.00324a^4q_0}{D_{11}}$$

比较以上结果可知，忽略弯曲扭转耦合刚度后误差约为28%，所以不允许采用特殊正交各向异性层压板作为对称角铺设层压板的近似。

二、反对称正交铺设层压板

反对称正交铺设层压板是指只有0°和90°铺层方向，且相对于中面其铺层方向角的大小不同、相差90°的层压板。反对称正交铺设层压板的拉伸刚度中不为零的刚度系数有 $A_{11}=A_{22}$，A_{12}，A_{66}；弯曲拉伸耦合刚度中不为零的系数有 B_{11}，$B_{22}=-B_{11}$；弯曲刚度中不为零的系数有 $D_{11}=D_{22}$，D_{12}，D_{66}。与特殊正交各向异性层压板相比，出现 B_{11}，B_{22}，因此平衡方程是联立的，即

$$\left.\begin{aligned}
&A_{11}u_{,xx} + A_{66}u_{,yy} + (A_{12}+A_{66})v_{,xy} - B_{11}w_{,xxx} = 0\\
&(A_{12}+A_{66})u_{,xy} + A_{66}v_{,xx} + A_{22}v_{,yy} + B_{11}w_{,yyy} = 0\\
&D_{11}(w_{,xxxx}+w_{,yyyy}) + 2(D_{12}+2D_{66})w_{,xxyy} - B_{11}(u_{,xxx}-v_{,yyy}) = q(x,y)
\end{aligned}\right\} \tag{3.22}$$

选择 s_2 简支边界条件(式(3.11)中第2式)

$$\left.\begin{aligned} x=0,\quad a:w=0,\quad & M_x=B_{11}u_{,x}-D_{11}w_{,xx}-D_{12}w_{,yy}=0\\ v=0,\quad & N_x=A_{11}u_{,x}+A_{12}v_{,y}-B_{11}w_{,xx}=0\\ y=0,\quad b:w=0,\quad & M_y=-B_{11}v_{,y}-D_{12}w_{,xx}-D_{22}w_{,yy}=0\\ u=0,\quad & N_y=A_{12}u_{,x}+A_{11}v_{,y}+B_{11}w_{,yy}=0 \end{aligned}\right\} \tag{3.23}$$

选取下列位移

$$\left.\begin{aligned} u&=\sum_{m=1}^{\infty}\sum_{n=1}^{\infty}a_{mn}\cos\frac{m\pi x}{a}\sin\frac{n\pi y}{b}\\ v&=\sum_{m=1}^{\infty}\sum_{n=1}^{\infty}b_{mn}\sin\frac{m\pi x}{a}\cos\frac{n\pi y}{b}\\ w&=\sum_{m=1}^{\infty}\sum_{n=1}^{\infty}c_{mn}\sin\frac{m\pi x}{a}\sin\frac{n\pi y}{b} \end{aligned}\right\} \tag{3.24}$$

它们满足平衡方程(3.22)和边界条件(3.23),所以是精确解。

例 3.1 取一石墨/环氧材料制成的反对称正交铺设矩形层压板,其弹性系数 $E_1/E_2=40$,$G_{12}/E_2=0.5$,$\nu_{21}=0.25$,如果横向荷载 q 取双三角级数第一项,即

$$q=q_0\sin\frac{\pi x}{a}\sin\frac{\pi y}{b}$$

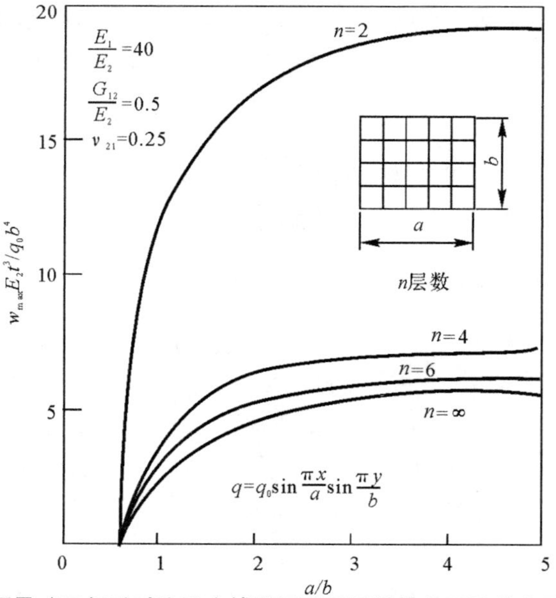

图 3.6 石墨/环氧反对称正交铺设矩形层压板横向正弦载荷下最大挠度

对于2,4,6层和无限多层的反对称正交铺设石墨/环氧矩形层压板,算出的最大挠度值随长宽比 a/b 变化的曲线绘于图 3.6 中。无限多层层压板情况相当于忽略弯曲拉伸耦合的特殊

正交各向异性层压板的解，对于二层层压板忽略耦合影响的结果，误差很大。即实际挠度近似为特殊正交层压板的 3 倍。显然，随着层数的增加，拉伸弯曲耦合作用对挠度的影响衰减很快，而且与层压板长宽比 a/b 无关，当层数多于 6 层时，可忽略耦合影响而误差很小。另外，应注意耦合效应影响还取决 E_1/E_2，E_1/E_2 增大，耦合效应影响也增大。

三、反对称角铺设层压板

这种层压板与反对称正交铺设层压板的情况截然不同，突出的特点是，它产生了复杂的拉伸与扭曲的耦合效应。这时，$A_{16}=A_{26}=D_{16}=D_{26}=0$，拉弯耦合刚度有 B_{16}，B_{26}，基本微分方程为

$$\left.\begin{aligned}&A_{11}u_{,xx}+A_{66}u_{,yy}+(A_{12}+A_{66})v_{,xy}-3B_{16}w_{,xxy}-B_{26}w_{,yyy}=0\\&(A_{12}+A_{66})u_{,xy}+A_{66}v_{,xx}+A_{22}v_{,yy}-B_{16}w_{,xxx}-3B_{26}w_{,xyy}=0\\&D_{11}w_{,xxxx}+2(D_{12}+2D_{66})w_{,xxyy}-D_{22}w_{,yyyy}-\\&\qquad B_{16}(3u_{,xxy}-v_{,xxx})-B_{26}(u_{,yyy}+3v_{,xyy})=q(x,y)\end{aligned}\right\}\tag{3.25}$$

选取式(3.11) 中第 3 式 s_3 简支边界条件：

$$\left.\begin{aligned}x=0,\quad a:w=0,\quad &M_x=B_{16}(u_{,y}+v_{,x})-D_{11}w_{,xx}-D_{12}w_{,yy}=0\\u=0,\quad &N_{xy}=A_{66}(u_{,y}+v_{,x})-B_{16}w_{,xx}-B_{26}w_{,yy}=0\\y=0,\quad b:w=0,\quad &M_y=B_{26}(u_{,y}+v_{,x})-D_{12}w_{,xx}-D_{22}w_{,yy}=0\\v=0,\quad &N_y=A_{66}(u_{,y}+v_{,x})-B_{16}w_{,xx}-B_{26}w_{,yy}=0\end{aligned}\right\}\tag{3.26}$$

取位移如下：

$$\left.\begin{aligned}u&=\sum_{m=1}^{\infty}\sum_{n=1}^{\infty}a_{mn}\sin\frac{m\pi x}{a}\cos\frac{n\pi y}{b}\\v&=\sum_{m=1}^{\infty}\sum_{n=1}^{\infty}b_{mn}\cos\frac{m\pi x}{a}\sin\frac{n\pi y}{b}\\w&=\sum_{m=1}^{\infty}\sum_{n=1}^{\infty}c_{mn}\sin\frac{m\pi x}{a}\sin\frac{n\pi y}{b}\end{aligned}\right\}\tag{3.27}$$

它们满足平衡方程和边界条件，因此是精确解。

例 3.2　对于 $E_1/E_2=40$，$G_{12}/E_2=0.5$，$\nu_{21}=0.25$ 的石墨／环氧材料制成的反对称角铺设层压方板，在载荷 $q=q_0\sin\frac{\pi x}{a}\sin\frac{\pi y}{b}$ 作用下，最大挠度随铺设角 θ 变化的曲线表示在图 3.7 中，显然二层层压板耦合影响很大，但随层数增加迅速减小。

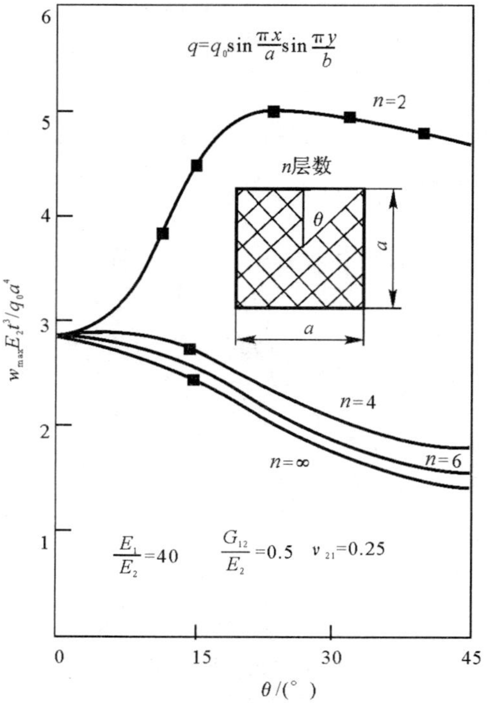

图 3.7　反对称角铺设层压板在横向正弦载荷下的最大挠度

总之，求得位移函数后通过几何方程和物理方程可进一步确定各应变和应力分量，在计算应力时，按各层刚度情况逐层进行计算。

3.4　夹芯板的弯曲

对于复合材料层压板的弯曲刚度，远离中面的铺层在抗弯刚度中作出较大的贡献，因此，为了充分发挥材料的性能和降低结构的质量，把弹性模量大、强度高的材料配置在远离中面的部位，而中面附近可使用强度和模量较低的轻质材料。夹芯板就是这类结构的典型实例。

夹芯板通常由三部分组成，图 3.8 为常见的几种夹芯板。最外层是面板，也称蒙皮；中间是芯材，常用的有泡沫塑料、金属或非金属材料制成的蜂窝或波纹板；将面板和芯材连接在一起的是胶接层。夹芯板的面板主要承受弯曲引起的正应力，要用高强度、高模量材料制造，芯子主要用于保持上下面板之间的距离和承受剪应力，为保证面板在稳定状态下工作，芯材也需要有较高的抗剪刚度和强度。胶接层将芯材与面板连接在一起，主要用于承受剪应力。

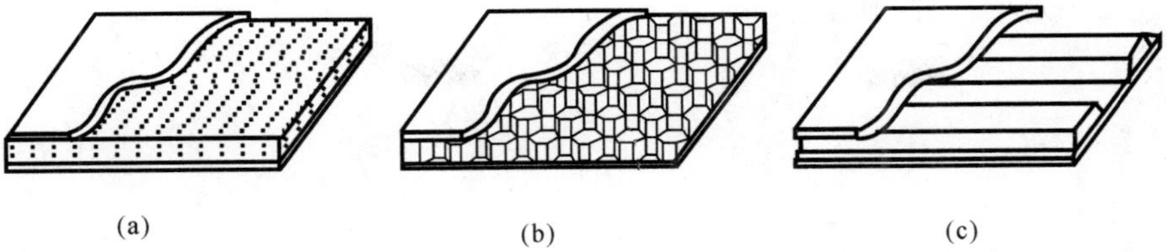

图 3.8　各种夹芯板

(a) 泡沫夹芯；(b) 蜂窝夹芯；(c) 波纹夹芯

根据夹芯板的结构特点，作如下假设：

(1) 薄的面板只承受作用于面板面内的应力 σ_x，σ_y，τ_{xy}；

(2) 芯材只承受横向剪应力，且剪应力沿厚度均匀分布，其应力状态是 $\sigma_x=\sigma_y=\tau_{xy}=0$，$\tau_{xz}\neq 0$，$\tau_{yz}\neq 0$；

(3) 夹芯板弯曲变形时 $\varepsilon_z=0$，且不计 σ_z 对变形的影响。

图 3.9 是由面板为层压板，芯材为各向同性材料构成的夹芯板。在夹芯板上作用弯矩 M_x，M_y，M_{xy}，根据假设(2)，对于芯材有

$$\frac{\partial \tau_{yz}}{\partial z}=0,\quad \frac{\partial \tau_{xz}}{\partial z}=0$$

若横向剪力为 N_{yz} 和 N_{xz}，则

$$\tau_{yz}=\frac{N_{yz}}{h},\quad \tau_{xz}=\frac{N_{xz}}{h} \tag{3.28}$$

式中，h 为芯材的厚度。如果芯材的剪切模量为 G_c，于是横向剪应变为

$$\left.\begin{aligned}\gamma_{xz}&=\frac{\partial w}{\partial x}+\frac{\partial u}{\partial z}=\frac{N_{xz}}{G_c h}\\ \gamma_{yz}&=\frac{\partial w}{\partial y}+\frac{\partial v}{\partial z}=\frac{N_{yz}}{G_c h}\end{aligned}\right\} \tag{3.29}$$

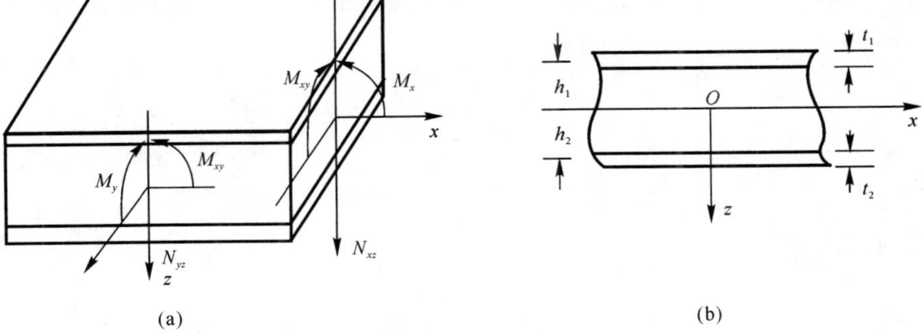

图 3.9　夹层板的受力分析与几何尺寸

(a) 夹芯板内力；(b) 夹芯板几何要素

将式(3.29)对 z 积分，则由

$$\left.\begin{aligned} u &= u_0 - z\left(\frac{\partial w}{\partial x} - \frac{N_{xz}}{G_c h}\right) \\ v &= v_0 - z\left(\frac{\partial w}{\partial y} - \frac{N_{yz}}{G_c h}\right) \end{aligned}\right\} \tag{3.30}$$

令

$$\left.\begin{aligned} \psi_x &= \frac{\partial w}{\partial x} - \frac{N_{xz}}{G_c h} \\ \psi_y &= \frac{\partial w}{\partial y} - \frac{N_{yz}}{G_c h} \end{aligned}\right\} \tag{3.31}$$

则式(3.30)可写成

$$\left.\begin{aligned} u &= u_0 - z\psi_x \\ v &= v_0 - z\psi_y \end{aligned}\right\} \tag{3.32}$$

式中，ψ_x，ψ_y 为芯材的转角，u_0，v_0 为参考面的面内位移。对于图 3.9 给出的夹层板的几何尺寸，上、下面板中点处的位移分别为

$$\left.\begin{aligned} u &= u_0 \pm h_i\psi_x \\ v &= v_0 \pm h_i\psi_y \end{aligned}\right\} \tag{3.33}$$

式中，下标 $i(i=1,2)$ 分别表示上、下面板，当 $i=1$ 时代表上面板，$i=2$ 时代表下面板。对应的应变为

$$\left.\begin{aligned} \varepsilon_{xi} &= \frac{\partial u_i}{\partial x} = \frac{\partial u_0}{\partial x} \pm h_i\frac{\partial \psi_x}{\partial x} = \varepsilon_x^0 \pm h_i\frac{\partial \psi_x}{\partial x} \\ \varepsilon_{yi} &= \frac{\partial v_i}{\partial y} = \frac{\partial v_0}{\partial y} \pm h_i\frac{\partial \psi_y}{\partial y} = \varepsilon_y^0 \pm h_i\frac{\partial \psi_y}{\partial y} \\ \gamma_{xyi} &= \frac{\partial u_i}{\partial y} + \frac{\partial v_i}{\partial x} = \frac{\partial u_0}{\partial y} + \frac{\partial v_0}{\partial x} \pm h_i\left(\frac{\partial \psi_x}{\partial y} + \frac{\partial \psi_y}{\partial x}\right) = \gamma_{xy}^0 \pm h_i\left(\frac{\partial \psi_x}{\partial y} + \frac{\partial \psi_y}{\partial x}\right) \end{aligned}\right\} \tag{3.34}$$

根据本章开始时的假设(1)，上、下面板只承受作用于自身的面内载荷。由层压板内力公式，对每一面板有

$$\begin{bmatrix} N_{xi} \\ N_{yi} \\ N_{xyi} \end{bmatrix} = \begin{bmatrix} A_{11i} & A_{12i} & A_{16i} \\ A_{12i} & A_{22i} & A_{26i} \\ A_{16i} & A_{26i} & A_{66i} \end{bmatrix} \begin{bmatrix} \varepsilon_{xi} \\ \varepsilon_{yi} \\ \varepsilon_{xyi} \end{bmatrix} \tag{3.35}$$

则整个夹芯板的内力为

$$\left.\begin{aligned} N_x &= N_{x1} + N_{x2} \\ N_y &= N_{y1} + N_{y2} \\ N_{xy} &= N_{xy1} + N_{xy2} \end{aligned}\right\} \tag{3.36}$$

夹芯板的内力矩由图 3.9 可得

$$\left.\begin{aligned}M_x &= N_{x2}h_2 - N_{x1}h_1 \\ M_y &= N_{y2}h_2 - N_{y1}h_1 \\ M_{xy} &= N_{xy2}h_2 - N_{xy1}h_1\end{aligned}\right\} \tag{3.37}$$

与层压板的内力-应变关系类似，夹芯板的内力-应变关系也可写为

$$\left[\frac{N}{M}\right] = \begin{bmatrix}\boldsymbol{A} & \vdots & \boldsymbol{B} \\ \cdots & & \cdots \\ \boldsymbol{B} & \vdots & \boldsymbol{D}\end{bmatrix}\left[\frac{\boldsymbol{\varepsilon}_0}{\boldsymbol{k}}\right] \tag{3.38}$$

这里

$$\boldsymbol{\varepsilon}_0 = \begin{bmatrix}\dfrac{\partial u_0}{\partial x} & \dfrac{\partial v_0}{\partial y} & \dfrac{\partial u_0}{\partial y} + \dfrac{\partial v_0}{\partial x}\end{bmatrix}^{\mathrm{T}}$$

$$\boldsymbol{k} = \begin{bmatrix}\dfrac{\partial \psi_x}{\partial x} & \dfrac{\partial \psi_y}{\partial y} & \dfrac{\partial \psi_x}{\partial y} + \dfrac{\partial \psi_y}{\partial x}\end{bmatrix}^{\mathrm{T}}$$

式中各刚度矩阵为

$$\left.\begin{aligned}\boldsymbol{A} &= \boldsymbol{A}_1 + \boldsymbol{A}_2 \\ \boldsymbol{B} &= \boldsymbol{A}_1 h_2 - \boldsymbol{A}_2 h_1 \\ \boldsymbol{D} &= \boldsymbol{A}_1 h_2^2 + \boldsymbol{A}_2 h_1^2\end{aligned}\right\} \tag{3.39}$$

如果参考面为夹芯板的几何中面，并且上、下面板的厚度及材料均相同，则夹芯板的刚度矩阵可简化为

$$\left.\begin{aligned}\boldsymbol{A} &= 2\boldsymbol{A}_1 = 2\boldsymbol{A}_2 \\ \boldsymbol{B} &= \boldsymbol{0} \\ \boldsymbol{D} &= \frac{h^2}{2}\boldsymbol{A}\end{aligned}\right\} \tag{3.40}$$

式中，h 为上、下面板中面之间的距离。

按图 3.9 所示的夹芯板单元体，考虑弯曲后夹芯板的静力和力矩平衡，可写出夹芯板的平衡方程：

$$\left.\begin{aligned}&\frac{\partial M_x}{\partial x} + \frac{\partial M_{xy}}{\partial y} - N_{xz} = 0 \\ &\frac{\partial M_{xy}}{\partial x} + \frac{\partial M_y}{\partial y} - N_{yz} = 0 \\ &\frac{\partial N_{xz}}{\partial x} + \frac{\partial N_{yz}}{\partial y} + q(x, y) = 0\end{aligned}\right\} \tag{3.41}$$

式中，$q(x,y)$ 是作用在夹芯板上的 z 向分布载荷。对于面板为正交各向异性材料的夹芯板，由式(3.38) 可得

$$\left.\begin{aligned} M_x &= -\left[D_{11}\frac{\partial\psi_x}{\partial x}+D_{12}\frac{\partial\psi_y}{\partial y}\right] \\ M_y &= -\left[D_{12}\frac{\partial\psi_x}{\partial x}+D_{22}\frac{\partial\psi_y}{\partial y}\right] \\ M_{xy} &= -\left[D_{66}\left(\frac{\partial\psi_x}{\partial y}+\frac{\partial\psi_y}{\partial x}\right)\right] \end{aligned}\right\} \tag{3.42}$$

同时由式(3.31)得

$$\left.\begin{aligned} N_{xz} &= G_c h\left(\frac{\partial w}{\partial x}-\psi_x\right) \\ N_{yz} &= G_c h\left(\frac{\partial w}{\partial y}-\psi_y\right) \end{aligned}\right\} \tag{3.43}$$

将式(3.42)及式(3.43)代入式(3.41)中,得方程组

$$\left.\begin{aligned} & D_{11}\frac{\partial^2\psi_x}{\partial x^2}+D_{66}\frac{\partial^2\psi_y}{\partial y^2}+(D_{12}+D_{66})\frac{\partial^2\psi_y}{\partial x\partial y}+G_c h\left(\frac{\partial w}{\partial x}-\psi_x\right)=0 \\ & D_{66}\frac{\partial^2\psi_x}{\partial x^2}+D_{22}\frac{\partial^2\psi_y}{\partial y^2}+(D_{12}+D_{66})\frac{\partial^2\psi_x}{\partial x\partial y}+G_c h\left(\frac{\partial w}{\partial y}-\psi_y\right)=0 \\ & G_c h\left(\frac{\partial\psi_x}{\partial x}-\frac{\partial^2 w}{\partial x^2}+\frac{\partial\psi_y}{\partial y}-\frac{\partial^2 w}{\partial y^2}\right)=q(x,y) \end{aligned}\right\} \tag{3.44}$$

式(3.44)给出了受弯夹芯板考虑芯材承受剪应力的变形微分方程组,如果给出夹芯板的边界条件便可解出位移 w 和转角 ψ_x,ψ_y,进而由有关的公式可得出应力分布。由式(3.44)设法消去 ψ_x 和 ψ_y,可得仅包含 w 的关于夹芯板弯曲的基本微分方程。

显然,求解这个方程是非常困难的,因此,通常采用工程计算方法,关于夹芯板的工程设计可参阅有关文献。

3.5 层压板弯曲有限元分析

取典型的板单元,如图 3.10 所示。采用层压板中面四边形八节点的等参元进行计算。考虑板的横向剪应变 γ_{zx},γ_{zy},因此每个节点有 5 个参数。它们分别是中面沿 x,y,z 轴的位移和中面法线绕 x,y 轴的转角,即 u,v,w,α 及 β,如图 3.11 所示。

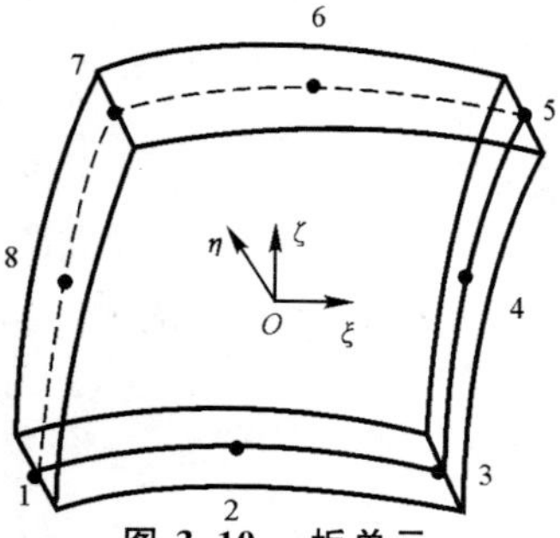

图 3.10 板单元

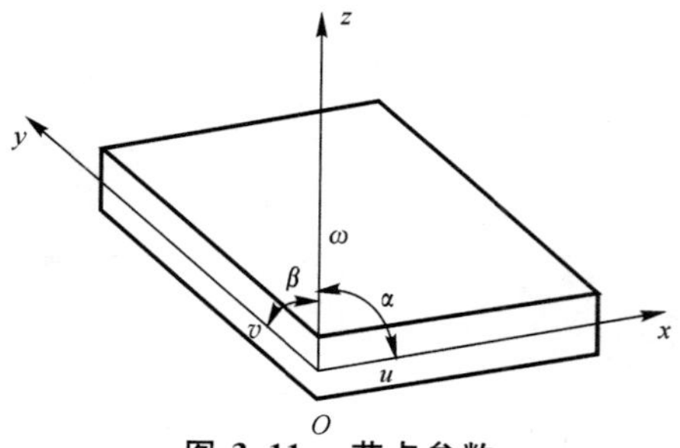

图 3.11 节点参数

板单元的坐标为

$$x=\sum_{i=1}^{8}N_i x_i,\quad y=\sum_{i=1}^{8}N_i y_i \quad (i=1,2,\cdots,8) \tag{3.45}$$

式中，N_i 是节点 i 在自然坐标系 ξ,η 中的形函数。例如，对于图 3.10 所示的曲线四边形板，曲线四边形八节点单元如图 3.12 所示。

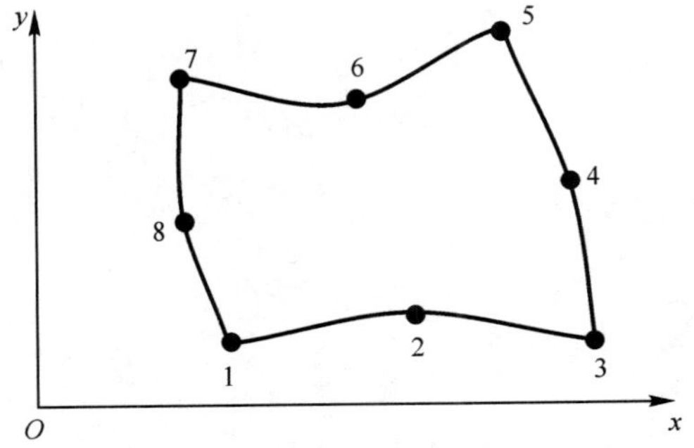

图 3.12　曲线四边形的实际单元

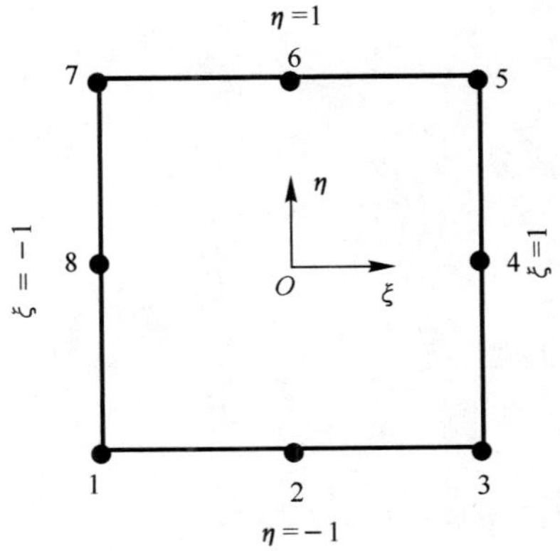

图 3.13　正方形基本单元

各个节点的形函数为

$$\left.\begin{aligned}
N_1&=\frac{1}{4}(1-\xi)(1-\eta)(-\xi-\eta-1)\\
N_2&=\frac{1}{2}(1-\xi^2)(1-\eta)\\
N_3&=\frac{1}{4}(1+\xi)(1-\eta)(\xi-\eta-1)\\
N_4&=\frac{1}{2}(1-\eta^2)(1+\xi)\\
N_5&=\frac{1}{4}(1+\xi)(1+\eta)(\xi+\eta-1)\\
N_6&=\frac{1}{2}(1-\xi^2)(1+\eta)\\
N_7&=\frac{1}{4}(1-\xi)(1+\eta)(-\xi+\eta-1)\\
N_8&=\frac{1}{2}(1-\eta^2)(1-\xi)
\end{aligned}\right\} \tag{3.46}$$

为了在板的中面内进行等参元分析，不用 z_i 而采用

$$z=\sum N_i\frac{t_i}{2}\zeta \tag{3.47}$$

式中，t_i 为节点 i 处板的总厚度。例如节点 1 的情况：

当 $\zeta=-1$ 时，

$$z=N_1\frac{t_1}{2}\zeta=1\times\frac{t_1}{2}(-1)=-\frac{t_1}{2}$$

当 $\zeta=+1$ 时，

$$z=N_1\frac{t_1}{2}\zeta=1\times\frac{t_1}{2}(+1)=\frac{t_1}{2}$$

决定任一点板的总厚度采用

$$t=\sum N_i t_i \tag{3.48}$$

板的 j 层厚度为

$$h_j=\sum N_i h_{ij} \tag{3.49}$$

式中，h_{ij} 为节点 i 处 j 层的厚度。

假设沿板厚度方向的应变为零，因此板中面挠度为

$$w_0=w_0(x,y) \tag{3.50}$$

注意 z 轴向上为正，则沿厚度方向任一点的位移分量为

$$\left.\begin{aligned} u&=u_0+z\alpha \\ v&=v_0+z\beta \end{aligned}\right\} \tag{3.51}$$

以 $z=\sum N_i\frac{t_i}{2}\zeta$ 代入上式得

$$\left.\begin{aligned} u&=\sum_{i=1}^{8}N_i u_i+\sum_{i=1}^{8}N_i\frac{t_i}{2}\zeta\alpha_i \\ v&=\sum_{i=1}^{8}N_i v_i+\sum_{i=1}^{8}N_i\frac{t_i}{2}\zeta\beta_i \\ w&=\sum_{i=1}^{8}N_i w_i \end{aligned}\right\} \tag{3.52}$$

利用几何方程得

$$\left.\begin{aligned}
&\varepsilon_x=\frac{\partial u}{\partial x}=\sum\frac{\partial N_i}{\partial x}u_i+\frac{1}{2}\sum\frac{\partial N_i}{\partial x}t_i\zeta\alpha_i\\
&\varepsilon_y=\frac{\partial v}{\partial y}=\sum\frac{\partial N_i}{\partial y}v_i+\frac{1}{2}\sum\frac{\partial N_i}{\partial y}t_i\zeta\beta_i\\
&\gamma_{xy}=\frac{\partial u}{\partial y}+\frac{\partial v}{\partial x}=\sum\frac{\partial N_i}{\partial y}u_i+\frac{1}{2}\sum\frac{\partial N_i}{\partial y}t_i\zeta\alpha_i+\sum\frac{\partial N_i}{\partial x}v_i+\frac{1}{2}\sum\frac{\partial N_i}{\partial x}t_i\zeta\beta_i\\
&\gamma_{xz}=\frac{\partial w}{\partial x}+\frac{\partial u}{\partial z}=\sum\frac{\partial N_i}{\partial x}w_i+\sum\frac{\partial N_i}{\partial z}u_i+\frac{1}{2}\sum t_i\alpha_i\left(\zeta\frac{\partial N_i}{\partial z}+N_i\frac{\partial\zeta}{\partial z}\right)=\\
&\qquad\sum\frac{\partial N_i}{\partial x}w_i+\frac{1}{2}\sum N_it_i\alpha_i\frac{\partial\zeta}{\partial z}\\
&\gamma_{yz}=\frac{\partial w}{\partial y}+\frac{\partial v}{\partial z}=\sum\frac{\partial N_i}{\partial y}w_i+\frac{1}{2}\sum N_it_i\beta_i\frac{\partial\zeta}{\partial z}
\end{aligned}\right\}\tag{3.53}$$

因此第 k 个节点的应变列矩阵为

$$\boldsymbol{\varepsilon}_k=\begin{bmatrix}\varepsilon_x\\ \varepsilon_y\\ \gamma_{xy}\\ \gamma_{xz}\\ \gamma_{yz}\end{bmatrix}_k=\boldsymbol{B}_k\begin{bmatrix}u_i\\ v_i\\ w_i\\ \alpha_i\\ \beta_i\end{bmatrix}_k\quad(k=1,2,\cdots,8;i=1,2,\cdots,8)\tag{3.54}$$

式中

$$\boldsymbol{B}_k=\begin{bmatrix}
\sum\frac{\partial N_i}{\partial x} & 0 & 0 & \frac{1}{2}\sum\frac{\partial N_i}{\partial x}t_i\zeta & 0\\
0 & \sum\frac{\partial N_i}{\partial y} & 0 & 0 & \frac{1}{2}\sum\frac{\partial N_i}{\partial y}t_i\zeta\\
\sum\frac{\partial N_i}{\partial y} & \sum\frac{\partial N_i}{\partial x} & 0 & \frac{1}{2}\sum\frac{\partial N_i}{\partial y}t_i\zeta & \frac{1}{2}\sum\frac{\partial N_i}{\partial x}t_i\zeta\\
0 & 0 & \sum\frac{\partial N_i}{\partial x} & \frac{1}{2}\sum\frac{\partial\zeta}{\partial z}N_it_i & 0\\
0 & 0 & \sum\frac{\partial N_i}{\partial y} & 0 & \frac{1}{2}\sum\frac{\partial\zeta}{\partial z}N_it_i
\end{bmatrix}\tag{3.55}$$

对于八节点等参元的单元应变矩阵为

$$\boldsymbol{B}_{5\times40}=[\boldsymbol{B}_1\quad\boldsymbol{B}_2\quad\cdots\quad\boldsymbol{B}_k\quad\cdots\quad\boldsymbol{B}_8]\tag{3.56}$$

其中 $\boldsymbol{B}$ 完全由节点 k 的坐标(x_k,y_k)确定。

假定层压板每一层都处于三向应力状态，沿材料主向的第 k 层应变-应力关系可表达为

$$\begin{bmatrix} \varepsilon_1 \\ \varepsilon_2 \\ \varepsilon_3 \\ \gamma_{23} \\ \gamma_{31} \\ \gamma_{12} \end{bmatrix} = \begin{bmatrix} S_{11} & S_{12} & S_{13} & 0 & 0 & 0 \\ S_{12} & S_{22} & S_{23} & 0 & 0 & 0 \\ S_{13} & S_{23} & S_{33} & 0 & 0 & 0 \\ 0 & 0 & 0 & S_{44} & 0 & 0 \\ 0 & 0 & 0 & 0 & S_{55} & 0 \\ 0 & 0 & 0 & 0 & 0 & S_{66} \end{bmatrix} \begin{bmatrix} \sigma_1 \\ \sigma_2 \\ \sigma_3 \\ \tau_{23} \\ \tau_{31} \\ \tau_{12} \end{bmatrix} \tag{3.57}$$

式中

$$\left.\begin{aligned} & S_{11} = \frac{1}{E_1}, \quad S_{22} = S_{33} = \frac{1}{E_2}, \quad S_{12} = S_{13} = -\frac{v_{12}}{E_1} \\ & S_{23} = -\frac{v_{23}}{E_2}, \quad S_{44} = \frac{1}{G_{23}}, \quad S_{55} = S_{66} = \frac{1}{G_{12}} \end{aligned}\right\} \tag{3.58}$$

在坐标平面 2O3 面内材料为各向同性面。式(3.57)可简洁地表达为

$$\boldsymbol{\varepsilon} = \boldsymbol{S}\boldsymbol{\sigma} \tag{3.59}$$

或表达为

$$\boldsymbol{\sigma} = \boldsymbol{C}\boldsymbol{\varepsilon} \tag{3.60}$$

这里 $\boldsymbol{S}$ 及 $\boldsymbol{C}$ 分别称为柔度矩阵及刚度矩阵。显然

$$\boldsymbol{C} = \boldsymbol{S}^{-1}$$

由于材料主方向与层压板的自然坐标轴不一致,如图 3.14 所示,利用刚度矩阵坐标转换公式,得

$$\boldsymbol{\sigma}_{xyz} = \boldsymbol{T}\boldsymbol{C}\boldsymbol{T}^{\mathrm{T}}\boldsymbol{\varepsilon}_{xyz} = \bar{\boldsymbol{C}}\boldsymbol{\varepsilon}_{xyz} \tag{3.61}$$

式中,$\boldsymbol{T}$ 为转换矩阵

$$\boldsymbol{T} = \begin{bmatrix} l_1^2 & l_2^2 & l_3^2 & 2l_1l_2 & 2l_1l_3 & 2l_2l_3 \\ m_1^2 & m_2^2 & m_3^2 & 2m_1m_2 & 2m_1m_3 & 2m_2m_3 \\ n_1^2 & n_2^2 & n_3^2 & 2n_1n_2 & 2n_1n_3 & 2n_2n_3 \\ l_1m_1 & l_2m_2 & l_3m_3 & l_1m_2+l_2m_1 & l_1m_3+l_3m_1 & l_2m_3+l_3m_2 \\ l_1n_1 & l_2n_2 & l_3n_3 & l_1n_2+l_2n_1 & l_1n_3+l_3n_1 & l_2n_3+l_3n_2 \\ m_1n_1 & m_2n_2 & m_3n_3 & m_1n_2+m_2n_1 & m_1n_3+m_3n_1 & m_2n_3+m_3n_2 \end{bmatrix} \tag{3.62}$$

这里 $l_i, m_i, n_i (i=1,2,3)$ 依次为材料主方向与板自然坐标轴 x, y, z 间的方向余弦,如表 3.1 所示。

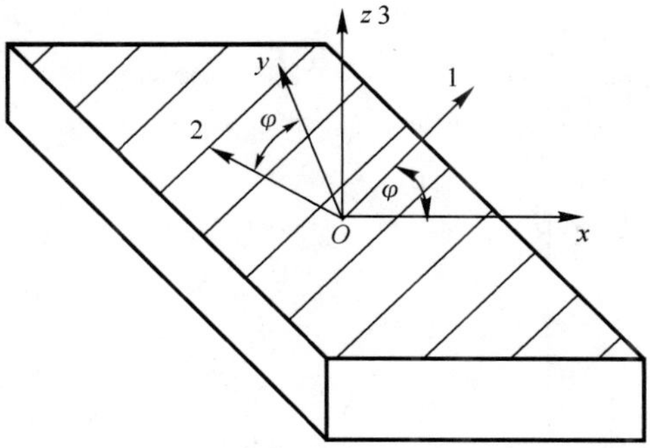

图 3.14　材料主方向与板自然坐标轴

表　3.1

	1	2	3
x	l_1	m_1	n_1
y	l_2	m_2	n_2
z	l_3	m_3	n_3

对于纤维增强复合材料层压板，设纤维铺设方向与 x 轴成 φ，如图 3.14 所示。因此

$$\left.\begin{aligned} &l_1=\cos\varphi, \quad m_1=-\sin\varphi, \quad n_1=0 \\ &l_2=\sin\varphi, \quad m_2=\cos\varphi, \quad n_2=0 \\ &l_3=0, \quad m_3=0, \quad n_3=1 \end{aligned}\right\} \tag{3.63}$$

将式(3.63)代入式(3.62)，得

$$\boldsymbol{T}=\begin{bmatrix} \cos^2\varphi & \sin^2\varphi & 0 & 2\sin\varphi\cos\varphi & 0 & 0 \\ \sin^2\varphi & \cos^2\varphi & 0 & -2\sin\varphi\cos\varphi & 0 & 0 \\ 0 & 0 & 1 & 0 & 0 & 0 \\ -\sin\varphi\cos\varphi & \sin\varphi\cos\varphi & 0 & \cos^2\varphi-\sin^2\varphi & 0 & 0 \\ 0 & 0 & 0 & 0 & \cos\varphi & \sin\varphi \\ 0 & 0 & 0 & 0 & -\sin\varphi & \cos\varphi \end{bmatrix} \tag{3.64}$$

对于正交各向异性材料，刚度矩阵

$$\boldsymbol{C}=\begin{bmatrix} C_{11} & C_{12} & C_{13} & 0 & 0 & 0 \\ C_{12} & C_{22} & C_{23} & 0 & 0 & 0 \\ C_{13} & C_{23} & C_{33} & 0 & 0 & 0 \\ 0 & 0 & 0 & C_{44} & 0 & 0 \\ 0 & 0 & 0 & 0 & C_{55} & 0 \\ 0 & 0 & 0 & 0 & 0 & C_{66} \end{bmatrix} \tag{3.65}$$

从式(3.61)得

$$\bar{\boldsymbol{C}}=\boldsymbol{TCT}^{\mathrm{T}} \tag{3.66}$$

以式(3.64)及式(3.65)代入式(3.66),得

$$\bar{\boldsymbol{C}}=\begin{bmatrix}\bar{C}_{11} & \bar{C}_{12} & \bar{C}_{13} & \bar{C}_{14} & 0 & 0\\ \bar{C}_{21} & \bar{C}_{22} & \bar{C}_{23} & \bar{C}_{24} & 0 & 0\\ \bar{C}_{31} & \bar{C}_{32} & \bar{C}_{33} & \bar{C}_{34} & 0 & 0\\ \bar{C}_{41} & \bar{C}_{42} & \bar{C}_{43} & \bar{C}_{44} & 0 & 0\\ 0 & 0 & 0 & 0 & \bar{C}_{55} & \bar{C}_{56}\\ 0 & 0 & 0 & 0 & \bar{C}_{65} & \bar{C}_{66}\end{bmatrix} \tag{3.67}$$

式中

$$\bar{C}_{ij}=\bar{C}_{ji} \tag{3.68}$$

由于 σ_z 较小,一般假定 $\sigma_z=0$,则由式(3.61)得

$$\sigma_z=\bar{C}_{31}\varepsilon_x+\bar{C}_{32}\varepsilon_y+\bar{C}_{33}\varepsilon_z+\bar{C}_{34}\gamma_{xy}=0 \tag{3.69}$$

所以

$$\varepsilon_z=-\frac{1}{\bar{C}_{33}}(\bar{C}_{31}\varepsilon_x+\bar{C}_{32}\varepsilon_y+\bar{C}_{34}\gamma_{xy})$$

将式(3.69)代入式(3.61)中的其他5个用应变表达应力的关系式得

$$\left.\begin{aligned}\sigma_x&=\left(\bar{C}_{11}-\frac{\bar{C}_{13}\bar{C}_{31}}{\bar{C}_{33}}\right)\varepsilon_x+\left(\bar{C}_{12}-\frac{\bar{C}_{23}\bar{C}_{31}}{\bar{C}_{33}}\right)\varepsilon_y+\left(\bar{C}_{14}-\frac{\bar{C}_{13}\bar{C}_{34}}{\bar{C}_{33}}\right)\gamma_{xy}\\ \sigma_y&=\left(\bar{C}_{12}-\frac{\bar{C}_{13}\bar{C}_{32}}{\bar{C}_{33}}\right)\varepsilon_x+\left(\bar{C}_{22}-\frac{\bar{C}_{23}\bar{C}_{32}}{\bar{C}_{33}}\right)\varepsilon_y+\left(\bar{C}_{24}-\frac{\bar{C}_{23}\bar{C}_{34}}{\bar{C}_{33}}\right)\gamma_{xy}\\ \tau_{xy}&=\left(\bar{C}_{14}-\frac{\bar{C}_{13}\bar{C}_{34}}{\bar{C}_{33}}\right)\varepsilon_x+\left(\bar{C}_{24}-\frac{\bar{C}_{23}\bar{C}_{34}}{\bar{C}_{33}}\right)\varepsilon_y+\left(\bar{C}_{44}-\frac{\bar{C}_{34}\bar{C}_{43}}{\bar{C}_{33}}\right)\gamma_{xy}\\ \tau_{xz}&=\left(\bar{C}_{55}-\frac{\bar{C}_{55}\bar{C}_{35}}{\bar{C}_{33}}\right)\gamma_{yz}+\left(\bar{C}_{56}-\frac{\bar{C}_{53}\bar{C}_{36}}{\bar{C}_{33}}\right)\gamma_{zx}\\ \tau_{yz}&=\left(\bar{C}_{65}-\frac{\bar{C}_{63}\bar{C}_{35}}{\bar{C}_{33}}\right)\gamma_{yz}+\left(\bar{C}_{66}-\frac{\bar{C}_{63}\bar{C}_{36}}{\bar{C}_{33}}\right)\gamma_{zx}\end{aligned}\right\} \tag{3.70}$$

将式(3.70)用矩阵表达为

$$\begin{bmatrix}\sigma_x\\ \sigma_y\\ \tau_{xy}\\ \tau_{xz}\\ \tau_{yz}\end{bmatrix}=\begin{bmatrix}D_{11} & D_{12} & D_{13} & 0 & 0\\ D_{21} & D_{22} & D_{23} & 0 & 0\\ D_{31} & D_{32} & D_{33} & 0 & 0\\ 0 & 0 & 0 & D_{44} & D_{46}\\ 0 & 0 & 0 & D_{64} & D_{65}\end{bmatrix}\begin{bmatrix}\varepsilon_x\\ \varepsilon_y\\ \gamma_{xy}\\ \gamma_{xz}\\ \gamma_{yz}\end{bmatrix} \tag{3.71}$$

式中

$$\left.\begin{matrix}D_{ij}\\ D_{(i-1)(j-1)}\end{matrix}\right\}=\bar{C}_{ij}-\frac{\bar{C}_{i3}\bar{C}_{3j}}{\bar{C}_{33}}\quad\begin{matrix}i,j=1,2\\ i,j=4,5,6\end{matrix} \tag{3.72}$$

式(3.71)决定了层压板第 k 层的弹性矩阵 $\boldsymbol{D}$。显然,它是和纤维铺设方向 φ 有关,并且各层是不一样的。

单元的刚度矩阵

$$\boldsymbol{K}=\int_V \boldsymbol{B}^{\mathrm{T}}\boldsymbol{D}\boldsymbol{B}\,\mathrm{d}V+\int_{-1}^{1}\int_{-1}^{1}\int_{-1}^{1}\boldsymbol{B}^{\mathrm{T}}\boldsymbol{D}\boldsymbol{B}\,\det\boldsymbol{J}\,\mathrm{d}\xi\mathrm{d}\eta\mathrm{d}\zeta \tag{3.73}$$

式中 $\boldsymbol{B}$ 由式(3.56) 确定，$\boldsymbol{J}$ 是由整体坐标到局部坐标的变换矩阵，称为雅可比(Jacobian) 矩阵，$\det\boldsymbol{J}$ 是它的行列式。因此

$$\boldsymbol{J}=\begin{bmatrix}\dfrac{\partial x}{\partial \xi} & \dfrac{\partial y}{\partial \xi} & \dfrac{\partial z}{\partial \xi}\\ \dfrac{\partial x}{\partial \eta} & \dfrac{\partial y}{\partial \eta} & \dfrac{\partial z}{\partial \eta}\\ \dfrac{\partial x}{\partial \zeta} & \dfrac{\partial y}{\partial \zeta} & \dfrac{\partial z}{\partial \zeta}\end{bmatrix}=\begin{bmatrix}\sum\dfrac{\partial N_i}{\partial \xi}x_i & \sum\dfrac{\partial N_i}{\partial \xi}y_i & \dfrac{1}{2}\sum\dfrac{\partial N_i}{\partial \xi}t_i\zeta\\ \sum\dfrac{\partial N_i}{\partial \eta}x_i & \sum\dfrac{\partial N_i}{\partial \eta}y_i & \dfrac{1}{2}\sum\dfrac{\partial N_i}{\partial \eta}t_i\zeta\\ 0 & 0 & \dfrac{1}{2}\sum N_i t_i\end{bmatrix} \tag{3.74}$$

式(3.73) 的积分可用高斯(Gauss) 求积的数值法进行计算：

$$\int_{-1}^{1}\int_{-1}^{1}\int_{-1}^{1}f(\xi,\eta,\zeta)\mathrm{d}\xi\mathrm{d}\eta\mathrm{d}\zeta=\sum_{i=1}^{n_1}\sum_{j=1}^{n_2}\sum_{m=1}^{n_3}H_iH_jH_mf(\xi_i,\eta_j,\zeta_m) \tag{3.75}$$

式中，n_1,n_2,n_3 为积分点的数目，H_i,H_j,H_m 为加权系数，ξ_i,η_j,ζ_m 为自然坐标中积分点的坐标值。对于八节点的单元 n_1,n_2,n_3 可以都取为 2，总的积分点数等于 $2^3=8$，则

$$\left.\begin{aligned}&H_i=H_j=H_m=1\\&\xi_i=\eta_j=\zeta_m=\pm\frac{1}{\sqrt{3}}\end{aligned}\right\} \tag{3.76}$$

在用高斯积分对式(3.73) 进行计算时，各层矩阵不一样，它不是 ζ 的连续函数。为了应用高斯积分公式，积分上下限从 -1 到 1，引进一个变量 ζ_k(第 k 层)。这样 ζ 与 ζ_k 之间的关系为

$$\zeta=-1+\frac{1}{t}\left[-h_k(1-\zeta_k)+2\sum_{j=1}^{k}h_j\right] \tag{3.77}$$

所以

$$\mathrm{d}\zeta=\left(\frac{h_k}{t}\right)\mathrm{d}\zeta_k$$

式中，t 为层压板的总厚度，h_k 为层压板第 k 层厚度。

将式(3.77) 代入式(3.73) 得层压板的单元刚度矩阵为

$$\boldsymbol{K}=\sum_{k=1}^{n}\int_{-1}^{1}\int_{-1}^{1}\int_{-1}^{1}\boldsymbol{B}^{\mathrm{T}}\boldsymbol{D}\boldsymbol{B}\,\det\boldsymbol{J}\,\frac{h_k}{t}\mathrm{d}\xi\mathrm{d}\eta\mathrm{d}\zeta \tag{3.78}$$

式中，n 是层压板的总层数。

根据最小势能原理，可得节点位移与节点力之间的关系式：

$$\boldsymbol{K}_{5N\times 5N}\boldsymbol{\delta}_{5N}=\boldsymbol{F}_{5N} \tag{3.79}$$

式中，N 为节点总数，$\boldsymbol{\delta}$ 为节点位移列向量，$\boldsymbol{F}$ 为节点载荷列向量，即

$$\begin{aligned}&\boldsymbol{\delta}_i=[u_i\quad v_i\quad w_i\quad \alpha_i\quad \beta_i]^{\mathrm{T}}\\&\boldsymbol{F}_i=[F_{xi}\quad F_{yi}\quad F_{zi}\quad M_{xi}\quad M_{yi}]^{\mathrm{T}}\quad(i=1,2,\cdots,N)\end{aligned} \tag{3.80}$$

将式(3.54)代入式(3.71)得积分点上的应力为

$$\boldsymbol{\sigma}=\boldsymbol{DB\delta} \tag{3.81}$$

式中 $\boldsymbol{D}$ 的各元素由式(3.72)计算,$\boldsymbol{B}$ 及 $\boldsymbol{\delta}$ 则分别由式(3.56)及式(3.80)计算得到。

式(3.81)计算得到的是积分点上的应力,要用修正法计算层间应力。

例 3.3 计算3层(0°/90°/0°)等厚度的四边简支矩形层压板的中心挠度及应力。该板承受横向正弦分布载荷

$$q=q_0\sin\frac{\pi x}{a}\cos\frac{\pi y}{b}$$

式中,b,a 分别为层压板的长与宽,并且 $b=3a$,板厚为 t。材料的力学性能为

$$E_1=172.352\text{GPa},\quad E_2=6.894\text{GPa}$$

$$G_{12}=3.452\text{GPa},\quad G_{22}=1.383\text{GPa}$$

$$\nu_{21}=\nu_{22}=0.25$$

计算结果见表3.2。

表 3.2 承受正弦分布载荷的3层正交铺设层压板($b=3a$)

宽度与厚度比 $\varepsilon=a/t$	解的来源	中心挠度 $\times 1000\dfrac{E_2}{q_0ts^4}$	最大应力 $/q_0s^2$		
			$x=a/2$ σ_x 在 $y=b/2$ $z=\pm t/2$	$x=a/2$ σ_y 在 $y=b/2$ $z=\pm t/2$	$x=0$ z_{xy} 在 $y=0$ $z=\pm t/2$
10	A	0.744			
	B	0.919			
20	A	0.560	0.592	0.0285	0.100
	B	0.610	0.650	0.0287	0.093
50	A	0.510			
	B	0.520			
100	A	0.502	0.590	0.0254	0.0081
	B	0.508	0.624	0.0253	0.0084
经典薄板理论		0.503	0.623	0.0252	0.0083

注:A— 本节有限元法;B— 弹性理论解。

3.6 层压板的屈曲基本方程

薄壁层压结构和蜂窝夹层结构等板壳结构,当它们受面内压缩和剪切载荷作用时,在逐渐增大的载荷作用下会形成一个或者几个屈曲波形而丧失稳定性(简称“失稳”或“屈曲”)。为了保证结构的使用安全,需要进行稳定性分析。结构稳定性分析的目的是求解结构件的失稳临界

载荷(屈曲载荷)。

对结构进行稳定性分析,涉及较复杂的弹(塑)性理论和数学运算,要通过求解高阶偏微分方程组,才能求解失稳临界载荷,而且仅有十分简单的矩形平板才能求得精确的解析解。因此,只能采用能量法、数值方法和有限元素法等近似的方法进行分析。

结构的稳定性主要取决于结构自身的刚度和周边对它的支持刚度(边界条件)。与金属结构相比,复合材料结构中的层压板壳和蜂窝夹层板壳的刚度特性比较复杂。由于耦合效应,在达到屈曲载荷值之前,即使处在稳定平衡状态,板也会产生挠曲变形而有一初始挠度存在,这样就使层压板屈曲问题的求解变得更复杂了。此外,由于复合材料层压板层间强度低,会发生分层屈曲,而且,复合材料对冲击十分敏感,受冲击后易引起分层损伤,也会导致分层屈曲,因此增加了结构稳定性的分析求解难度。为了简化分析,在此不考虑耦合效应引起的初始挠度对屈曲的影响。

如果用 δ 表示为临界状态附近的变分,则偏离状态的平衡方程为

$$\left.\begin{aligned}&\delta N_{x\cdot x}+\delta N_{xy\cdot y}=0\\&\delta N_{xy\cdot x}+\delta N_{y\cdot y}=0\\&\delta M_{x\cdot xx}+2\delta M_{xy\cdot xy}+\delta M_{y\cdot yy}+\overline{N}_x\delta w_{\cdot xx}+2\overline{N}_{xy}\delta w_{\cdot xy}+\overline{N}_y\delta w_{\cdot yy}=0\end{aligned}\right\}\tag{3.82}$$

式中,$\overline{N}_x$,$\overline{N}_y$,$\overline{N}_{xy}$ 为作用在面内的外载荷,在这里用它们替代了层压平板弯曲时的横向载荷 q。

应用与推导弯曲平衡方程式相类似的方法,将偏离状态的几何方程代入物理方程后,对物理方程的内力表达式作相应的微分并代入到式(3.82),经整理即得

$$\left.\begin{aligned}&A_{11}\delta u_{\cdot xx}+2A_{16}\delta u_{\cdot xy}+A_{66}\delta u_{\cdot yy}+A_{16}\delta v_{\cdot xx}+(A_{12}+A_{66})\delta v_{\cdot xy}+A_{26}\delta v_{\cdot yy}-\\&\qquad B_{11}\delta w_{\cdot xxx}-3B_{16}\delta w_{\cdot xxy}-(B_{12}+2B_{66})\delta w_{\cdot xyy}-B_{26}\delta w_{\cdot yyy}=0\\&A_{16}\delta u_{\cdot xx}+(A_{12}+A_{66})\delta u_{\cdot xy}+A_{26}\delta u_{\cdot yy}+A_{66}\delta v_{\cdot xx}+2A_{26}\delta v_{\cdot xy}+A_{22}\delta v_{\cdot yy}-\\&\qquad B_{16}\delta w_{\cdot xxx}-(B_{12}+2B_{66})\delta w_{\cdot xxy}-3B_{26}\delta w_{\cdot xyy}-B_{22}\delta w_{\cdot yyy}=0\end{aligned}\right\}\tag{3.83}$$

$$\begin{aligned}&D_{11}\delta w_{\cdot xxxx}+4D_{16}\delta w_{\cdot xxxy}+2(D_{12}+2D_{66})\delta w_{\cdot xxyy}+4D_{26}\delta w_{\cdot xyyy}+D_{22}\delta w_{\cdot yyyy}-\\&\qquad B_{11}\delta u_{\cdot xxx}-3B_{16}\delta u_{\cdot xxy}-(B_{12}+2B_{66})\delta u_{\cdot xyy}-B_{26}\delta u_{\cdot yyy}-B_{16}\delta v_{\cdot xxx}-\\&\qquad (B_{12}+2B_{66})\delta v_{\cdot xxy}-3B_{26}\delta v_{\cdot xyy}-B_{22}\delta v_{\cdot yyy}=\\&\qquad \overline{N}_x\delta w_{\cdot xx}+2\overline{N}_{xy}\delta w_{\cdot xy}+\overline{N}_y\delta w_{\cdot yy}\end{aligned}\tag{3.84}$$

这就是层压板的屈曲微分方程。

从屈曲方程中可以看出:所得方程形式上除了使用了变分符号和外载荷的变换之外,与弯曲方程的表达式很相似。但二者之间却存在本质差别,弯曲问题的分析在数学上是属于边界值问题;而屈曲问题的分析在数学上涉及求特征值的问题,其本质是确定引起屈曲的最小外载荷 $\overline{N}_{ij}$ 的大小,而屈曲后变形的大小是不能确定的。

3.7　正交各向异性矩形层压平板的屈曲分析

因为层压板的刚度系数中，拉弯、拉剪、弯扭耦合项对结构的稳定性会产生不利影响，而采取均衡对称铺层和增多层数的方法可以消除这些影响，所以工程中常将层压板设计成正交各向异性的。故下面主要进行正交各向异性板在典型边界条件下的屈曲分析，对于非正交各向异性板的屈曲分析，只作简要介绍。

对于 D_{16} 和 D_{26} 为零，或可近似认为等于零的对称层压板，具有正交各向异性特性。在面内均匀分布的载荷作用下，正交各向异性矩形平板(见图 3.15) 的屈曲控制方程为

$$D_{11}\frac{\partial^4 \delta w}{\partial x^4}+2(D_{12}+2D_{66})\frac{\partial^4 \delta w}{\partial x^2 \partial y^2}+D_{22}\frac{\partial^4 \delta w}{\partial y^4}-\overline{N}_x\frac{\partial^2 \delta w}{\partial x^2}-2\overline{N}_{xy}\frac{\partial^2 \delta w}{\partial x \partial y}-\overline{N}_y\frac{\partial^2 w}{\partial y^2}=0 \tag{3.85}$$

式中，D_{11}，D_{12}，D_{22}，D_{66} 为板的弯曲刚度系数；$\overline{N}_x$，$\overline{N}_y$，$\overline{N}_{xy}$ 为作用在板周边的单位长度上的载荷；w 为板屈曲时的法向(沿 z 方向) 位移。

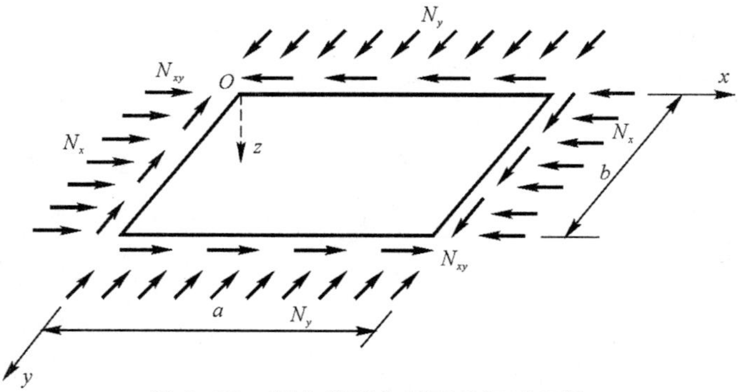

图 3.15　面内载荷作用下的矩形平板

目前，对于简单的问题已有精确解，而对于较复杂的问题(如受剪切载荷或在混合边界条件下时)，则要采用能量法、数值解等近似方法求解。

一、四边简支层压板在单向轴压作用下的屈曲分析

简支边界条件为

$$x=0,\quad a:\quad \delta w=0,\quad \delta w_{,xx}=0$$

$$y=0,\quad b:\quad \delta w=0,\quad \delta w_{,yy}=0$$

如图 3.16 所示为轴压作用下四边简支矩形平板的示意图。如果假设屈曲位移函数

$$\delta w=c_{mn}\sin\frac{m\pi x}{a}\sin\frac{n\pi y}{b} \tag{3.86}$$

则其满足全部边界条件。将式(3.86)代入式(3.85),从而得到非零解条件下的屈曲载荷计算公式

$$\overline{N}_x = \frac{\pi^2 D_{22}}{b^2}\left[\frac{D_{11}}{D_{22}}\left(\frac{b}{a}\right)^2 m^2 + 2\left(\frac{D_{12}+2D_{66}}{D_{22}}\right)n^2 + \left(\frac{a}{b}\right)^2 \frac{n^4}{m^2}\right] \tag{3.87}$$

式中,m,n 为沿板的 x 方向和 y 方向的屈曲半波数。

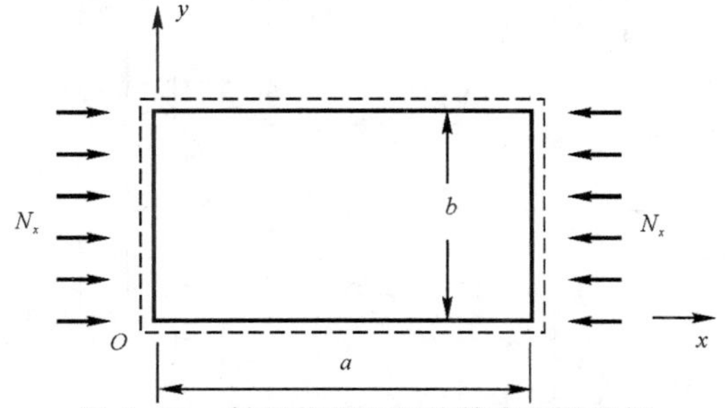

图 3.16　轴压作用下四边简支矩形平板

通过选取不同的 m,n 正整数,可以算得一系列的 $\overline{N}_x$ 值,其中最小的 $\overline{N}_x$ 即为板的屈曲载荷 $\overline{N}_{x\mathrm{cr}}$。由式(3.87)可以看出,当 $n=1$ 时,$\overline{N}_x$ 有最小值,这时屈曲载荷表达式(3.87)化为

$$\overline{N}_x = \frac{\pi^2 D_{22}}{b^2}\left[\frac{D_{11}}{D_{22}}\left(\frac{b}{a}\right)^2 m^2 + 2\left(\frac{D_{12}+2D_{66}}{D_{22}}\right) + \left(\frac{a}{b}\right)^2 \frac{1}{m^2}\right] \tag{3.88}$$

这就是说,板屈曲时在 y 方向产生一个正弦半波形。但是,在 x 方向的半波数 m 应取何值现在还不能简单确定,因为 $\overline{N}_x$ 的最小值同时还与板的刚度和长宽比 a/b 有关。为此,由最小值条件,即通过求

$$\frac{\mathrm{d}\overline{N}_x}{\mathrm{d}\left(\dfrac{mb}{a}\right)} = 0$$

得到

$$\frac{mb}{a} = \sqrt[4]{\frac{D_{22}}{D_{11}}} \tag{3.89}$$

由式(3.89)可以看出,当板的长宽比 a/b 为 $\sqrt[4]{D_{11}/D_{22}}$ 的整数倍时($m=1,2,3,\cdots$),板的屈曲载荷可直接按下式计算:

$$N_{x\mathrm{cr}} = \frac{2\pi^2 D_{22}}{b^2}\left[\sqrt{\frac{D_{11}}{D_{22}}} + \frac{(D_{12}+2D_{66})}{D_{22}}\right] \tag{3.90}$$

上式也是无限长板($a/b \longrightarrow \infty$)的屈曲载荷计算公式。一般,当 $a/b \geqslant 4$ 时,即可近似地按式(3.90)计算。还可用下面的公式结合查曲线的方法计算四边简支矩形层压板的轴压屈曲载荷:

$$N_{x\mathrm{cr}} = \frac{\pi^2\sqrt{D_{11}D_{12}}}{b^2}\left[K - 2\left(1 - \frac{D_{12}+2D_{66}}{\sqrt{D_{11}D_{22}}}\right)\right] \tag{3.91}$$

式中,K 根据 λ 的大小由图 3.17 中曲线(a)查找,$\lambda = (a/b)(D_{22}/D_{11})^{1/4}$。

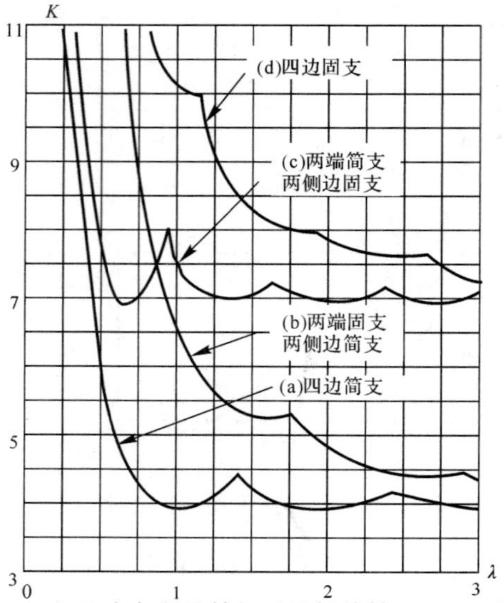

图 3.17　正交各向异性矩形平板的轴压 K-λ 曲线

屈曲载荷与板的长宽比和板的刚度都有关，图 3.18 中给出了在 $D_{11}/D_{22}=0.1,1,10$；$(D_{12}+2D_{66})/D_{22}=1$ 的情况下，板的屈曲载荷系数 K_x 随着长宽比 a/b 的变化曲线，其中$K_x=N_x(b^2/D_{22})$。

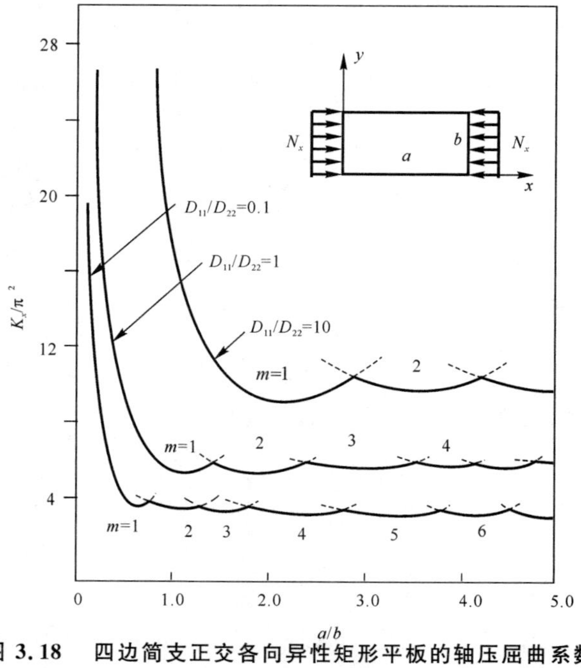

图 3.18　四边简支正交各向异性矩形平板的轴压屈曲系数

二、不同边界支持情况下层压板在单向轴压作用下的屈曲分析

1. 两加载边简支、两侧边固支层压板屈曲分析

在轴压作用下，两加载边简支、两侧边固支的矩形平板如图 3.19 所示。

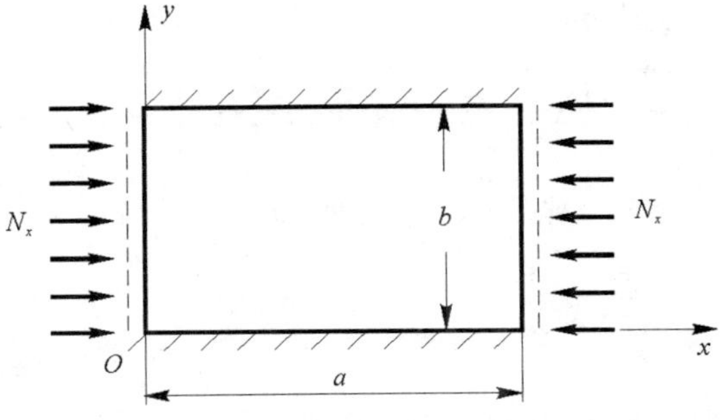

图 3.19　轴压作用下，两加载边简支、两侧边固支的矩形平板

这时的屈曲基本方程仍与式(3.85)相同，但其屈曲位移函数假设为

$$\delta w = Y_m(y)\sin\frac{m\pi x}{a} \tag{3.92}$$

显然，式(3.92)已自动满足了 $x=0,a$ 的两对边为简支的边界条件，而 $Y_m(y)$ 仅是 y 的任意函数，它将在求解的过程中，通过满足另外两侧边的边界条件和屈曲基本方程来确定。

由于推导过程类似于前面的四边简支情况，这里就不作详细推导。总之，通过一系列有关方程的变化，可获得临界轴压 N_{xcr} 的显式

$$N_{xcr} = \frac{\pi^2\sqrt{D_{11}D_{22}}}{b^2}\left[K - 2.40\left(1 - \frac{D_{12}+2D_{66}}{\sqrt{D_{11}D_{22}}}\right)\right] \tag{3.93}$$

式中，K 根据 λ 的大小由图 3.17 中曲线(c)查取，$\lambda=(a/b)(D_{22}/D_{11})^{1/4}$。

对于不同的支持情况，可用类似的方法推导得出受压临界屈曲载荷的计算公式，再配合预先绘制好的各种支持条件下的临界载荷系数图线，即可求得各种几何和支持条件下的临界轴压 N_{xcr}。

下面分别给出其他几种支持情况的屈曲载荷计算公式。

2. 两加载边固支、两侧边简支层压板屈曲分析

在轴压作用下，两加载边固支、两侧边简支的矩形平板如图 3.20 所示，屈曲载荷按下式计算：

$$N_{xcr} = \frac{\pi^2\sqrt{D_{11}D_{22}}}{b^2}\left[K - 2.0\left(1 - \frac{D_{12}+2D_{66}}{\sqrt{D_{11}D_{22}}}\right)\right] \tag{3.94}$$

式中，K 根据 λ 的大小由图 3.17 中曲线(b)查取，$\lambda=(a/b)(D_{22}/D_{11})^{1/4}$。

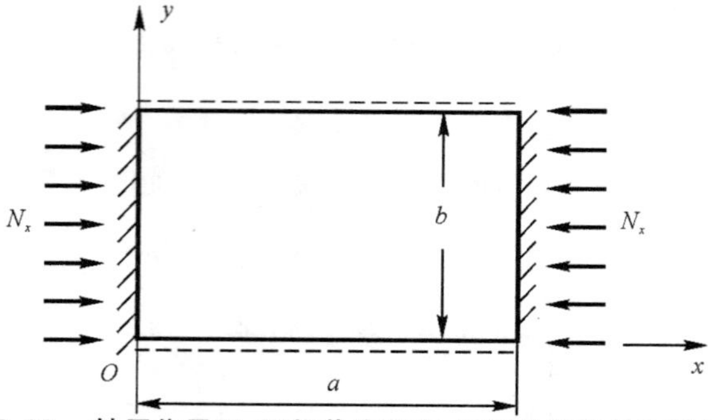

图 3.20　轴压作用下，两加载边固支、两侧边简支的矩形平板

3. 四边固支层压板屈曲分析

在轴压作用下，四边固支矩形平板如图 3.21 所示，屈曲载荷按下式计算：

$$N_{xcr}=\frac{\pi^2\sqrt{D_{11}D_{22}}}{b^2}\left[K-2.46\left(1-\frac{D_{12}+2D_{66}}{\sqrt{D_{11}D_{22}}}\right)\right] \tag{3.95}$$

式中，K 根据 λ 的大小由图 3.17 中曲线(d) 查取，$\lambda=(a/b)(D_{22}/D_{11})^{1/4}$。

对于 $a/b\geqslant 4$ 的长板，屈曲载荷的计算公式

$$N_{xcr}=\frac{2\pi^2 D_{22}}{b^2}\left[2.26\sqrt{\frac{D_{11}}{D_{22}}}+1.225\left(\frac{D_{12}+2D_{66}}{D_{22}}\right)\right] \tag{3.96}$$

与式(3.90) 相比，固支情况比简支情况的屈曲载荷有显著的提高。

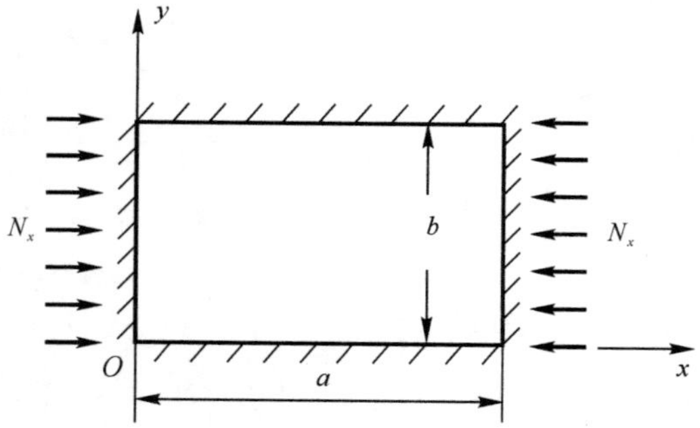

图 3.21　轴压作用下四边固支矩形平板

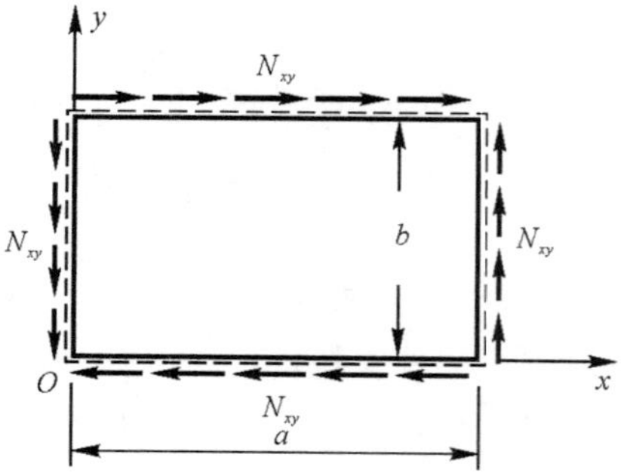

图 3.22　四边简支受剪矩形平板

三、四边简支层压板在剪切载荷作用下的屈曲分析

一个四边简支的正交各向异性层压板，在四边承受着均匀剪切载荷 $\overline{N}_{xy}$ 的作用，如图 3.22 所示，采用能量变分方法求其屈曲临界载荷 N_{xycr} 的大小。

薄板进入屈曲状态时，弯曲应变能

$$U=\frac{1}{2}\iint[D_{11}(\delta w_{,xx})^2+2D_{12}\delta w_{,xx}\delta w_{,yy}+D_{22}(\delta w_{,yy})^2+4D_{66}(\delta w_{,xy})^2]\mathrm{d}x\mathrm{d}y \tag{3.97}$$

屈曲时均匀剪切载荷 $\overline{N}_{xy}$ 的外力势能

$$V=\overline{N}_{xy}\iint(\delta w_{,x})(\delta w_{,y})\mathrm{d}x\mathrm{d}y \tag{3.98}$$

如取满足边界条件的板屈曲时的位移函数 w 为

$$\delta w=C_{mn}\sin\frac{m\pi x}{a}\sin\frac{n\pi y}{b} \tag{3.99}$$

代入到势能表达式(3.97) 和(3.98) 后，分别得

$$U=\frac{ab}{8}C_{mn}^2\pi^4\left[D_{11}\left(\frac{m}{a}\right)^4+2(D_{12}+2D_{66})\left(\frac{m}{a}\right)^2\left(\frac{n}{b}\right)^2+D_{22}\left(\frac{n}{b}\right)^4\right]$$

$$V=\overline{N}_{xy}\iint\left(C_{mn}\frac{m\pi}{a}\cos\frac{m\pi x}{a}\sin\frac{n\pi y}{b}C_{pq}\frac{q\pi}{b}\sin\frac{p\pi x}{a}\cos\frac{q\pi y}{b}\right)\mathrm{d}x\mathrm{d}y$$

由总势能 $\Pi=U+V$ 对待定参数 C_{mn} 的一次变分等于零，即 $\delta\Pi=0$ 得

$$\frac{ab}{4}\pi^4\left[D_{11}\left(\frac{m}{a}\right)^4+2(D_{12}+2D_{66})\left(\frac{m}{a}\right)^2\left(\frac{n}{b}\right)^2+D_{22}\left(\frac{n}{b}\right)^4\right]+8\overline{N}_{xy}C_{pq}\frac{mnpq}{(p^2-m^2)(n^2-q^2)}=0 \tag{3.100}$$

通过选择合适的常数 C_{mn} 和 C_{pq}，即可求得最小的 $\overline{N}_{xy}$ 值，即屈曲临界载荷 N_{xycr} 值。

为计算方便，将四边简支情况下，剪切屈曲载荷的计算公式简单表示为

$$N_{xycr}=K_s\frac{\pi^2\sqrt[4]{D_{11}D_{22}^3}}{b^2} \tag{3.101}$$

其中，剪切屈曲系数 K_s 在简支情况下，可按量纲为 1 的参数 α,β 从图 3.23 中查取，图中 $\alpha=\sqrt{D_{11}D_{22}}/D_3$，$\beta=(b/a)\sqrt[4]{D_{11}/D_{22}}$，$D_3=D_{12}+2D_{66}$。

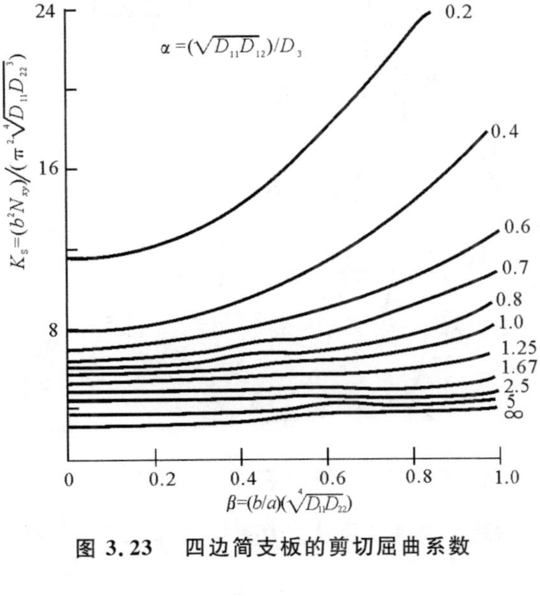

图 3.23　四边简支板的剪切屈曲系数

四、复合载荷作用下的屈曲分析

下面进行四边简支层压板在双向轴压下的屈曲分析。受载情况如图 3.24 所示。

(1) 在 N_x 和 N_y 作用下，保持 N_y/N_x 比值不变时，可用下式计算屈曲载荷：

$$N_x = \frac{\pi^2 D_{22}}{b^2}\left[\frac{(D_{11}/D_{22})(b/a)^2 m^2 + 2n^2(D_{12}+2D_{66})/D_{22} + (a/b)^2 n^4/m^2}{1+(N_y/N_x)(a/b)^2(n/m)^2}\right] \quad (3.102)$$

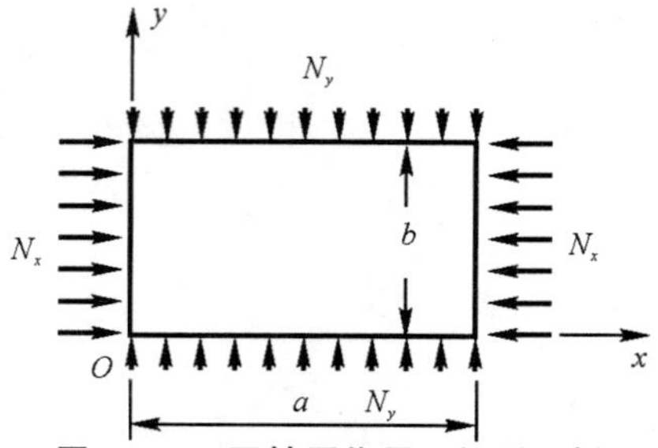

图 3.24　双轴压作用下矩形平板

对于已知的比值 N_y/N_x，$m=1,2,3,\cdots$ 及 $n=1,2,3,\cdots$，由上式可计算一系列的 N_x，其中最小的 N_x 即为屈曲载荷 N_{xcr}。图 3.25 和图 3.26 中，分别为 $(D_{12}+2D_{66})/D_{22}=1$，$N_y/N_x=1$ 和 $N_y/N_x=-1$ 的四边简支矩形平板的 $K_x/\pi^2 \sim a/b$ 曲线，其中 $K_x=N_x(b^2/D_{22})$。

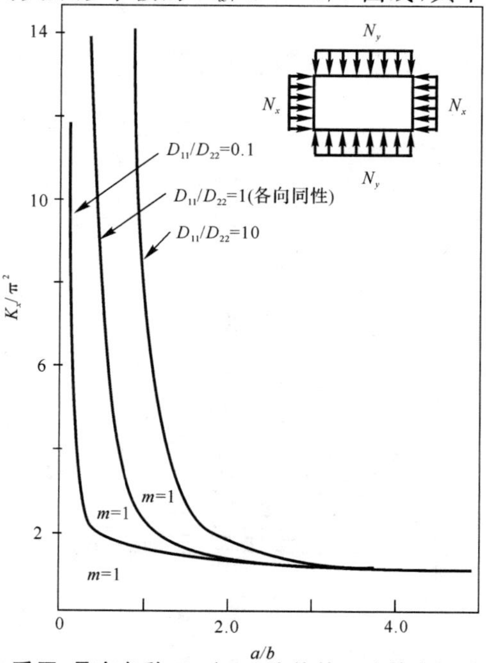

图 3.25　双轴向受压，具有各种 D_{11}/D_{22} 比值的四边简支矩形平板的屈曲系数

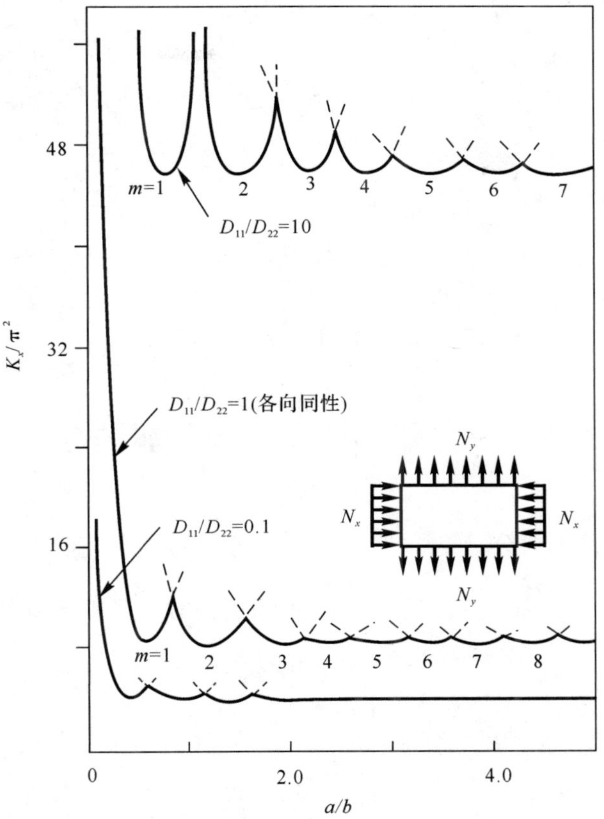

图 3.26　x 轴向受压，y 轴向受拉，具有各种 D_{11}/D_{22} 比值的四边简支矩形平板的屈曲系数

由图 3.25 可见，四边简支矩形平板在双轴压下($N_y/N_x=1$)，纵横方向均为一个屈曲半波($m=1,n=1$)，且最小值 $K_x/\pi^2=1$。而图 3.26 表明，由于拉伸载荷 N_y 的作用($N_y/N_x=-1$)，显著地提高了 x 轴向的屈曲载荷。

(2) 在 N_x 和 N_y 作用下，N_y 值保持不变时，可用下式计算屈曲载荷：

$$N_x=\frac{\pi^2 D_{22}}{b^2}\left[(D_{11}/D_{22})(b/a)^2 m^2+2n^2(D_{12}+2D_{66})/D_{22}+(a/b)^2 n^4/m^2-(a^2/\pi^2 D_{22})(n/m)^2 N_y\right] \tag{3.103}$$

取 $m=1,2,3,\cdots$ 及 $n=1,2,3,\cdots$，计算相应的 N_x，其中最小的 N_x 即为屈曲载荷 N_{xcr}。

在下列情况下，式(3.103) 可简化。

当 $N_y>2\pi^2[D_{22}/b^2+(D_{12}+2D_{66})/a^2]$ 时，式(3.103) 中可取 $n=1$；

当 $\pi^2 D_{22}/b^2<N_y<2\pi^2[D_{22}/b^2+(D_{12}+2D_{66})/a^2]$ 时，式(3.103) 中可取 $m=1,n=1$；

当 $N_y<\pi^2 D_{22}/b^2$ 时(包括 N_y 为轴向受拉的情况)，式(3.103) 可简化为

$$N_x = \frac{\pi^2 \sqrt{D_{11} D_{22}}}{b^2} \left[(K-2)\left(1 - \frac{b^2 N_y}{\pi^2 D_{22}}\right)^{1/2} + 2\,\frac{(D_{12} + 2D_{66})}{\sqrt{D_{11} D_{22}}} \right] \tag{3.104}$$

式中，K 根据 λ 的大小由图 3.17 中曲线(a) 查取，但必须注意，在双轴向载荷时，λ 应由下式计算：

$$\lambda = \frac{a}{b}\left[\frac{D_{22}}{D_{11}}\left(1 - \frac{b^2 N_y}{\pi^2 D_{22}}\right)\right]^{1/4}$$

对于 y 方向受拉，x 方向受压的无限长板($a/b \longrightarrow \infty$)，其屈曲载荷可按下式计算：

$$N_x = 2\,\frac{\pi^2 \sqrt{D_{11} D_{22}}}{b^2}\left[\sqrt{1 - \frac{b^2 N_y}{\pi^2 D_{22}}} + \frac{D_{12} + 2D_{66}}{\sqrt{D_{11} D_{22}}}\right] \tag{3.105}$$

3.8　一般矩形层压平板的屈曲分析

一、对称层压平板的屈曲分析

对于 $D_{16} \neq 0$，$D_{26} \neq 0$ 的对称层压板，包括非均衡的对称层压板和含 $\pm\theta$ 铺层数较少的均衡对称层压板等，不具有正交各向异性特性，其屈曲控制方程为

$$\begin{aligned} &D_{11}\frac{\partial^4 \delta w}{\partial x^4} + 4D_{16}\frac{\partial^4 \delta w}{\partial x^3 \partial y} + 2(D_{12} + 2D_{66})\frac{\partial^4 \delta w}{\partial x^2 \partial y^2} + 4D_{26}\frac{\partial^4 \delta w}{\partial x \partial y^3} + \\ &\qquad D_{22}\frac{\partial^4 \delta w}{\partial y^4} + N_x\frac{\partial^2 \delta w}{\partial x^2} - 2N_{xy}\frac{\partial^2 \delta w}{\partial x \partial y} + N_y\frac{\partial^2 \delta w}{\partial y^2} = 0 \end{aligned} \tag{3.106}$$

与正交各向异性板的屈曲控制方程(3.85) 相比，由于增加了含 D_{16}，D_{26} 的耦合项，一般不能求得封闭解。可采用 MSC/NASTRAN 程序计算压缩和剪切屈曲载荷。

以材料性能数据为 $E_1/E_2 = 8.787$，$G_{12}/E_2 = 0.272$，$\nu_{21} = 0.31$ 的铺层为例，图 3.27 和图 3.28 可用来说明铺层角 θ 对均衡对称斜交层压板屈曲载荷的影响。由图可见：

(1) 当 $\theta = 45°$ 时，轴压屈曲载荷最大。因此，在设计以承受轴压载荷为主要情况的层压板时，应把 $\pm 45°$ 铺层尽量安排在板的外层及其附近。

(2) 当长宽比 $a/b = 1$ 时，$\theta = 45°$ 的均衡对称斜交层压板的剪切屈曲载荷最大；而当 $a/b \geqslant 2$ 时，约在 $\theta = 60°$ 时剪切屈曲载荷最大。在设计以承受剪切载荷为主要情况的层压板时，应考虑长宽比与铺层角的综合影响。

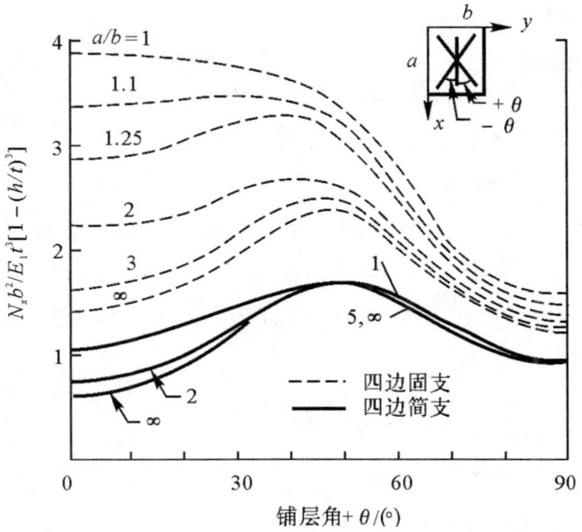

图 3.27　铺层角 θ 对轴压屈曲载荷的影响

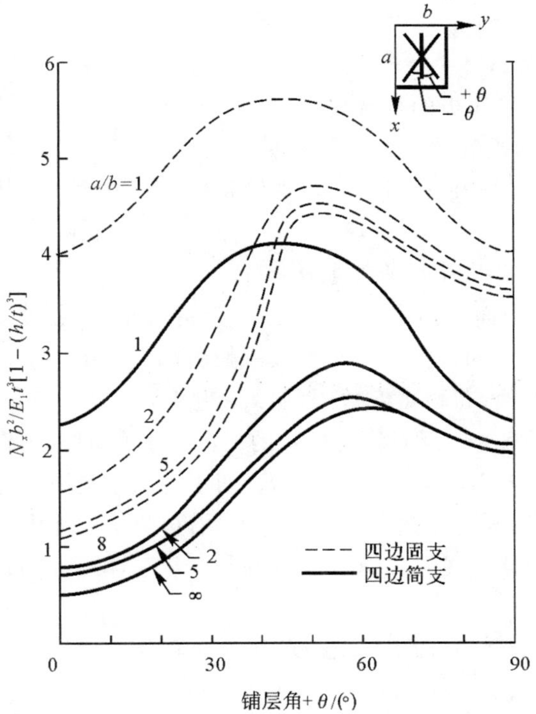

图 3.28　铺层角 θ 对剪切屈曲载荷的影响

二、非对称层压平板的屈曲分析

非对称层压板，由于存在拉弯耦合，即 B_{ij} 不为零或不全为零，屈曲计算比较复杂，只有某些特殊类型的非对称层压板才有现成的屈曲计算公式。

1. 规则非对称正交层压平板的轴压屈曲分析

这类层压板由 0°和 90°单向层交替铺设，其刚度系数中 $A_{16}=A_{26}=D_{16}=D_{26}=0$，$B_{16}=B_{26}=B_{66}=B_{12}=0$，$A_{11}=A_{22}$，$B_{11}=-B_{22}$，$D_{11}=D_{22}$。四边为简支边界条件（$w=0$，$M_n=0$，$N_n=0$，$u_t=0$，即边界挠度与沿板边法向弯矩为零，沿板边法向面内力与切向面内位移为零）下，轴压屈曲载荷为

$$N_x=\left(\frac{a}{m\pi}\right)^2\left(T_{33}+\frac{2T_{12}T_{23}T_{13}-T_{22}T_{13}^2-T_{11}T_{23}^2}{T_{11}T_{22}-T_{12}^2}\right) \tag{3.107}$$

式中 $T_{11}=A_{11}(m\pi/a)^2+A_{66}(n\pi/b)^2$；

$T_{12}=(A_{12}+A_{66})(m\pi/a)(n\pi/b)$；

$T_{22}=A_{11}(n\pi/b)^2+A_{66}(m\pi/a)^2$；

$T_{33}=D_{11}(m\pi/a)^4+2(D_{12}+2D_{66})(m\pi/a)^2(n\pi/b)^2+D_{22}(n\pi/b)^4$；

$T_{13}=-B_{11}(m\pi/a)^3$；

$T_{23}=B_{11}(n\pi/b)^3$；

a，b—— 分别为层压板的长度和宽度；

m，n—— 分别为板的长度方向和宽度方向的屈曲半波数。

计算时，取 $m=1,2,3,\cdots$ 及 $n=1,2,3,\cdots$，计算相应的一组 N_x，其中最小的 N_x 即为轴压屈曲载荷 N_{xcr}。

2. 规则反对称斜交层压平板的轴压屈曲分析

这类层压板相对于板中面对称位置（$z=\pm z_i$）上的两个单层（或层组）材料相同，厚度相等，且满足 $\theta(z_i)=-\theta(-z_i)$ 的条件。反对称板一般由偶数的单向层（或层组）组成，但中间层（层组）的铺向角为 0°，90°时，也可由奇数层（层组）组成。$+\theta/-\theta$ 单向层交替铺设的层压板即是反对称层压板的典型例子。反对称层压板的 $+\theta$，$-\theta$ 单向层交替铺设，其刚度系数中 $A_{16}=A_{26}=D_{16}=D_{26}=0$，$B_{11}=B_{22}=B_{12}=B_{66}=0$。四边为第三类简支边界条件（$w=0$，$M_n=0$，$u_n=0$，$N_{nt}=0$，即边界挠度与沿板边法向弯矩为零，沿板边法向面内位移与面内剪切力为零）下，轴压屈曲载荷 N_x 的计算公式与式（3.107）相同。但 T_{13} 和 T_{23} 的计算公式与式（3.107）中的不同，要按下式计算：

$$T_{13}=-\left[3B_{16}(m\pi/a)^2+B_{26}(n\pi/b)^2\right](n\pi/b)$$

$$T_{23}=-\left[B_{16}(m\pi/a)^2+3B_{26}(n\pi/b)^2\right](m\pi/a)$$

复合材料层压板其刚度不仅取决于总厚度，而且可以通过合理地选择铺层方向、按受载情况进行设计，以充分利用复合材料各向异性的优点。

第4章　复合材料层压壳及弯曲有限元分析

一个壳体，在本质上是把薄板中面弯成单曲面或双曲面所构成，即由两个曲面所限定的物体，若曲面间的距离远小于曲面其他尺寸，则此物体称为壳。限定此物体形状的两曲面距离，称为壳的厚度。通过厚度中点形成的曲面称为壳的中面。若给定中面的形状，壳各点的厚度以及中面边缘的轮廓，则此壳体的几何形状就完全确定了。

在结构设计时选择板或者壳，除了从构件的几何形状考虑外，也要考虑两者的受力特点。在小变形情况下，板主要以弯曲变形承受外载荷，而壳则主要由面内变形承载。由于壳体的承力特点，可以使构件设计得轻且坚固，因而这种结构形式在航空、航天以及其他工业部门中得到了广泛应用。

从力学分析的角度来看，壳体有厚壳与薄壳之分，区别厚壳与薄壳，并不是以其本身厚度的绝对值，而主要依据壳体厚度 h 和中面的曲率半径 R 之比来判别。一般规定当比值 $h/R < 1/20$ 时称之为薄壳，不满足这个条件称为厚壳。

厚壳的分析比薄壳复杂。在工程实践中遇到的绝大多数壳体均可视为薄壳，复合材料的壳体构件尤其如此，因此本章研究的主要对象是薄壳。就薄壳问题而言，目前还没有一整套像薄板理论那样普遍的、完整的，在工程实践中受过充分考验的理论。不同的文献有不同的假定，给出不同的基本方程和边界条件，导致不同的解答。另外在壳体理论中，数学公式复杂，特种函数繁多，也使一般工程技术人员望而生畏。而复合材料层压壳体的强度、变形以及屈曲等问题的分析求解，又比各向同性壳体结构的分析复杂得多。

4.1　壳体内力与变形的关系

仍采用弹性力学的基本理论与方法对复合材料薄壳分析。为简化计算，引入以下两项基本假设：

(1) 变形前垂直于中面的直线段上的各点在变形后仍构成垂直于变形后的中面的直线，并且长度不变；

(2) 平行于中面的诸截面上的正应力 σ_z 与其他应力相比很小，可以略去不计。

这两项假设与分析薄板问题所作的假设相同。与分析薄板问题的方法一样，把对薄壳的分析简化成对壳中面变形的研究。

一、壳体的内力

图 4.1 是用曲线坐标切取的薄壳微元。切取时微元的 4 个截面垂直于中面。将曲线坐标 α,β 置于壳的中面内。由图上可见的 z 曲面处 $\mathrm{d}z$ 的厚度上，有 6 个应力分量，即 $\sigma_\alpha,\tau_{\alpha\beta},\tau_{\alpha z}$ 和 $\sigma_\beta,\tau_{\beta\alpha},\tau_{z\beta}$。若中面在 α,β 方向的曲率半径分别为 R_1,R_2，中面弧长用拉梅参数分别表示为 $A\mathrm{d}\alpha$ 和 $B\mathrm{d}\beta$，则相应的 z 曲面弧长为

$$\mathrm{d}s_1^{(z)}=A^{(z)}\mathrm{d}\alpha,\quad \mathrm{d}s_2^{(z)}=B^{(z)}\mathrm{d}\beta$$

由于

$$A^{(z)}=A\left(1+\frac{z}{R_1}\right),\quad B^{(z)}=B\left(1+\frac{z}{R_2}\right)$$

$$\mathrm{d}s_1=A\mathrm{d}\alpha,\quad \mathrm{d}s_2=B\mathrm{d}\beta$$

于是

$$\mathrm{d}s_1^{(z)}=\left(1+\frac{z}{R_1}\right)\mathrm{d}s_1,\quad \mathrm{d}s_2^{(z)}=\left(1+\frac{z}{R_2}\right)\mathrm{d}s_2$$

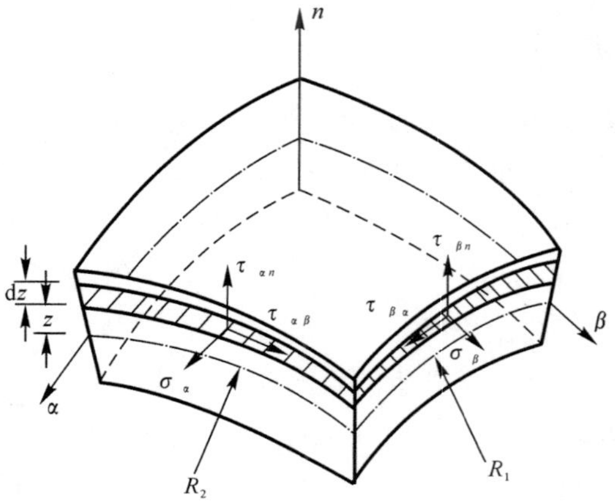

图 4.1　薄壳微元体

当取中面弧长为单位长时，即 $\mathrm{d}s_1=1,\mathrm{d}s_2=1$，则两个截面上的应力的合力分别为

$$\left.\begin{aligned}
N_\alpha&=\int_{-h/2}^{h/2}\sigma_\alpha\left(1+\frac{z}{R_2}\right)\mathrm{d}z\\
N_{\alpha\beta}&=\int_{-h/2}^{h/2}\tau_{\alpha\beta}\left(1+\frac{z}{R_2}\right)\mathrm{d}z\\
N_{\alpha n}&=\int_{-h/2}^{h/2}\tau_{\alpha n}\left(1+\frac{z}{R_2}\right)\mathrm{d}z\\
N_\beta&=\int_{-h/2}^{h/2}\sigma_\beta\left(1+\frac{z}{R_1}\right)\mathrm{d}z\\
N_{\beta\alpha}&=\int_{-h/2}^{h/2}\tau_{\beta\alpha}\left(1+\frac{z}{R_1}\right)\mathrm{d}z\\
N_{\beta n}&=\int_{-h/2}^{h/2}\tau_{\beta n}\left(1+\frac{z}{R_1}\right)\mathrm{d}z
\end{aligned}\right\}\tag{4.1}$$

应力的合力矩分别为

$$\left.\begin{aligned}
M_\alpha&=\int_{-h/2}^{h/2}\sigma_\alpha\left(1+\frac{z}{R_2}\right)z\mathrm{d}z\\
M_{\alpha\beta}&=\int_{-h/2}^{h/2}\tau_{\alpha\beta}\left(1+\frac{z}{R_2}\right)z\mathrm{d}z\\
M_\beta&=\int_{-h/2}^{h/2}\sigma_\beta\left(1+\frac{z}{R_1}\right)z\mathrm{d}z\\
M_{\beta\alpha}&=\int_{-h/2}^{h/2}\tau_{\beta\alpha}\left(1+\frac{z}{R_1}\right)z\mathrm{d}z
\end{aligned}\right\}\tag{4.2}$$

对于薄壳，z/R_1，z/R_2 与 1 相比很小，可以略去不计，则依据 $\tau_{\alpha\beta}=\tau_{\beta\alpha}$ 可得

$$N_{\alpha\beta}=N_{\beta\alpha},\quad M_{\alpha\beta}=M_{\beta\alpha}$$

且所有内力表达式与板的内力表达式一样。这样，与平板弯曲问题相似，也有 8 个内力，其中 N_α，N_β 和 $N_{\alpha\beta}$ 通常称为薄膜应力，弯矩 M_α，M_β，$M_{\alpha\beta}$ 以及 $N_{\alpha n}$ 和 $N_{\beta n}$ 与弯曲状态有关，称为弯曲内力。

二、变形与应力的关系

对于复合材料铺叠而成的层压壳，上述内力由各层内力相加算得，即如层压板的内力为

$$N_\alpha=\sum_{k=1}^{n}\int_{z_{k-1}}^{z_k}\sigma_\alpha^{(k)}\,\mathrm{d}z,\quad M_\alpha=\sum_{k=1}^{n}\int_{z_{k-1}}^{z_k}\sigma_\alpha^{(k)}z\,\mathrm{d}z$$

对于层压板中的第 k 层，其应力-应变关系仍满足广义胡克定律，即

$$\begin{bmatrix}\sigma_\alpha\\\sigma_\beta\\\tau_{\alpha\beta}\end{bmatrix}^{(k)}=\begin{bmatrix}\bar{Q}_{11}&\bar{Q}_{12}&\bar{Q}_{16}\\\bar{Q}_{12}&\bar{Q}_{22}&\bar{Q}_{26}\\\bar{Q}_{16}&\bar{Q}_{26}&\bar{Q}_{66}\end{bmatrix}^{(k)}\begin{bmatrix}\varepsilon_\alpha\\\varepsilon_\beta\\\gamma_{\alpha\beta}\end{bmatrix}^{(k)}$$

式中的 $\boldsymbol{\varepsilon}^{(k)}$ 是壳体 z 曲面处的应变。由之前求得的公式

$$\begin{bmatrix}\varepsilon_\alpha\\\varepsilon_\beta\\\gamma_{\alpha\beta}\end{bmatrix}=\begin{bmatrix}\varepsilon_\alpha^0\\\varepsilon_\beta^0\\\gamma_{\alpha\beta}^0\end{bmatrix}+z\begin{bmatrix}k_\alpha\\k_\beta\\k_{\alpha\beta}\end{bmatrix}$$

代入前式，并求内力，则得

$$\begin{bmatrix}N_\alpha\\N_\beta\\N_{\alpha\beta}\end{bmatrix}=\begin{bmatrix}A_{11}&A_{12}&A_{16}\\A_{12}&A_{22}&A_{26}\\A_{16}&A_{26}&A_{66}\end{bmatrix}\begin{bmatrix}\varepsilon_\alpha^0\\\varepsilon_\beta^0\\\gamma_{\alpha\beta}^0\end{bmatrix}+\begin{bmatrix}B_{11}&B_{12}&B_{16}\\B_{12}&B_{22}&B_{26}\\B_{16}&B_{26}&B_{66}\end{bmatrix}\begin{bmatrix}k_\alpha\\k_\beta\\k_{\alpha\beta}\end{bmatrix}\tag{4.3}$$

$$\begin{bmatrix}M_\alpha\\M_\beta\\M_{\alpha\beta}\end{bmatrix}=\begin{bmatrix}B_{11}&B_{12}&B_{16}\\B_{12}&B_{22}&B_{26}\\B_{16}&B_{26}&B_{66}\end{bmatrix}\begin{bmatrix}\varepsilon_\alpha^0\\\varepsilon_\beta^0\\\gamma_{\alpha\beta}^0\end{bmatrix}+\begin{bmatrix}D_{11}&D_{12}&D_{16}\\D_{12}&D_{22}&D_{26}\\D_{16}&D_{26}&D_{66}\end{bmatrix}\begin{bmatrix}k_\alpha\\k_\beta\\k_{\alpha\beta}\end{bmatrix}\tag{4.4}$$

式中

$$A_{ij}=\sum_{k=1}^{n}\bar{Q}_{ij}^{(k)}(z_k-z_{k-1})$$

$$B_{ij}=\frac{1}{2}\sum_{k=1}^{n}\bar{Q}_{ij}^{(k)}(z_k^2-z_{k-1}^2)$$

$$D_{ij}=\frac{1}{3}\sum_{k=1}^{n}\bar{Q}_{ij}^{(k)}(z_k^3-z_{k-1}^3)$$

4.2　层压圆柱壳的基本方程

第 3 章阐述了层压板的理论，对于层压壳，从原理上说，也应有相应的理论。但是，由于壳体几何形状的复杂，使得实际的分析比层压板困难得多。另外，对于复合材料的壳体，除了圆柱壳外，实际上很难使材料的弹性性质沿壳面完全均匀不变，这将更进一步增加分析的困难性。所以，目前主要工作是集中在讨论层压圆柱壳问题上。即使这样，分析也没有像层压薄板问题那样深入。

对于圆柱壳，采用坐标系 $x\theta z$，如图 4.2 所示。这样，拉梅系数为

$$A_1 = 1,\quad A_2 = R$$

坐标轴的曲率半径为

$$R_1 = \infty,\quad R_2 = R$$

式中 R 为圆柱半径。

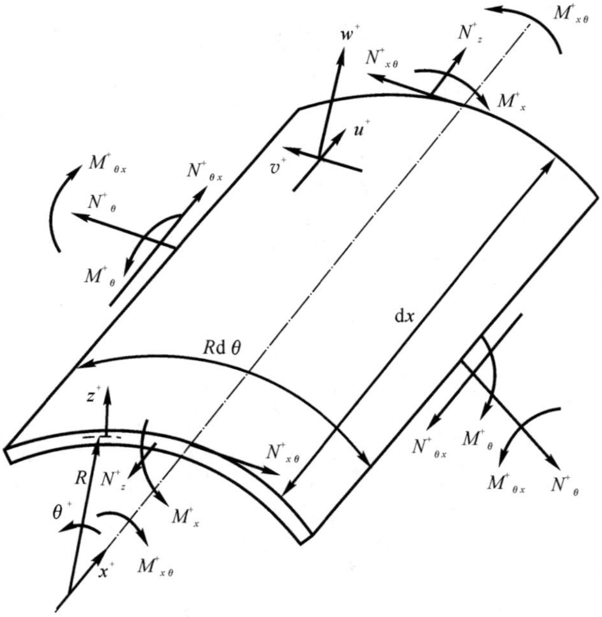

图 4.2　层压圆柱壳的广义内力及位移的正向

考虑横向剪切变形时，应变 γ_{xz} 及 $\gamma_{\theta z}$ 均不等于零。则圆柱壳任一点的位移分量为

$$\left.\begin{aligned} u &= u_0 + z\beta_x(x,\theta) \\ v &= v_0 + z\beta_\theta(x,\theta) \\ w &= w(x,\theta) \end{aligned}\right\} \tag{4.5}$$

式中，u_0，v_0 及 w 为壳体中面沿 x，θ 及 z（径向）方向的位移，β_x，β_θ 为壳体中面法线沿 x 及 θ 方向的转角。

由于考虑横向剪切变形时，横向剪应变 γ_{xz} 和 $\gamma_{\theta z}$ 均不等于零，层压圆柱壳的横向剪应变为

$$\gamma_{xz}=\beta_x+\frac{\partial w}{\partial x}$$

$$\gamma_{\theta z}=\beta_\theta+\frac{\partial w}{\partial s}-\frac{v_0}{R}$$

这样，几何方程可以由任意形状壳体的一般公式简化为

$$\left.\begin{aligned}
\varepsilon_x^0&=\frac{\partial u_0}{\partial x}\\
\varepsilon_\theta^0&=\frac{\partial v_0}{\partial s}+\frac{w}{R}\\
\gamma_{x\theta}^0&=\frac{\partial v_0}{\partial x}+\frac{\partial u_0}{\partial s}\\
k_x&=\frac{\partial \beta_x}{\partial x}\\
k_\theta&=\frac{\partial \beta_\theta}{\partial s}\\
k_{x\theta}&=\frac{\partial \beta_\theta}{\partial x}+\frac{\partial \beta_x}{\partial s}
\end{aligned}\right\}\tag{4.6}$$

式中，ε_x^0，ε_θ^0，$\gamma_{x\theta}^0$ 为壳体中面应变，k_x，k_θ，$k_{x\theta}$ 为中面曲率改变量，$s=R\theta$，$\mathrm{d}s=R\mathrm{d}\theta$ 。

因此，壳体任一点有 5 个独立变量，u_0，v_0，w，β_x 及 β_θ。圆柱壳体的物理方程为

$$\begin{bmatrix}N_x\\N_\theta\\N_{x\theta}\\M_x\\M_\theta\\M_{x\theta}\end{bmatrix}=\begin{bmatrix}A_{11}&A_{12}&A_{16}&B_{11}&B_{12}&B_{16}\\A_{12}&A_{22}&A_{26}&B_{12}&B_{22}&B_{26}\\A_{16}&A_{26}&A_{66}&B_{16}&B_{26}&B_{66}\\B_{11}&B_{12}&B_{16}&D_{11}&D_{12}&D_{16}\\B_{12}&B_{22}&B_{26}&D_{12}&D_{22}&D_{26}\\B_{16}&B_{26}&B_{66}&D_{16}&D_{26}&D_{66}\end{bmatrix}\begin{bmatrix}\varepsilon_x^0\\\varepsilon_\theta^0\\\gamma_{x\theta}^0\\k_x\\k_\theta\\k_{x\theta}\end{bmatrix}\tag{4.7}$$

式中，A_{ij}，B_{ij} 及 D_{ij} 的定义和层压板一样。

横向剪切合力由各层横向剪应力积分而得。层压壳第 k 层的横向剪应力为

$$\begin{cases}\sigma_{xz}^{(k)}=\overline{Q}_{44}^{(k)}\gamma_{xz}+\overline{Q}_{45}^{(k)}\gamma_{\theta z}\\\sigma_{\theta z}^{(k)}=\overline{Q}_{45}^{(k)}\gamma_{xz}+\overline{Q}_{55}^{(k)}\gamma_{\theta z}\end{cases}$$

因此，横向剪切合力为

$$\left.\begin{aligned}
Q_x&=\int_{-h/2}^{h/2}\tau_{xz}\,\mathrm{d}z=A_{55}\gamma_{xz}+A_{45}\gamma_{\theta z}\\
Q_\theta&=\int_{-h/2}^{h/2}\tau_{\theta z}\,\mathrm{d}z=A_{45}\gamma_{xz}+A_{44}\gamma_{\theta z}
\end{aligned}\right\}\tag{4.8}$$

式中，h 为圆柱壳的总厚度，$A_{ij}(i,j=4,5)$ 定义为

$$A_{ij}=\frac{5}{4}\sum_{h=1}^{n}\overline{Q}_{ij}^{(k)}\left(z_k-z_{k-1}-\frac{4}{3}\frac{z_k^3-z_{k-1}^3}{h^2}\right) \tag{4.9}$$

这里，z_k 及 z_{k-1} 的定义和层压板一样，为第 k 层上下面与层压壳中面的距离。$\overline{Q}_{ij}(i,j=4,5)$ 的定义为

$$\left.\begin{aligned}\overline{Q}_{44}&=Q_{44}m^2+Q_{55}n^2\\ \overline{Q}_{55}&=Q_{44}n^2+Q_{55}m^2\\ \overline{Q}_{45}&=(Q_{55}-Q_{44})mn\end{aligned}\right\} \tag{4.10}$$

式中 $Q_{44}=G_{23}$，$Q_{55}=G_{31}$，$m=\cos\theta$，$n=\sin\theta$，θ 为纤维方向与 x 轴所夹的角度。通常，G_{13} 和 G_{22} 在数值上是很接近的。

圆柱壳体的平衡方程也可以从任一壳体的一般平衡方程简化得

$$\left.\begin{aligned}&\frac{\partial N_x}{\partial x}+\frac{\partial N_{x\theta}}{\partial s}=-q_x+\bar{\rho}\frac{\partial^2 u_0}{\partial t^2}+Q\frac{\partial^2\beta_x}{\partial t^2}\\ &\frac{\partial N_{x\theta}}{\partial x}+\frac{\partial N_\theta}{\partial s}+\frac{Q_\theta}{R}=-q_\theta+\bar{\rho}\frac{\partial^2 v_0}{\partial t^2}+Q\frac{\partial^2\beta_\theta}{\partial t^2}\\ &\frac{\partial Q_x}{\partial x}+\frac{\partial Q_\theta}{\partial s}-\frac{N_\theta}{R}=-p(x,\theta)+\bar{\rho}\frac{\partial^2 w}{\partial t^2}\\ &\frac{\partial M_x}{\partial x}+\frac{\partial M_{x\theta}}{\partial s}-Q_x=-m_x+I\frac{\partial^2\beta_x}{\partial t^2}+Q\frac{\partial^2 u_0}{\partial t^2}\\ &\frac{\partial M_{x\theta}}{\partial x}+\frac{\partial M_\theta}{\partial s}-Q_\theta=-m_\theta+I\frac{\partial^2\beta_\theta}{\partial t^2}+Q\frac{\partial^2 v_0}{\partial t^2}\end{aligned}\right\} \tag{4.11}$$

式中

$$\begin{bmatrix}N_x\\N_\theta\\N_{x\theta}\end{bmatrix}=\sum_{k=1}^{n}\int_{z_{k-1}}^{z_k}\begin{bmatrix}\sigma_x\\\sigma_\theta\\\tau_{x\theta}\end{bmatrix}\mathrm{d}z \tag{4.12}$$

$$\begin{bmatrix}M_x\\M_\theta\\M_{x\theta}\end{bmatrix}=\sum_{k=1}^{n}\int_{z_{k-1}}^{z_k}\begin{bmatrix}\sigma_x\\\sigma_\theta\\\tau_{x\theta}\end{bmatrix}z\,\mathrm{d}z \tag{4.13}$$

$$\begin{bmatrix}Q_x\\Q_\theta\end{bmatrix}=\sum_{k=1}^{n}\int_{z_{k-1}}^{z_k}\begin{bmatrix}\tau_{xz}\\\tau_{\theta z}\end{bmatrix}\mathrm{d}z \tag{4.14}$$

式中，z 从壳体中面量起。式(4.11) 中 5 个基本平衡方程式的右端各项均与外力有关，其中各方程式右端的第一项均表示作用在壳体内外表面上的各类载荷。如 q_x 和 q_θ 是由作用在壳体内外表面上的剪应力 τ_{xz} 和 $\tau_{\theta z}$ 所引起的剪切载荷；m_x 和 m_θ 是由表面剪应力所引起的力矩；p 是由法向载荷(例如内外压力) 引起的法向应力。

$$
\left.\begin{aligned}
q_x &= \tau_{xz}\Big|_{-h/2}^{h/2} = \tau_{xz}\left(\frac{h}{2}\right) - \tau_{xz}\left(-\frac{h}{2}\right) \\
q_\theta &= \tau_{\theta z}\Big|_{-h/2}^{h/2} = \tau_{\theta z}\left(\frac{h}{2}\right) - \tau_{\theta z}\left(-\frac{h}{2}\right) \\
m_x &= z\tau_{xz}\Big|_{-h/2}^{h/2} = \frac{h}{2}\left[\tau_{xz}\left(\frac{h}{2}\right) + \tau_{xz}\left(-\frac{h}{2}\right)\right] \\
m_\theta &= z\tau_{\theta z}\Big|_{-h/2}^{h/2} = \frac{h}{2}\left[\tau_{\theta z}\left(\frac{h}{2}\right) + \tau_{\theta z}\left(-\frac{h}{2}\right)\right] \\
p &= \sigma_z\Big|_{-h/2}^{h/2} = \sigma_z\left(\frac{h}{2}\right) - \sigma_z\left(-\frac{h}{2}\right)
\end{aligned}\right\} \tag{4.15}
$$

而式(4.11) 右端的其他各项均属于是惯性项，它们被定义为

$$
\left.\begin{aligned}
\bar{\rho} &= \sum_{k=1}^{n}\int_{z_{k-1}}^{z_k} \rho_0^{(k)}\,\mathrm{d}z = \sum_{k=1}^{n}\rho_0^{(k)}(z_k - z_{k-1}) \\
Q &= \sum_{k=1}^{n}\int_{z_{k-1}}^{z_k} \rho_0^{(k)} z\,\mathrm{d}z = \frac{1}{2}\sum_{k=1}^{n}\rho_0^{(k)}(z_k^2 - z_{k-1}^2) \\
I &= \sum_{k=1}^{n}\int_{z_{k-1}}^{z_k} \rho_0^{(k)} z^2\,\mathrm{d}z = \frac{1}{3}\sum_{k=1}^{n}\rho_0^{(k)}(z_k^3 - z_{k-1}^3)
\end{aligned}\right\} \tag{4.16}
$$

式中，$\rho_0^{(k)}$ 为第 k 层单位体积的质量，$\bar{\rho}$ 为单位面积的质量，I 为单位面积对中面的转动惯量，Q 为圆柱壳的位移与转动之间的耦合项(在均质壳体或正交缠绕的壳体中不会出现这一项)。

4.3　用工程壳体理论求解圆柱壳的弯曲

从上节的分析可看出，考虑剪切变形的壳体理论是很复杂的。在工程实际中，若层压壳很薄，一般采用工程壳体理论(又称 Donell 理论)。这个理论不考虑横向剪切变形的影响，亦即 $\gamma_{xz} = \gamma_{\theta z} = 0$，并且认为曲率及扭率与 u_0，v_0 无关，而只与 w 有关。

根据这些工程简化，几何方程(4.6) 就简化为

$$
\left.\begin{aligned}
\varepsilon_x^0 &= \frac{\partial u_0}{\partial x} \\
\varepsilon_\theta^0 &= \frac{\partial v_0}{\partial s} + \frac{w}{R} \\
\gamma_{x\theta}^0 &= \frac{\partial v_0}{\partial x} + \frac{\partial u_0}{\partial s} \\
k_x &= -\frac{\partial^2 w}{\partial x^2} \\
k_\theta &= -\frac{\partial^2 w}{\partial s^2} \\
k_{x\theta} &= -2\,\frac{\partial^2 w}{\partial x \partial s}
\end{aligned}\right\} \tag{4.17}
$$

显然，独立的位移分量由 5 个减为 3 个，即 u_0，v_0，w。层压壳的物理方程仍为

$$\begin{bmatrix} N_x \\ N_\theta \\ N_{x\theta} \\ M_x \\ M_\theta \\ M_{x\theta} \end{bmatrix} = \begin{bmatrix} A_{11} & A_{12} & A_{16} & B_{11} & B_{12} & B_{16} \\ A_{12} & A_{22} & A_{26} & B_{12} & B_{22} & B_{26} \\ A_{16} & A_{26} & A_{66} & B_{16} & B_{26} & B_{66} \\ B_{11} & B_{12} & B_{16} & D_{11} & D_{12} & D_{16} \\ B_{12} & B_{22} & B_{26} & D_{12} & D_{22} & D_{26} \\ B_{16} & B_{26} & B_{66} & D_{16} & D_{26} & D_{66} \end{bmatrix} \begin{bmatrix} \varepsilon_x^0 \\ \varepsilon_\theta^0 \\ \gamma_{x\theta}^0 \\ k_x \\ k_\theta \\ k_{x\theta} \end{bmatrix} \tag{4.18}$$

当圆柱壳只承受横向载荷 $p(x,\theta)$ 时，如还有体力及面力，均可化为作用于中面的载荷。则圆柱壳的平衡方程(4.11)可简化为

$$\left.\begin{aligned} &\frac{\partial N_x}{\partial x} + \frac{\partial N_{x\theta}}{\partial s} = 0 \\ &\frac{\partial N_{x\theta}}{\partial x} + \frac{\partial N_\theta}{\partial s} + \frac{Q_\theta}{R} = 0 \\ &\frac{\partial Q_x}{\partial x} + \frac{\partial Q_\theta}{\partial s} - \frac{N_\theta}{R} = -p(x,\theta) \\ &\frac{\partial M_x}{\partial x} + \frac{\partial M_{x\theta}}{\partial s} = Q_x \\ &\frac{\partial M_{x\theta}}{\partial x} + \frac{\partial M_\theta}{\partial s} = Q_\theta \end{aligned}\right\} \tag{4.19}$$

将上式中的最后两式代入第三式，连同第一式及第二式组成平衡方程组

$$\left.\begin{aligned} &\frac{\partial N_x}{\partial x} + \frac{\partial N_{x\theta}}{\partial s} = 0 \\ &\frac{\partial N_{x\theta}}{\partial x} + \frac{\partial N_\theta}{\partial s} + \frac{Q_\theta}{R} = 0 \\ &\frac{\partial^2 M_x}{\partial x^2} + 2\frac{\partial^2 M_{x\theta}}{\partial x \partial s} + \frac{\partial^2 M_\theta}{\partial s^2} = -p(x,\theta) + \frac{N_\theta}{R} \end{aligned}\right\} \tag{4.20}$$

将式(4.6)代入式(4.20)，得到以位移表达的平衡方程

$$\begin{bmatrix} L_{11} & L_{12} & L_{13} \\ L_{12} & L_{22} & L_{23} \\ L_{13} & L_{23} & L_{33} \end{bmatrix} \begin{bmatrix} u_0 \\ v_0 \\ w \end{bmatrix} = \begin{bmatrix} 0 \\ 0 \\ p(x,\theta) \end{bmatrix} \tag{4.21}$$

式中

$$\left.\begin{aligned}
L_{11} &= A_{11}\frac{\partial^2}{\partial x^2} + 2A_{16}\frac{1}{R}\frac{\partial^2}{\partial x\partial\theta} + A_{66}\frac{1}{R^2}\frac{\partial^2}{\partial\theta^2} \\
L_{12} &= A_{16}\frac{\partial^2}{\partial x^2} + (A_{12}+A_{66})\frac{1}{R}\frac{\partial^2}{\partial x\partial\theta} + A_{26}\frac{1}{R^2}\frac{\partial^2}{\partial\theta^2} \\
L_{13} &= \frac{1}{R}\left(A_{12}\frac{\partial}{\partial x} + A_{26}\frac{1}{R}\frac{\partial}{\partial\theta}\right) - B_{11}\frac{\partial^3}{\partial x^3} - 3B_{16}\frac{1}{R}\frac{\partial^3}{\partial x^2\partial\theta} - \\
&\quad (B_{12}+2B_{66})\frac{1}{R^2}\frac{\partial^3}{\partial x\partial\theta^2} - B_{26}\frac{1}{R^3}\frac{\partial^3}{\partial\theta^3} \\
L_{22} &= A_{66}\frac{\partial^2}{\partial x^2} + 2A_{26}\frac{1}{R}\frac{\partial^2}{\partial x\partial\theta} + A_{22}\frac{1}{R^2}\frac{\partial^2}{\partial\theta^2} \\
L_{23} &= \frac{1}{R}\left(A_{26}\frac{\partial}{\partial x} + A_{22}\frac{1}{R}\frac{\partial}{\partial\theta}\right) - B_{22}\frac{1}{R^3}\frac{\partial^3}{\partial\theta^3} - 3B_{26}\frac{1}{R^2}\frac{\partial^3}{\partial x\partial\theta^2} - \\
&\quad (B_{12}+2B_{66})\frac{1}{R}\frac{\partial^3}{\partial x^2\partial\theta} - B_{16}\frac{\partial^3}{\partial x^3} \\
L_{33} &= -\frac{2}{R}\left(B_{12}\frac{\partial^2}{\partial x^2} + 2B_{26}\frac{1}{R}\frac{\partial^2}{\partial x\partial\theta} + B_{22}\frac{1}{R^2}\frac{\partial^2}{\partial\theta^2}\right) + \frac{A_{22}}{R^2} + D_{11}\frac{\partial^4}{\partial x^4} + \\
&\quad 4D_{16}\frac{\partial^4}{\partial x^3\partial\theta}\frac{1}{R} + 2(D_{12}+2D_{66})\frac{1}{R^2}\frac{\partial^4}{\partial x^2\partial\theta^2} + \\
&\quad 4D_{26}\frac{1}{R^3}\frac{\partial^4}{\partial x\partial\theta^3} + D_{22}\frac{1}{R^4}\frac{\partial^4}{\partial\theta^4}
\end{aligned}\right\} \tag{4.22}$$

考虑两边简支层压壳的边界条件：

当 $x=0, l$ 时，

$$w = M_x = v_0 = N_x = 0 \tag{4.23}$$

借助物理方程(4.18)及几何方程，$M_x=0$ 及 $N_x=0$ 的边界条件都可用位移 u_0, v_0, w 表示。

为了满足边界条件(4.23)，设位移函数为

$$\begin{bmatrix} u_0 \\ v_0 \\ w \end{bmatrix} = \sum_{m=1}^{\infty}\sum_{n=0}^{\infty}\begin{bmatrix} U_{mn}\cos\dfrac{m\pi x}{l}\cos n\theta \\ V_{mn}\sin\dfrac{m\pi x}{l}\sin n\theta \\ W_{mn}\sin\dfrac{m\pi x}{l}\cos n\theta \end{bmatrix} \tag{4.24}$$

现在考虑纤维缠绕圆柱层压壳，它的各层纤维缠绕角为 $+\alpha_i$ 及 $-\alpha_i$（与 x 轴的夹角），并且纤维的数量与质量相同，如图 4.3 所示。这里指每一层都铺设了双向纤维，由于 Q_{16} 及 Q_{26} 是 α_i 的奇函数，因此

$$A_{16}=A_{26}=0,\quad B_{16}=B_{26}=0,\quad D_{16}=D_{26}=0 \tag{4.25}$$

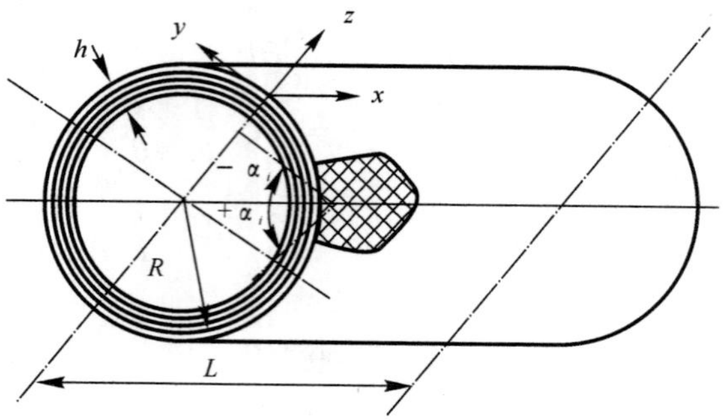

图 4.3　纤维缠绕的层压圆柱壳

径向分布载荷 $p(x,\theta)$ 也可用双重三角级数展开成

$$p(x,\theta)=\sum_{m=1}^{\infty}\sum_{n=0}^{\infty}p_{mn}\sin\frac{m\pi x}{l}\sin n\theta \tag{4.26}$$

对于径向均布载荷 p_0，得

$$p(x,\theta)=\sum_{m=1,3,5,\cdots}^{\infty}\sum_{n=1,3,5,\cdots}^{\infty}\frac{16p_0}{\pi^2}\frac{1}{mn}\sin\frac{m\pi x}{l}\sin n\theta \tag{4.27}$$

比较式(4.26)及式(4.27)得

$$p_{mn}=\frac{16p_0}{\pi^2}\frac{1}{mn} \tag{4.28}$$

将位移函数(4.24)及载荷函数(4.27)代入平衡方程(4.21)，并注意到刚度关系式(4.25)，得

$$\left.\begin{aligned}T_{11}U_{mn}+T_{12}V_{mn}+T_{13}W_{mn}&=0\\T_{12}U_{mn}+T_{22}V_{mn}+T_{23}W_{mn}&=0\\T_{13}U_{mn}+T_{23}V_{mn}+T_{33}W_{mn}&=-p_{mn}\end{aligned}\right\} \tag{4.29}$$

式中

$$\left.\begin{aligned}T_{11}&=-(A_{11}\bar{m}^2+A_{66}\bar{n}^2)\\T_{12}&=(A_{12}+A_{66})\bar{m}\,\bar{n}\\T_{13}&=\frac{1}{R}A_{12}\bar{m}+B_{11}\bar{m}^3+(B_{12}+2B_{66})\bar{m}\,\bar{n}^2\\T_{22}&=-(A_{66}\bar{m}^2+A_{22}\bar{n}^2)\\T_{23}&=-\left[\frac{1}{R}A_{22}\bar{n}+B_{11}\bar{n}^3+(B_{12}+2B_{66})\bar{m}^2\bar{n}\right]\\T_{33}&=-\left[\frac{2}{R}B_{12}\bar{m}^2+\frac{2}{R}B_{22}\bar{n}^2+\frac{A_{22}}{R^2}+D_{11}\bar{m}^4+2(D_{12}+2D_{66})\bar{m}^2\bar{n}^2+D_{22}\bar{n}^4\right]\end{aligned}\right\} \tag{4.30}$$

这里

$$\bar{m}=\frac{m\pi}{l},\quad \bar{n}=\frac{n}{R} \tag{4.31}$$

联立求解线性代数方程(4.29)得

$$\left.\begin{aligned} U_{mn} &= -\frac{p_{mn}T_{11}G}{EF+H^2} \\ V_{mn} &= \frac{p_{mn}T_{11}H}{EF+H^2} \\ W_{mn} &= -\frac{p_{mn}T_{11}E}{EF+H^2} \end{aligned}\right\} \tag{4.32}$$

式中

$$\left.\begin{aligned} E &= T_{12}^2 - T_{11}T_{22} \\ F &= T_{11}T_{33} - T_{13}^2 \\ G &= T_{22}T_{13} - T_{12}T_{23} \\ H &= T_{12}T_{13} - T_{11}T_{23} \end{aligned}\right\} \tag{4.33}$$

将式(4.32)代入式(4.24),得壳体中面位移。再利用几何方程及物理方程(4.17)与(4.18),就可求得应变及应力。

4.4　层压壳弯曲有限元分析

对层压壳弯曲的有限元分析与层压板有限元法一样,采用八节点等参元进行分析。由于假设壳中面法线变形后仍为直线,但不再是变形后的中面法线,由于横向剪切作用,中面法线有绕两个轴的转动。这两个轴分别垂直于法线,并相互垂直。因此,每个节点有 5 个自由度(3 个位移分量及 2 个转角分量,都是指中面),因此每个单元有 40 个自由度。

取典型的壳单元,如图 4.4 所示。x,y,z 为整体坐标轴,x',y',z' 为局部坐标轴,1,2,3 为材料主轴向。为了定义角位移,在节点 k 作 3 个正交向量 $\boldsymbol{V}_1^k$,$\boldsymbol{V}_2^k$ 和 $\boldsymbol{V}_3^k$,称为节点坐标系。壳单元 8 个节点的坐标值 $x_k,y_k,z_k(k=1,2,\cdots,8)$ 和它们的局部坐标 z'_k($\boldsymbol{V}_3^k$ 即中面法线矢量)作为已知量输入。

首先作垂直中面的正交向量 $\boldsymbol{V}_3^k$,再在节点 k 作两个向量 $\boldsymbol{V}_1^k$,$\boldsymbol{V}_2^k$ 它们均切于中面,并正交于 $\boldsymbol{V}_3^k$。为了使 $\boldsymbol{V}_1^k$,$\boldsymbol{V}_2^k$ 和 $\boldsymbol{V}_3^k$ 与 x,y,z 方向大体一致,采用如下做法,令

$$\begin{aligned} \boldsymbol{V}_1^k &= \boldsymbol{j}\times\boldsymbol{V}_3^k \\ \boldsymbol{V}_2^k &= \boldsymbol{V}_3^k\times\boldsymbol{V}_1^k \end{aligned}\quad (k=1,2,\cdots,8) \tag{4.34}$$

即 $\boldsymbol{V}_1^k$ 正交于 $\boldsymbol{V}_3^k$ 和 y 轴,$\boldsymbol{V}_2^k$ 正交于 $\boldsymbol{V}_1^k$ 和 $\boldsymbol{V}_3^k$,根据向量运算法则不难由上式求出 $\boldsymbol{V}_1^k$ 的方向余弦 l_{1k},m_{1k},n_{1k} 和 $\boldsymbol{V}_2^k$ 的方向余弦 l_{2k},m_{2k},n_{2k}。

每个节点的5个自由度为 $u_k,v_k,w,\alpha_k,\beta_k$,它们依次为 k 节点(壳元中点)沿 x,y,z(整体坐标轴)的位移及 $\boldsymbol{V}_1^k$,$\boldsymbol{V}_2^k$ 方向转角。

单元内任意处的位移可由 8 个节点的位移插值得到:

$$
\left.\begin{aligned}
u &= \sum_{k=1}^{8} N_k u_k + \sum_{k=1}^{8} N_k \frac{t_k}{2}\zeta(-\alpha_k l_{2k} + \beta_k l_{1k}) \\
v &= \sum_{k=1}^{8} N_k v_k + \sum_{k=1}^{8} N_k \frac{t_k}{2}\zeta(-\alpha_k m_{2k} + \beta_k m_{1k}) \\
w &= \sum_{k=1}^{8} N_k w_k + \sum_{k=1}^{8} N_k \frac{t_k}{2}\zeta(-\alpha_k n_{2k} + \beta_k n_{1k})
\end{aligned}\right\} \tag{4.35}
$$

式中，u_k, v_k, w_k 为节点 k 的位移分量，$N_k(\xi,\eta)$ 是插值函数(见图 4.5)。

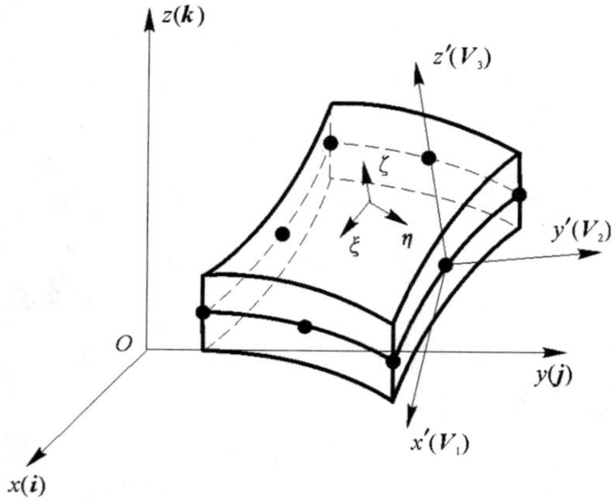

图 4.4 典型壳单元

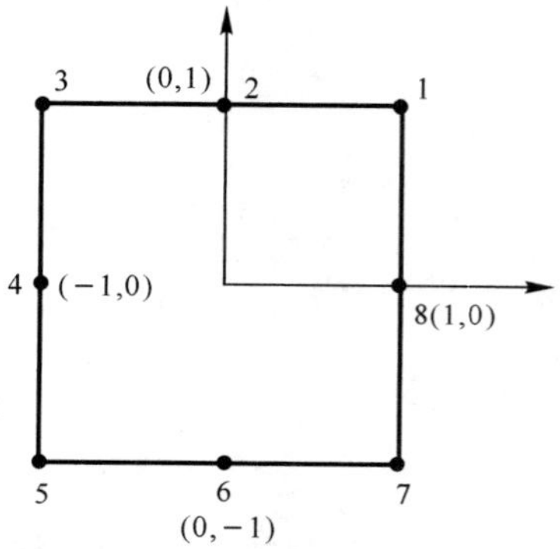

图 4.5 正方形基本单元

$$
N_k = \begin{cases}
\dfrac{1}{4}(1+\xi_k\xi)(1+\eta_k\eta-1), & k=1,3,5,7 \\
\dfrac{1}{2}(1-\xi^2)(1+\eta_k\eta), & k=2,6 \\
\dfrac{1}{2}(1-\eta^2)(1+\xi_k\xi), & k=4,8
\end{cases} \tag{4.36}
$$

单元的形状由 8 个节点的坐标值插值而得到

$$
\left.\begin{aligned}
x &= \sum_{k=1}^{8} N_k x_k + \sum_{k=1}^{8} N_k \frac{t_k}{2}\zeta l_{3k} \\
y &= \sum_{k=1}^{8} N_k y_k + \sum_{k=1}^{8} N_k \frac{t_k}{2}\zeta m_{3k} \\
z &= \sum_{k=1}^{8} N_k z_k + \sum_{k=1}^{8} N_k \frac{t_k}{2}\zeta n_{3k}
\end{aligned}\right\} \tag{4.37}
$$

式中，l_{3k}, m_{3k}, n_{3k} 为 $\boldsymbol{V}_3^k$ 的方向余弦，t_k 为 k 节点处壳的厚度。

一、应变矩阵 B

单元内任意处位移表达式(4.35)可写成矩阵形式

$$\begin{bmatrix} u \\ v \\ w \end{bmatrix} = \boldsymbol{N}\boldsymbol{\delta}^e \tag{4.38}$$

式中，$\boldsymbol{N}_{3\times40}$ 为形函数矩阵，$\boldsymbol{\delta}^e_{40\times1}$ 为单元节点位移列阵。它们分别是

$$\boldsymbol{N} = \begin{bmatrix} N_1 & 0 & 0 & \zeta N_1 l_{11} & \zeta N_1 l_{21} & \cdots & N_8 & 0 & 0 & \zeta N_8 l_{18} & \zeta N_8 l_{28} \\ 0 & N_1 & 0 & \zeta N_1 m_{11} & \zeta N_1 m_{21} & \cdots & 0 & N_8 & 0 & \zeta N_8 m_{18} & \zeta N_8 m_{28} \\ 0 & 0 & N_1 & \zeta N_1 n_{11} & \zeta N_1 n_{21} & \cdots & 0 & 0 & N_8 & \zeta N_8 n_{18} & \zeta N_8 n_{28} \end{bmatrix} \tag{4.39}$$

$$\boldsymbol{\delta}^e = [u_1 \quad v_1 \quad w_1 \quad \alpha_1 \quad \beta_1 \quad \cdots \quad u_8 \quad v_8 \quad w_8 \quad \alpha_8 \quad \beta_8]^{\mathrm{T}} \tag{4.40}$$

将位移表达式(4.38)代入几何方程，得在整体坐标中的应变列阵

$$\boldsymbol{\varepsilon} = \begin{bmatrix} \varepsilon_x \\ \varepsilon_y \\ \varepsilon_z \\ \gamma_{yz} \\ \gamma_{zx} \\ \gamma_{xy} \end{bmatrix} = \begin{bmatrix} \dfrac{\partial u}{\partial x} \\ \dfrac{\partial v}{\partial y} \\ \dfrac{\partial w}{\partial z} \\ \dfrac{\partial w}{\partial y} + \dfrac{\partial v}{\partial z} \\ \dfrac{\partial u}{\partial z} + \dfrac{\partial w}{\partial x} \\ \dfrac{\partial v}{\partial x} + \dfrac{\partial u}{\partial y} \end{bmatrix} = \boldsymbol{B}\boldsymbol{\delta}^e \tag{4.41}$$

式中，应变矩阵 $\boldsymbol{B}_{6\times40}$ 为

$$\boldsymbol{B} = [B_1 \quad B_2 \quad B_3 \quad \cdots \quad B_8] \tag{4.42}$$

式中，子矩阵 $\boldsymbol{B}_{k6\times5}$ 为

$$\boldsymbol{B}_k = \begin{bmatrix} N_{k\cdot x} & 0 & 0 & l_{1k}G_{xk} & l_{2k}G_{xk} \\ 0 & N_{k\cdot y} & 0 & m_{1k}G_{yk} & m_{2k}G_{yk} \\ 0 & 0 & N_{k\cdot z} & n_{1k}G_{zk} & n_{2k}G_{zk} \\ 0 & N_{k\cdot z} & N_{k\cdot y} & n_{1k}G_{yk} + m_{1k}G_{zk} & n_{2k}G_{yk} + m_{2k}G_{zk} \\ N_{k\cdot z} & 0 & N_{k\cdot x} & l_{1k}G_{zk} + n_{1k}G_{xk} & l_{2k}G_{zk} + n_{2k}G_{xk} \\ N_{k\cdot y} & N_{k\cdot x} & 0 & m_{1k}G_{xk} + l_{1k}G_{yk} & m_{2k}G_{xk} + l_{2k}G_{yk} \end{bmatrix} \tag{4.43}$$

式中，圆点“•”表示主符号对下标的微分。

$$\left.\begin{aligned} G_{xk} &= \zeta(J_{11}^{-1}N_{k,\xi} + J_{12}^{-1}N_{k,\eta}) + J_{13}^{-1}N_k \\ G_{yk} &= \zeta(J_{21}^{-1}N_{k,\xi} + J_{22}^{-1}N_{k,\eta}) + J_{23}^{-1}N_k \\ G_{zk} &= \zeta(J_{31}^{-1}N_{k,\xi} + J_{32}^{-1}N_{k,\eta}) + J_{33}^{-1}N_k \end{aligned}\right\} \tag{4.44}$$

这里 $J_{11}^{-1}, J_{12}^{-1}, J_{13}^{-1}, \cdots, J_{33}^{-1}$ 是雅可比矩阵 $\boldsymbol{J}$ 的逆阵 $\boldsymbol{J}^{-1}$ 的 9 个元素。这个雅可比矩阵为

$$\boldsymbol{J} = \begin{bmatrix} x_{,\xi} & y_{,\xi} & z_{,\xi} \\ x_{,\eta} & y_{,\eta} & z_{,\eta} \\ x_{,\zeta} & y_{,\zeta} & z_{,\zeta} \end{bmatrix} \tag{4.45}$$

式中，x, y, z 由式(4.37)决定。

二、弹性矩阵 D

实验得到的力学性能参数是沿材料主方向的(1,2,3)，需要通过二次转换到整体坐标(x, y, z)，如图 4.6 所示。

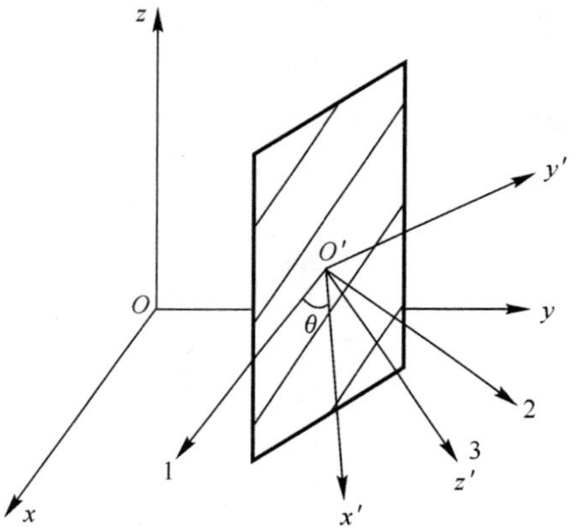

图 4.6 材料主方向与局部及整体坐标轴

材料主方向上应变-应力关系为

$$\boldsymbol{\varepsilon} = \begin{bmatrix} \varepsilon_1 \\ \varepsilon_2 \\ \varepsilon_3 \\ \gamma_{23} \\ \gamma_{31} \\ \gamma_{12} \end{bmatrix} = \begin{bmatrix} 1/E_1 & -\nu_{21}/E_2 & -\nu_{31}/E_3 & 0 & 0 & 0 \\ -\nu_{12}/E_1 & 1/E_2 & -\nu_{32}/E_3 & 0 & 0 & 0 \\ -\nu_{13}/E_1 & -\nu_{23}/E_2 & -1/E_3 & 0 & 0 & 0 \\ 0 & 0 & 0 & 1/G_{23} & 0 & 0 \\ 0 & 0 & 0 & 0 & 1/G_{31} & 0 \\ 0 & 0 & 0 & 0 & 0 & 1/G_{12} \end{bmatrix} \begin{bmatrix} \sigma_1 \\ \sigma_2 \\ \sigma_3 \\ \tau_{23} \\ \tau_{31} \\ \tau_{12} \end{bmatrix} = \boldsymbol{S\sigma} \tag{4.46}$$

或表达为

$$\boldsymbol{\sigma} = \boldsymbol{C\varepsilon} \tag{4.47}$$

式中，$\boldsymbol{S}$ 为柔度矩阵，相应的弹性矩阵为

$$\boldsymbol{C}=\boldsymbol{S}^{-1}$$

设纤维缠绕方向与局部坐标间的夹角为 θ，如图 4.6 所示，参考式(3.64)，向局部坐标系转换矩阵为

$$\boldsymbol{A}=\begin{bmatrix} \cos^2\theta & \sin^2\theta & 0 & 0 & 0 & 2\sin\theta\cos\theta \\ \sin^2\theta & \cos^2\theta & 0 & 0 & 0 & -2\sin\theta\cos\theta \\ 0 & 0 & 1 & 0 & 0 & 0 \\ 0 & 0 & 0 & \cos\theta & -\sin\theta & 0 \\ 0 & 0 & 0 & \sin\theta & \cos\theta & 0 \\ -\sin\theta\cos\theta & \sin\theta\cos\theta & 0 & 0 & 0 & \cos^2\theta-\sin^2\theta \end{bmatrix} \tag{4.48}$$

根据式(3.66)，局部坐标下的弹性矩阵为

$$\bar{\boldsymbol{C}}_{6\times6}=\boldsymbol{ACA}^{\mathrm{T}} \tag{4.49}$$

假定 $\sigma'_z=0$，仿照式(3.71)，可以将 ε'_z 消去，$\bar{\boldsymbol{C}}_{6\times6}$ 相应地被化简为弹性矩阵 $\bar{\boldsymbol{C}}'_{5\times5}$。

设局部坐标与整体坐标间的方向余弦如表 4.1 所示，利用式(3.62)，转换矩阵为

$$\boldsymbol{T}=\begin{bmatrix} V_{11}^2 & V_{21}^2 & 2V_{21}V_{31} & 2V_{11}V_{31} & 2V_{11}V_{21} \\ V_{12}^2 & V_{22}^2 & 2V_{22}V_{32} & 2V_{12}V_{32} & 2V_{12}V_{22} \\ V_{13}^2 & V_{23}^2 & 2V_{23}V_{33} & 2V_{13}V_{33} & 2V_{13}V_{23} \\ V_{12}V_{13} & V_{22}V_{23} & V_{32}V_{23}+V_{22}V_{33} & V_{32}V_{13}+V_{12}V_{33} & V_{22}V_{13}+V_{12}V_{23} \\ V_{11}V_{13} & V_{21}V_{23} & V_{31}V_{23}+V_{21}V_{33} & V_{31}V_{13}+V_{11}V_{33} & V_{21}V_{13}+V_{11}V_{23} \\ V_{11}V_{12} & V_{21}V_{22} & V_{31}V_{22}+V_{21}V_{32} & V_{31}V_{12}+V_{11}V_{32} & V_{21}V_{12}+V_{11}V_{22} \end{bmatrix} \tag{4.50}$$

则整体坐标下的弹性矩阵 $\boldsymbol{D}_{6\times6}$ 为

$$\boldsymbol{D}=\boldsymbol{T}\bar{\boldsymbol{C}}'\boldsymbol{T}^{\mathrm{T}} \tag{4.51}$$

表　4.1

	x'	y'	z'
x	V_{11}	V_{12}	V_{13}
y	V_{21}	V_{22}	V_{23}
z	V_{31}	V_{32}	V_{33}

三、刚度矩阵 $\boldsymbol{K}$

单元刚度矩阵为

$$\boldsymbol{K}^{\mathrm{e}}=\iiint \boldsymbol{B}^{\mathrm{T}}\boldsymbol{DB}\,\mathrm{d}x\mathrm{d}y\mathrm{d}z=\int_{-1}^{1}\int_{-1}^{1}\int_{-1}^{1}\boldsymbol{B}^{\mathrm{T}}\boldsymbol{DB}\det\boldsymbol{J}\,\mathrm{d}\xi\mathrm{d}\eta\mathrm{d}\zeta \tag{4.52}$$

式中，$\boldsymbol{B}$ 及 $\boldsymbol{D}$ 分别由式(4.42) 和式(4.51) 决定，$\det\boldsymbol{J}$ 是雅可比矩阵的行列式的值，可参照式

(3.74) 应用式(4.37) 得到。

在用高斯积分对式(4.52) 进行计算时，由于层压板的各层纤维铺设角不一样，各层的刚度矩阵 $\boldsymbol{D}$ 就不同，它不是 ζ 的连续函数。与式(3.77) 一样，在应用高斯积分公式时 ζ 积分上下限是从 -1 到 1，引进一个变量 ζ_k(第 k 层)。这样 ζ 与 ζ_k 之间的关系为

$$\zeta=-1+\frac{1}{t}\left[-h_k(1-\zeta_k)+2\sum_{j=1}^{k}h_j\right] \tag{4.53}$$

所以

$$\mathrm{d}\zeta=\left(\frac{h_k}{t}\right)\mathrm{d}\zeta_k \tag{4.54}$$

式中，t 为层压壳的总厚度，h_k 为层压壳第 k 层厚度。

将式(4.55) 代入式(4.52) 得层压壳的单元刚度矩阵为

$$\boldsymbol{K}^{\mathrm{e}}=\sum_{k=1}^{n}\int_{-1}^{1}\int_{-1}^{1}\int_{-1}^{1}\boldsymbol{B}^{\mathrm{T}}\boldsymbol{D}\boldsymbol{B}\det\boldsymbol{J}\,\frac{h_k}{t}\mathrm{d}\xi\mathrm{d}\eta\mathrm{d}\zeta_k \tag{4.55}$$

式中，n 是层压壳的总层数。

总刚度矩阵为

$$\boldsymbol{K}=\sum\boldsymbol{K}^{\mathrm{e}}$$

四、等效节点力

1. 面力

设壳体内表面($\zeta=-1$) 作用面力矢量 $\boldsymbol{q}=[q_1\quad q_2\quad q_3]^{\mathrm{T}}$，单元等效节点力 $\boldsymbol{F}^{\mathrm{e}}_{s40\times1}$ 为

$$\boldsymbol{F}^{\mathrm{e}}_s=\iint\boldsymbol{N}^{\mathrm{T}}\boldsymbol{q}\mathrm{d}s=-\int_{-1}^{1}\int_{-1}^{1}(\boldsymbol{q}\boldsymbol{N}^{\mathrm{T}}[\boldsymbol{s}\times\boldsymbol{T}])_{\zeta=-1}\mathrm{d}\xi\mathrm{d}\eta$$

式中

$$\left.\begin{aligned}\boldsymbol{s}&=\frac{\partial x}{\partial\xi}\boldsymbol{i}+\frac{\partial y}{\partial\xi}\boldsymbol{j}+\frac{\partial z}{\partial\xi}\boldsymbol{k}\\\boldsymbol{T}&=\frac{\partial x}{\partial\eta}\boldsymbol{i}+\frac{\partial y}{\partial\eta}\boldsymbol{j}+\frac{\partial z}{\partial\eta}\boldsymbol{k}\end{aligned}\right\} \tag{4.56}$$

$\boldsymbol{N}$ 由式(4.39) 决定。

2. 体力

设单元体积力矢量为 $\boldsymbol{p}=[p_1\quad p_2\quad p_3]^{\mathrm{T}}$，单元等效节点力 $\boldsymbol{F}^{\mathrm{e}}_{b40\times1}$ 为

$$\boldsymbol{F}^{\mathrm{e}}_b=\iiint\boldsymbol{N}^{\mathrm{T}}\boldsymbol{p}\mathrm{d}x\mathrm{d}y\mathrm{d}z=\int_{-1}^{1}\int_{-1}^{1}\int_{-1}^{1}\boldsymbol{N}^{\mathrm{T}}\boldsymbol{p}\det\boldsymbol{J}\mathrm{d}\xi\mathrm{d}\eta\mathrm{d}\zeta \tag{4.57}$$

3. 热应力

设复合材料主向热膨胀系数为 $\alpha_1,\alpha_2,\alpha_3$，则在整体坐标中膨胀系数矢量为

$$\boldsymbol{\alpha}_{xyz}=\boldsymbol{T}'\boldsymbol{A}[\alpha_1\quad\alpha_2\quad\alpha_3\quad0\quad0\quad0]^{\mathrm{T}} \tag{4.58}$$

式中，$\boldsymbol{T}'_{6\times6}$ 为转换矩阵，它的形成可在式(4.50) 矩阵 $\boldsymbol{T}_{6\times5}$ 的第二列及第三列之间加一列

$[V_{31}^2 \quad V_{32}^2 \quad V_{33}^2 \quad V_{32}V_{33} \quad V_{31}V_{33} \quad V_{31}V_{32}]^{\mathrm{T}}$。单元等效节点力为

$$\boldsymbol{F}_t^{\mathrm{e}} = \iiint \boldsymbol{B}^{\mathrm{T}} \boldsymbol{D} \boldsymbol{\alpha}_{xyz} T_f \mathrm{d}x\mathrm{d}y\mathrm{d}z = \int_{-1}^{1}\int_{-1}^{1}\int_{-1}^{1} \boldsymbol{B}^{\mathrm{T}} \boldsymbol{D} \boldsymbol{\alpha}_{xyz} T_f \det \boldsymbol{J} \mathrm{d}\xi \mathrm{d}\eta \mathrm{d}\zeta \tag{4.59}$$

式中，T_f 为温度场，当圆筒内壁及外壁温度分别为 T_{i} 及 T_{o}，内径及外径为 r_{i}，r_{o} 时，温度场可表达为

$$T_f = \frac{T_{\mathrm{o}} \ln r_{\mathrm{i}} - T_{\mathrm{i}} \ln r_{\mathrm{o}}}{\ln(r_{\mathrm{i}}/r_{\mathrm{o}})} + \frac{(T_{\mathrm{i}} - T_{\mathrm{o}}) \ln r}{\ln(r_{\mathrm{i}}/r_{\mathrm{o}})} \tag{4.60}$$

总的节点力为

$$\boldsymbol{F} = \sum (\boldsymbol{F}_s^{\mathrm{e}} + \boldsymbol{F}_b^{\mathrm{e}} + \boldsymbol{F}_t^{\mathrm{e}}) \tag{4.61}$$

这样层压壳的有限元方程组为

$$\boldsymbol{K}\boldsymbol{u}^i = \boldsymbol{F} \tag{4.62}$$

考虑相应的边界条件，则可从式(4.62)中解出节点位移矢量 $\boldsymbol{u}^i$，代入式(4.38)，式(4.41)及式(4.47)中，得到壳体各层中任一点的位移、应变及应力。

第5章　复合材料结构设计总论

5.1　概　　述

复合材料由两种或多种性质不同的材料组成。其主要组分是分散相的增强材料与连续相的基体材料，即由细丝、纱线或绒纤形式的增强纤维裹埋于树脂、金属或陶瓷基体中构成，两相之间有明显界面。复合材料不仅保持了纤维、基体两大组分材料本身原有的特点，而且通过组分材料间的相互补充和彼此关联等复合效应，可获得原组分材料所不具备的新的性能；因此它与一般材料的简单组合有本质区别。同时还可按需要对材料的性能（如强度、刚度等）进行设计，从而获得一般金属不能达到的优异性能。

在20世纪40年代开发研制了玻璃纤维-聚酯复合材料，逐步用于民用工业中。与此同时，玻璃纤维-环氧树脂复合材料在飞机的操纵面、整流罩和雷达罩等结构中得到大量应用。这类复合材料比强度较金属高很多，但比模量却不高。而模量，特别对高速飞机来说，是一个和强度同样重要的设计要求，因此这类复合材料未能在飞机主结构中得到应用。到60年代，英、美研制出了高性能的碳纤维、硼纤维。从此，由碳、硼、芳纶等增强纤维与树脂类基体构成的高性能新材料——先进复合材料——开始崛起，并一经问世就显示了强大的生命力。目前，先进复合材料在航空航天结构中获得了广泛的应用，并已与铝合金、钛合金、合金钢一起成为航空航天的四大结构材料。

减轻结构重量对现代飞行器具有特殊重要的意义。先进复合材料具有比强度和比刚度高、性能可设计和易于整体成形等许多优异特性，将其用于飞机结构上，可比常规的金属结构减重25%～30%，并可明显改善飞机气动弹性特性，提高飞行性能，这是其他材料无法或难以达到的。先进复合材料的广泛应用还可进一步推进隐身和智能结构设计技术的发展，因此，先进复合材料在飞机上应用的部位和用量的多少现已成为衡量飞机结构先进性的重要指标之一。

复合材料特有的与纤维取向密切相关的各向异性性能、刚度与强度的可设计性、低的层间强度、对环境的敏感性和与金属材料完全不同的疲劳/损伤破坏机理，以及结构成形与材料形成同时完成的固化成形工艺特点，使复合材料结构设计不同于各向同性金属结构，使结构设计技术发生重大变革。铺层设计和整体化设计概念，结构设计中细节设计、连接设计、耐久性/损伤容限设计，以及采用低成本工艺技术是复合材料结构设计技术的突出特点。复合材料结构设计成为复合材料能否在结构上科学合理应用和降低成本(全寿命周期费用)的关键。在设计中对结构效率、性能、功能与成本进行综合优化十分重要。必须指出,目前要可靠地预测复合材料结构的失效模式、极限强度、剩余强度(损伤容限设计要求)和疲劳寿命仍然很困难,因此积木式设计研制试验方法在复合材料结构设计中仍占有十分重要的地位。

目前先进复合材料技术已经应用于航空航天以外的领域,如高速列车、赛车;体育器材也是一个重要方面,如赛艇、自行车、网球拍、撑杆跳杆等。本书所介绍的复合材料结构设计选择飞机结构作为对象。这是因为先进复合材料的崛起源于飞机结构轻质化需求,而且复合材料飞机结构要求高,性能要求全面,设计难度大,涵盖面广,要求进行综合优化,其设计技术代表了先进复合材料技术发展的方向。

本书的第 5 ～ 8 章对复合材料飞机结构的设计原理和方法作了全面、充分的阐述,并力求反映最新设计技术。作为教材,由于篇幅所限,对飞机各部件的具体实际内容未能收入,读者可参阅有关手册或专著(见参考文献[2],[11],[12] 等)。

5.2　复合材料在飞机结构中的应用

一、先进复合材料的发展概况

先进复合材料包括碳、硼、芳纶等增强纤维复合材料。由于成本的原因,目前在飞机结构中主要使用的是碳纤维复合材料。从 20 世纪 70 年代开始直至 80 年代中期,飞机结构所用的先进复合材料基本上是 T300/5208,AS4/3501-6 和 T300/913C 这一类韧性较差的碳/环氧树脂。20 世纪 80 年代中期,中模量高强度碳纤维(IM6,IM7,T800 等)批量生产,使用温度高、耐湿热的双马来酰亚胺树脂(5245C,5250-4 等)和增韧环氧树脂(6376,977-3 等),以及由其构成的复合材料(IM6/5245C,IM7/5250-4,HTA/6376,IM7/977-3 等)得到大量应用,并成为用于当代复合材料飞机主承力结构的主要材料体系。因此,本书所指复合材料,主要是碳纤维树脂基复合材料,所述内容主要是碳纤维树脂基复合材料用于飞机结构设计中的有关问题。

二、复合材料在飞机结构上的应用概况

复合材料在飞机结构中的应用情况大致可以分为三个阶段:

第一阶段是应用于受载不大的简单零部件,如各类口盖、舵面、阻力板、起落架舱门等,对这类结构件,据统计可减重 20% 左右。

第二阶段是应用于承力大的结构和主结构上,如安定面、全动平尾、前机身段、机翼等,据估计可减重 25% ～ 30%。

第三阶段是应用于主承力和复杂受力结构,如机身、中央翼盒等,据估计可减重 30%。

战斗机因高性能要求而需综合应用各种高新技术,因此复合材料在战斗机结构中的应用

可以说也代表了复合材料结构技术发展的当前水平。在欧美，70年代初期进入应用阶段。80年代以后服役的战斗机，其机翼、尾翼等部件基本上都采用了先进复合材料，用量已达到机体结构重量的20%～30%（见表5.1和图5.1、图5.2），机体结构表面积约80%为复合材料。美国20世纪80年代研制的隐身飞机B-2（见图5.3）机翼结构中复合材料的用量已达到60%以上，并采用了多棱截面碳纤维和三向编织结构等新技术。美国的X-29（1984年12月14日首飞）和俄罗斯S-37"金雕"（1997年9月25日首飞）（见图6.6），更充分体现复合材料结构气动弹性剪裁特性，使均质各向同性金属材料难以实现的前掠翼方案得以实现。已经验证，前掠翼加鸭翼的气动布局使S-37具有极为优良的飞行、机动性能。表5.1给出了各个时期欧美战斗机结构所用材料的质量百分比和复合材料的应用部位。

表5.1　国外军机结构所用材料的质量百分比和复合材料应用情况　　单位：%

机型	首飞时间	复合材料	铝合金	钛合金	钢	其他	复合材料组分及应用部位
F-14	1969年	1	39	24	17	19	硼/环氧面板铝蜂窝平尾
F-15	1972年	1.2	37.3	25.8	5.5	30.2	硼/环氧面板铝蜂窝平尾、垂直安定面、方向舵（其梁肋为碳/环氧）
F-16	1976年	2	64	3	3	28	碳/环氧（AS4/3502）面板铝蜂窝平尾、垂直安定面、方向舵，碳/双马机翼蒙皮
F/A-18	1978年	12.1	50	9.3	12.6	16	碳/环氧机翼蒙皮、垂尾、平尾、机身部分蒙皮、襟翼
AV-8B	1982年	26	47	9	15	3	碳/环氧机翼、前机身、副翼、襟翼、平尾
X-31A	1990年	17	51	5	5	22	碳/韧性环氧（IM6/6376）机翼、机身蒙皮
YF-22	1991年	23	35	24	5	13	碳/改性双马（IM7/5250-2）机翼、中机身隔框和蒙皮、尾翼
F-22	1996年	24	15	36			碳/韧性双马（IM7/5250-4）机翼、前机身蒙皮、中机身隔框和蒙皮、尾翼
F/A-18E/F	1998年	23	29	15	14	19	碳/高韧性环氧（IM7/977-3）机翼、尾翼、进气道等
B-2	1989年	37	27	23			碳/环氧机翼、中机身
JAS39（瑞典）	1988年	30					碳/韧性环氧（AS4/8552）机翼、垂尾、鸭翼等
Rafale（法）	1991年	24					碳/改性双马（IM6/5245C）机翼、垂尾、鸭翼、升降副翼、前机身
EF2000（欧洲）	1994年	30	25	12			碳/改性双马（T800/5245C）机翼、前机身、中机身和垂尾蒙皮、内升降副翼等
MnΓ-29	1977年	7					垂尾
MnΓ-1.42	1994年	16					鸭翼、机翼、机身蒙皮
S-37	1997年	21					前掠翼、尾翼
MnΓ-1.44	2000年	30	35	30		5	鸭翼、机翼、机身蒙皮、进气道
ЯК-141	1990年	26					机翼、尾翼

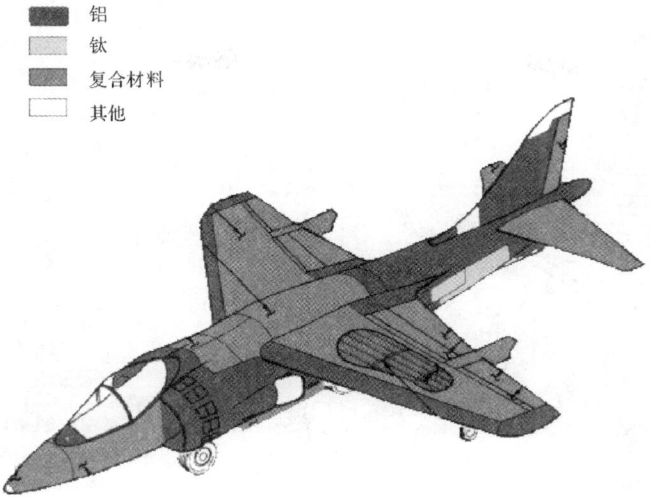

图 5.1　F/A－18 上复合材料的应用

部件结构材料的质量百分比

单位：%

部件	复合材料	铝合金	钛合金
机　翼	32	23	42
前机身	50	50	
中机身	23.3	35	35

注：尾翼复合材料为主要材料，但数据暂缺。

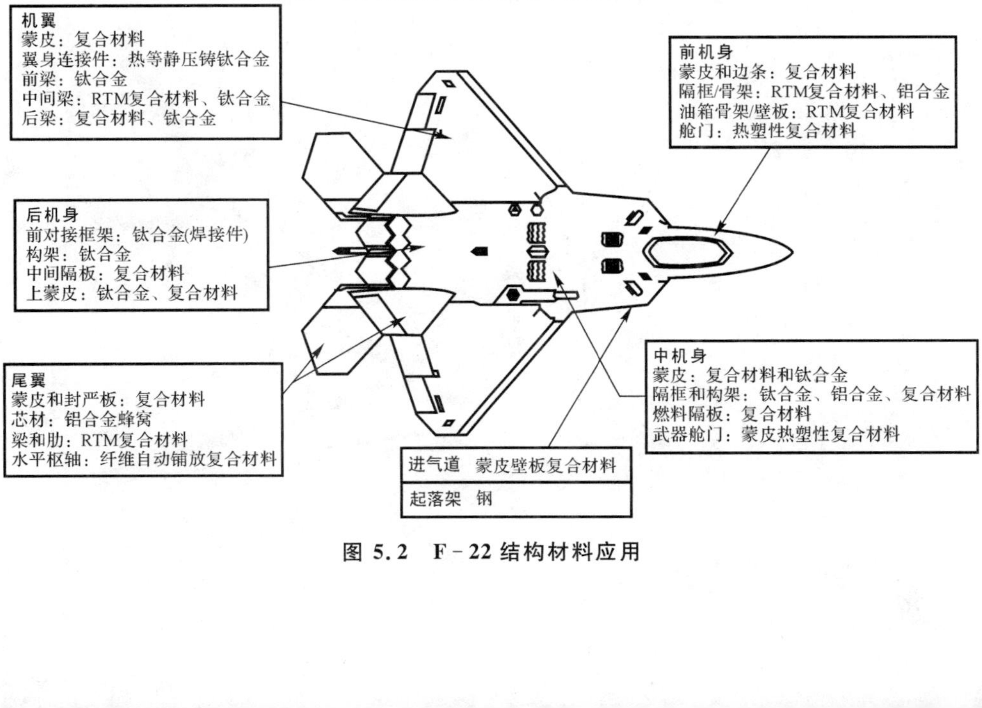

图 5.2　F－22 结构材料应用

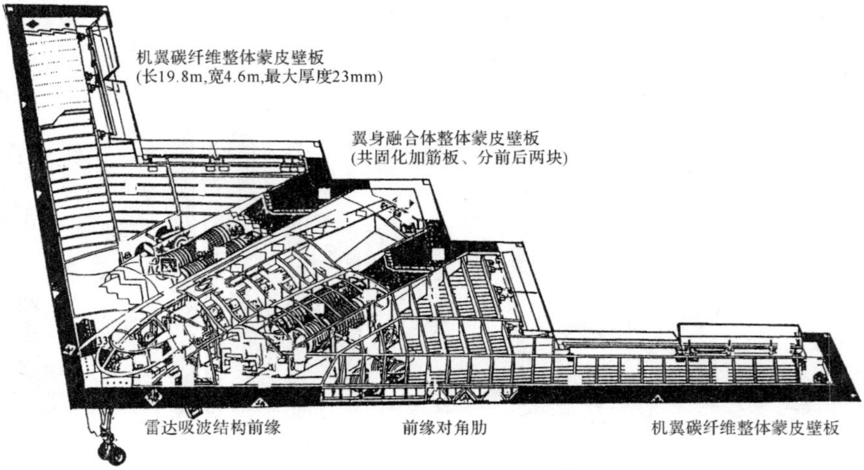

图 5.3 B-2隐身飞机复合材料应用

从安全性和经济性考虑,复合材料在民用飞机上的应用滞后于军用飞机。飞机的安全性是民用飞机设计准则的基础;而市场竞争使飞机公司更为注重飞机的全寿命成本和性能效益(费效比)。在20世纪70年代初,民机开始用复合材料等代金属调整片、口盖等。1975年起,从舵面类次结构件发展到尾翼主结构。波音777(见图5.4)和A330/A340等飞机上的应用情况代表了当今在民机结构上复合材料技术发展的成熟程度和应用水平(见表5.2)。可以预料,随着军用飞机应用复合材料结构的经验不断积累和成熟,以及成本的降低,在下一代民机上肯定会进一步增加复合材料的应用。

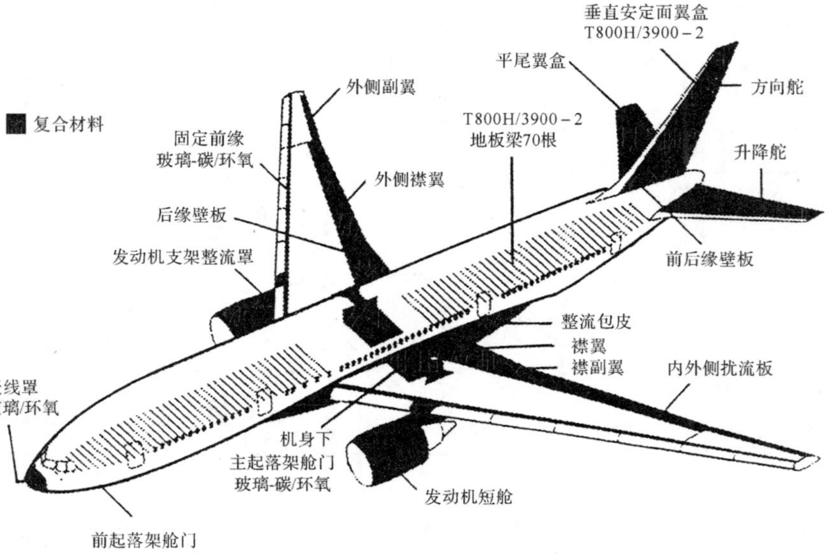

图 5.4 复合材料在波音777上的应用

表 5.2　国外干线客机结构所用材料的质量百分比和复合材料应用情况　　单位:%

分代	机型	复合材料	铝合金	钛合金	钢	复合材料应用部位
1	波音 707			0.2		
2	波音 747	1	81	4	13	外侧副翼、地板、进气道外整流罩
	A300	5	76	4	13	垂直安定面
3	波音 757	3	78	6	12	垂直安定面、平尾、襟翼(T300/913C)
	A320	5.5	76	4.5	13.5	
4	波音 777	11	70	7	11	尾翼、副翼、扰流片、发动机舱等(T800H/3900-2)
	A340	13	70	6	8	外翼、尾翼、副翼、襟翼

注:1. 表中 A320 复合材料用量为参考文献[12]介绍数据,参考文献[11]介绍其为 15%;

2. 尾翼、副翼类结构件、构件使用复合材料一般减重 21% ～ 28%。

直升机上复合材料的用量已达结构质量的 60% ～ 80%,如美国的武装直升机 RAH-66,其复合材料用量达结构质量的 50% 以上。美国的垂直起落、倾转旋翼后又可高速巡航的 V-22“鱼鹰”,几乎是一个全复合材料飞机。迄今为止,世界上已有许多小型的全复合材料飞机问世,其中著名的“星舟一号”客货两用机已通过适航鉴定;举世闻名的“空中旅行者”曾创下不加油、不着陆,连续 9 天环球飞行的世界纪录,为先进复合材料卓有成效的应用带来了成功与骄傲。

我国从 20 世纪 60 年代末开始复合材料及其在飞机结构上的应用研究,70 年代中期研制成功了第一个复合材料飞机结构件 —— 某歼击机进气道壁板。80 年代基本实现了复合材料的应用从次承力结构到主承力结构的转变。复合材料的垂直尾翼、水平尾翼、前机身等构件已在多种型号上使用,可以小批量生产。带整体油箱的复合材料机翼装机试飞成功,标志着我国复合材料在飞机结构中的应用已上了一个新的台阶。在民用飞机上的应用也取得可喜成果,2000 年 Y7 复合材料垂尾通过了适航审定。与此同时,直升机复合材料的应用已由仿制阶段迈入了自行设计阶段。复合材料在发动机冷端部件上也开始得到了应用。航空先进复合材料在我国已进入实际应用阶段。

三、复合材料飞机结构应用实例和结构形式

到目前为止,在战斗机上,由于其高性能的需要,复合材料广泛用于机翼、尾翼等主受力结构上,如 V-22、JAS39、A-6 等;有的还同时在机翼和机身的某段结构上应用,如 AV-8B、EF2000、F-22 等。民机上仍以尾翼以及副翼等活动面结构为主。

下面主要结合主结构的某些实例介绍复合材料已有的结构形式。选择复合材料结构形式主要应体现出纤维为承载传力主体和固化成形工艺等特点,同时借鉴采纳了适用的金属结构形式。鉴于纤维平直状态承载最佳,故复合材料适宜制成各种平板、小曲率板的构件,因此蒙皮、加筋板(壁板)、平面梁、夹芯结构(复合材料制作面板)等结构形式被广泛采用。在 20 世纪

70年代后期和80年代一般采用预浸料/热压成形制成构件，再用机械连接组装成结构。之后随着共固化工艺技术的发展，使有可能做出大尺寸的整件构件，如A-310-300的垂尾整体格栅壁板。90年代(1996年首飞)的第四代先进战斗机F-22，它是美国21世纪初空中优势战斗机的主力，其机翼、机身结构大量采用了韧性好，并具有良好加工性的高性能双马来酰亚胺复合材料，还应用了先进的预成形件/树脂传递模塑(RTM)成形工艺(见第99页表5.6附注)和纤维自动铺放技术制造(见图5.2、图5.5)。需要指出的是，复合材料作为一种新兴材料，正处在不断发展的阶段，所采用的结构形式与研制当时的设计、材料、制造、检验、维修等各方面的水平密切相关，是它们的综合体现。因此，在理解、分析所举各种结构形式时，既要与它们所属的机种、性能结合起来看，更要结合复合材料技术的发展和当时的水平来看(可参考表5.1和表5.2)。

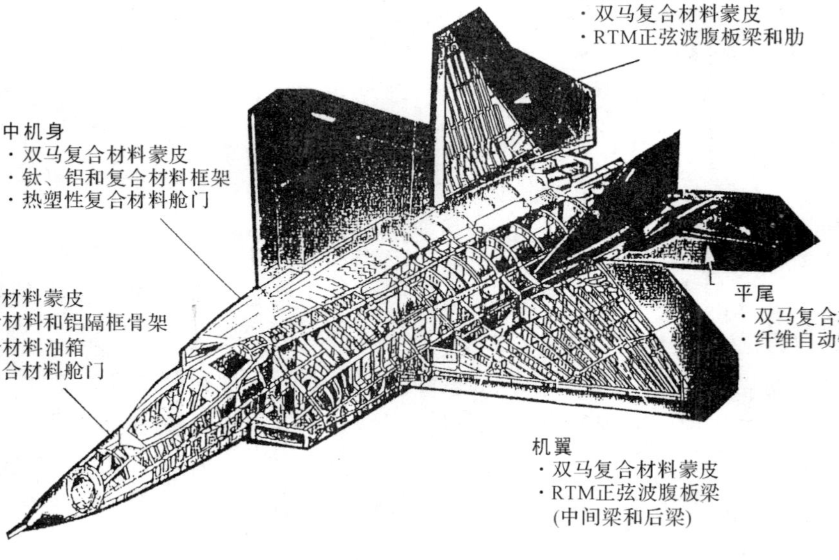

图5.5 F-22战斗机上复合材料的应用

1. 复合材料受力翼盒类结构的结构形式

受力翼盒类结构是复合材料在飞机上应用最多的一类结构，包括机翼、尾翼和各类活动面(如副翼、舵面、襟翼等)。其受力形式大多与金属结构中的单块式、多腹板式相似。

(1) 由蒙皮/筋条(相当于长桁)和肋、梁共同构成的受力盒段。一般蒙皮较薄，多肋，梁、筋条较强。其中蒙皮主要受面内载荷，铺层情况由面内载荷决定(参见第6章)。弯矩引起的轴向载荷由筋条、梁缘条和蒙皮组成的壁板承受，因此筋条与梁缘条以0°铺层为主。梁腹板以

±45°铺层为主承受剪力。各元件之间早期用二次固化或机械连接，如图 5.6 所示的波音 737 水平安定面翼盒即采用机械连接装配，但目前壁板大多采用共固化的整体结构，如 A-310-300 的垂尾(见第 123 页图 6.10)。

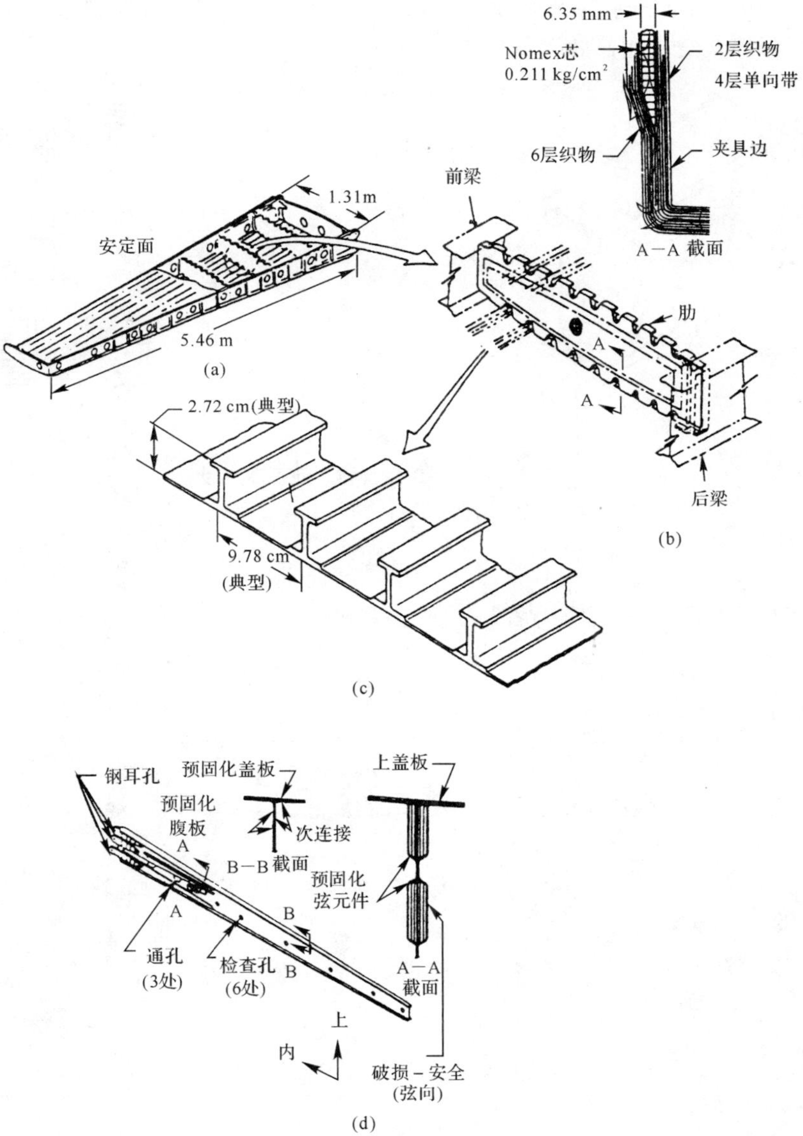

图 5.6　波音 737 复合材料水平安定面

(a) 盒段；(b) 蜂窝翼肋；(c) 带内加筋的壁板；(d) 梁详图

(2) 多墙(多梁)式结构。在高速战斗机的金属薄翼面结构设计中，因这类结构形式能提供上、下蒙皮间较大的形心间距和较大的弯曲、扭转刚度而得到广泛应用。对于高速战斗机的复合材料机翼也因同样原因常采用这种结构形式。此时一般蒙皮较厚,有多个墙(或梁),如F-22(见图5.5)和AV-8B机翼,且它们的部分翼梁均采用了复合材料正弦波梁(见图5.7)。多墙式结构还可设计成一侧蒙皮与全高度的复合材料梁(或墙)共固化成形整体件(见第124页图6.11),再把上蒙皮用高锁紧螺栓装配在一起。

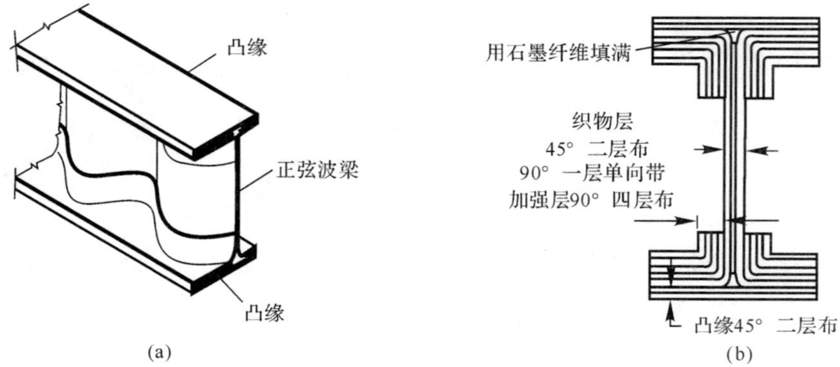

图 5.7 AV-8B复合材料正弦波形大梁

(a) 正弦波梁详图;(b) 梁横截面图

(3) 某些小型飞机的全复合材料机翼和某些活动面采用了夹层蒙皮,只布置梁、肋而无长桁的梁式结构。如图5.8所示"空中旅行者"的复合材料机翼和图5.9所示波音767的方向舵就是这样。

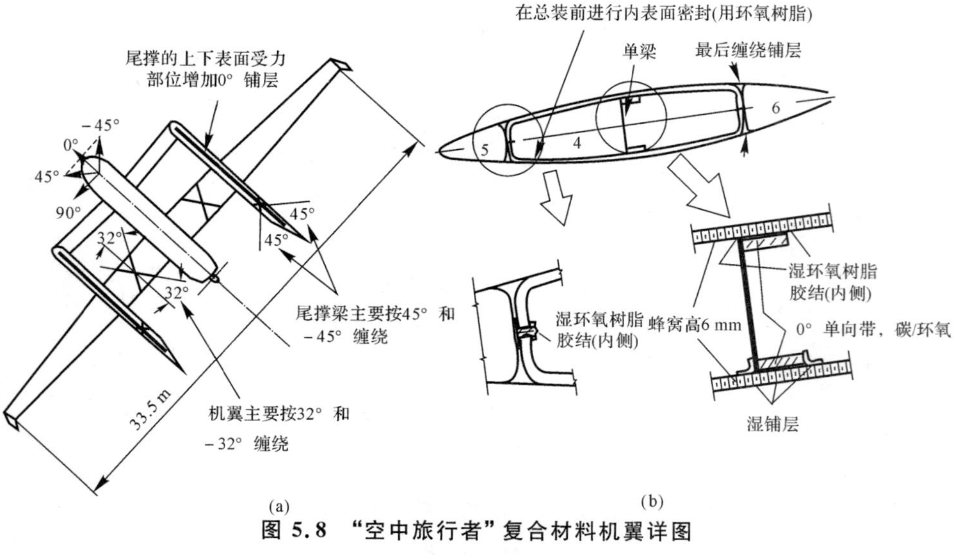

图 5.8 "空中旅行者"复合材料机翼详图

(a) 结构铺层;(b) 结构细节

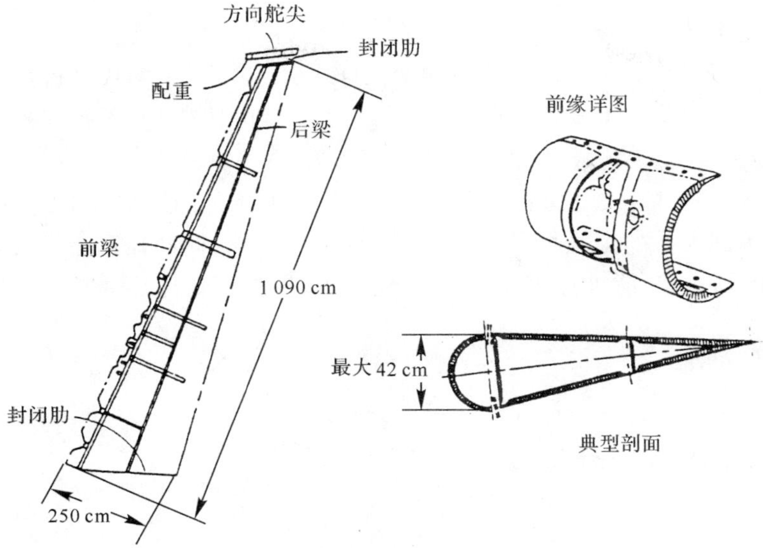

图 5.9　波音 767 复合材料方向舵

在上述几种翼盒结构中，蒙皮、梁（或墙）、肋等构件可以用实心层压结构，也可采用各种夹层结构，其蜂窝夹芯有用金属、复合材料，也有用 Nomex 纸蜂窝的，视需要而定。

（3）全高度蜂窝夹层结构。对于某些薄翼型或操纵面等楔形结构，也可采用全高度复合材料夹层结构。它可以大大减少层压板上的连接孔和紧固件的数量，具有很好的刚度特性和很好的减重效益，如图 5.10 所示。

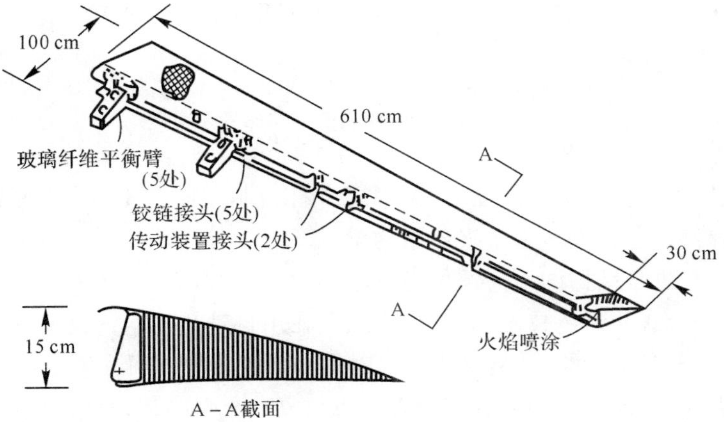

图 5.10　波音 767 复合材料外侧副翼

2. 复合材料机身的结构形式

由于机身的受力情况和形状均较复杂，目前复合材料只在某些战斗机的一些机身结构段上应用。图 5.11 所示为 EF2000 的复合材料中机身结构。其上、下两块壁板均采用复合材料整体件，其材料为 T800/5245C 碳 / 双马复合材料。上壁板由带有 4 根长桁和 22 个反 J 字形周向加强筋的蒙皮共固化成形构成。长桁（厚度在 5.57 ～ 9.5mm 之间）是在蒙皮（2.75 ～ 3.75mm 之间）的铺层之间插入定向层构成。蒙皮和周向筋条的凸缘部分增加周向铺层，以提高承载能力。但内部支持的加强框等则因要承受高的集中载荷和提高生存力，仍采用铝合金。图 5.12 所示 AV－8B 前机身的侧壁、驾驶舱地板、框板等则都是由层压板与加强条共固化成形的整体件。

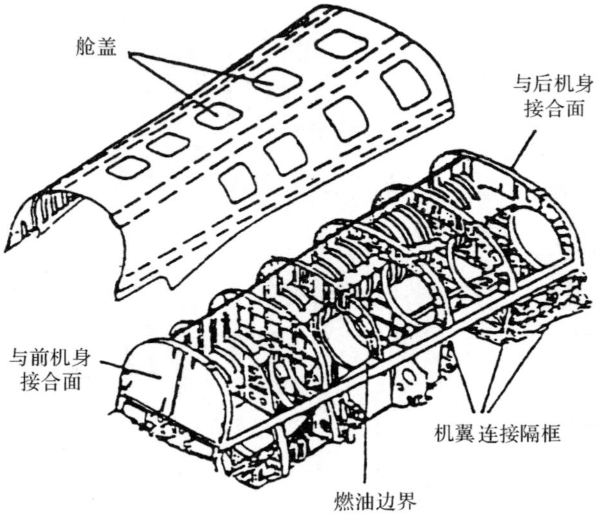

图 5.11　EF2000 中机身结构布置示意图

有些直升机机身为提高抗坠毁能力，可用复合材料制成图 5.13 所示的梁，置于机身最下方用以吸收撞击能量，它们大多采用夹层结构梁。

目前在应用中，机身结构的不同部位尚有不同的难点要解决，图 5.14 所示为下一代运输机机身可能的结构形式和制造技术，其发展重点放在用自动化技术铺设蒙皮中的纤维；骨架结构的编织预成形和 RTM 技术；以及组件的共固化和共胶接等方面。

总之，高减重效率、高性能和低成本一直是飞机复合材料结构设计技术追求的主要目标。为了达到这个目标，今后还将会不断开发出新的结构形式，而新的、更好的低成本制造技术也将会带来新的结构方案。

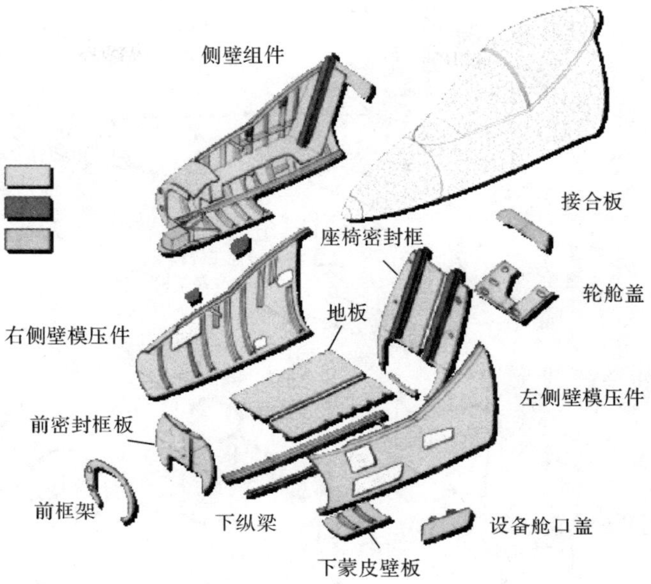

(a)

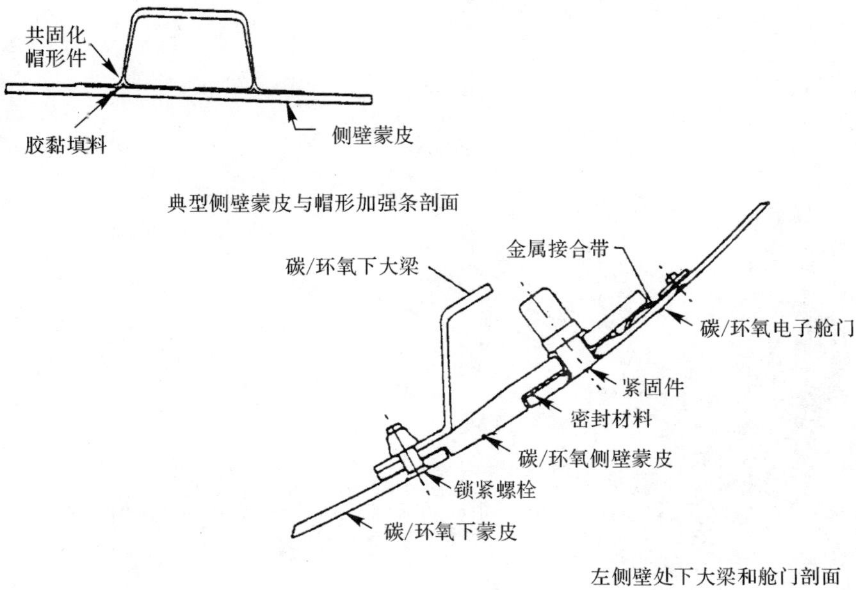

(b)

图 5.12　AV－8B 复合材料前机身结构

(a) 前机身结构的各个组成部分；(b) AV－8B 前机身结构详图

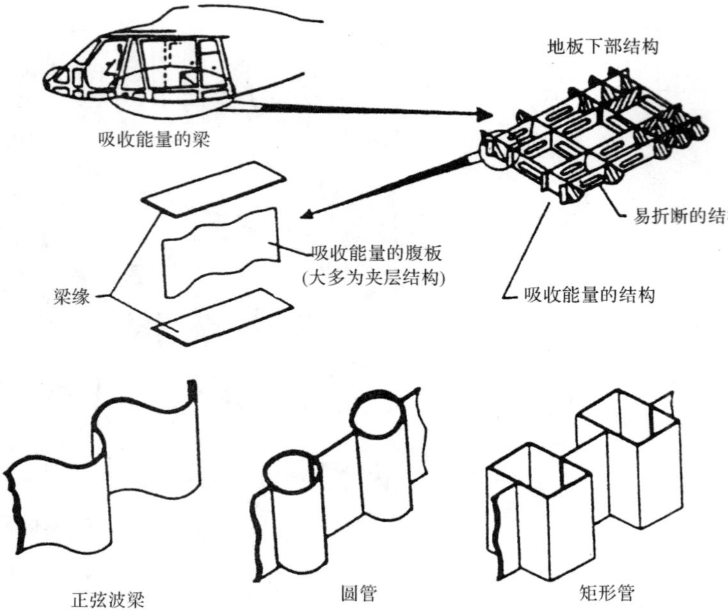

图 5.13　吸收撞击能量的机身梁

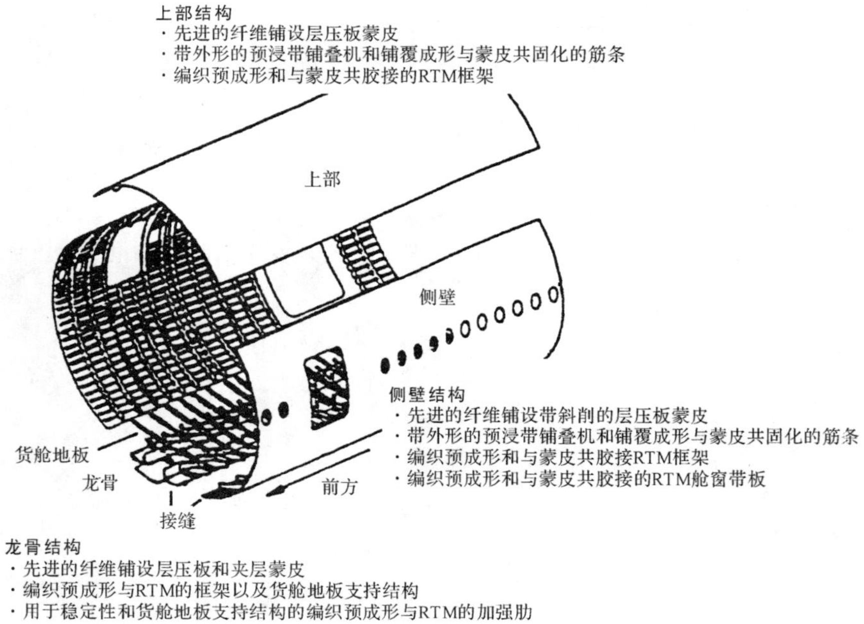

图 5.14　下一代复合材料运输机机身结构形式和制造技术

5.3　复合材料结构设计要求与一般原则

结构设计要求是结构设计的依据。复合材料飞机结构的设计要求基本与金属飞机结构相同,即应满足保证飞机安全可靠以及飞行性能、使用、维修等各方面所提出的对结构性能的各项要求。在保证结构完整性前提下,还应对结构重量、各项成本、制造工艺、结构质量控制以及使用、维修等各种因素综合分析;并结合以往的设计、使用经验和研究工作的成果权衡考虑。鉴于复合材料在性能、失效模式、耐久性和损伤容限机理,以及制造工艺、质量控制等方面与金属材料有显著差异,设计要求做了相应的补充和完善。

一、设计要求

1. 静强度要求

应保证在使用载荷作用下结构不产生有害的损伤,或使结构承载能力下降;在设计载荷作用下结构不出现总体破坏,安全裕度应大于零,其安全水平不能低于同类金属结构。

一般应通过设计载荷下的部件试验程序来验证复合材料结构的静强度、符合设计准则的程度和可能的强度储备。仅当有足够的经验时,才允许采用由组合件试验或使用载荷下的部件试验所支持的分析方法来验证。

2. 刚度要求

结构在使用载荷作用下不允许产生有害的变形和损伤。最大变形不应妨碍飞机的正常操纵,并不得影响规定的气动特性和严重改变载荷或内力的分布,不允许结构出现永久变形和局部失稳。

3. 结构稳定性要求

虽然试验证明复合材料层压件屈曲后仍有承载能力,但尚难预测其对疲劳性能的影响。故要求在设计载荷下复合材料主承力结构不允许发生总体失稳和局部失稳。次承力结构则在设计载荷下不允许发生总体失稳,在使用载荷下不允许发生局部失稳。局部失稳一般考虑蒙皮壁板(压剪)失稳和梁、肋腹板剪切失稳。考虑到减重效果,目前国外对薄蒙皮结构允许在低于使用载荷下出现屈曲。

4. 耐久性设计要求

飞机结构的耐久性是指飞机结构在规定的经济寿命期内,抵抗疲劳开裂、腐蚀、热退化、剥离和外来物损伤作用的能力。经济寿命是由执行耐久性计划的结果所表示的工作寿命,当被试验结构出现损伤,若修理十分昂贵,不修理又影响结构使用功能时,则认为结构达到经济寿命,目前称为耐久性使用寿命。

复合材料飞机结构的经济寿命必须大于设计使用寿命,并必须进行试验验证。在设计使用寿命期内，飞机结构不允许出现影响飞机结构安全和造成飞机功能障碍的开裂、分层、脱胶、变形或缺陷。

与金属不同，复合材料由于其优异的疲劳性能，一般疲劳问题不是耐久性设计中的关键问题，但必须十分重视使用环境中冲击引起的损伤(如低能量冲击损伤、维护和搬运引起的损伤等)，以及它对修理、维护和功能可能产生的影响。为此要分析结构可能遇到的使用与维护环境，编制典型的损伤源。然后针对使用中可能对结构耐久性有重要影响的冲击损伤源的类型和概率提出相应的耐久性设计要求，具体见表 5.3、表 5.4。

表 5.3　低能量冲击损伤及其耐久性要求(工具坠落冲击)

区域	损伤源	损伤水平	要求
1 区 (易受冲击区)	12.7 mm 直径冲头低速、垂直于表面	不超过 8.1 J 的冲击能量或目视可检损伤(冲击能量不低于5.5 J)	2 倍设计寿命期内无功能性障碍或不需要结构修理，且不渗水。不会由于一次5.5 J的冲击，产生目视可检损伤
2 区 (不易遭受冲击区)	与 1 区相同	不超过 8.1 J 的冲击能量或目视可检损伤	2 倍设计寿命期后无功能性障碍；若损伤目视可检，外场修理后不渗水

表 5.4　低能量冲击损伤及其耐久性要求(冰雹和跑道碎石冲击)

区域	损伤源	损伤水平	要求
所有的垂直表面和向上的水平表面	冰雹：直径 20.3 mm，密度 = 0.9 g/cm^3，速度 = 27.4 m/s，垂直于水平表面，与垂直表面成 45°	均匀分布，冲击点中心间距 20 mm	2 倍设计寿命期内无功能性障碍，或不需要结构修理，无目视可检损伤
可能冲击到的结构	跑道碎石：直径 12.7 mm，密度 = 3 g/cm^3，与飞机速度相当	无	2 倍设计寿命期后无功能性障碍；如果损伤目视可检，外场修理后不渗水

5. 损伤容限设计要求

损伤容限要求含缺陷的结构在规定的使用期内应有足够的剩余强度，这里所指的缺陷包括初始缺陷和使用损伤。为此需建立初始缺陷 / 损伤的尺寸假设，并对剩余强度提出要求。

(1) 初始缺陷尺寸假设。初始缺陷包括 3 种类型，即冲击损伤、分层和划伤。其中使用中由于外来物低速冲击源产生的损伤，因其可能在使用的任意时刻(包括刚刚投入使用时) 出现，而且在整个使用期内，很难用常规的目视检测方法检出，故把它归入初始缺陷。其具体要求见表 5.5。

表 5.5　初始缺陷假设

缺陷 / 损伤类型	缺陷 / 损伤尺寸
划伤	长 100 mm，深 0.50 mm 的表面划伤
分层	分层面积相当于直径为 50 mm 的圆，并具有相对所在位置最危险的形状
冲击损伤	由 25.4 mm 直径半球形端头冲击物，其冲击能量为 136 J，或产生 2.5 mm 深凹坑所需冲击能量中的较小者产生的损伤

(2) 剩余强度要求。复合材料应有足够的损伤容限能力，在缺陷 / 损伤发现前，应能承受合理水平的载荷而不发生破坏或过大变形，以确保飞机安全。具体要求：对含初始缺陷的结构，在规定的不修理使用期内的剩余强度必须能承受 20 倍寿命中出现一次的最大载荷，若此载荷小于设计限制载荷，设计限制载荷应为要求的剩余强度载荷水平；但若此载荷大于设计限制载荷，则用此载荷（不受 1 倍寿命中所出现的最大载荷的 1.2 倍的限制，这是与不可检金属结构不同的要求），此时可不考虑湿热环境的影响。含使用损伤（如使用中遭受弹伤、鸟撞、雷击及其他外来物高能量冲击产生的目视易见损伤）的结构，在传力途径破坏后，在检查间隔内任一时刻，其剩余强度应不小于（规定的）M 倍检查间隔内出现 1 次的最大平均内部元件载荷，以保证飞机能安全返航。

(3) 损伤扩展要求。通常将复合材料结构按缓慢“裂纹”扩展概念设计，一般又分为损伤无扩展概念和损伤扩展概念两类。

目前设计通常采用损伤无扩展概念。对这类结构，若在规定的检查间隔内出现明显的缺陷 / 损伤扩展，则要求更改设计（详见第 8 章）。

6. 结构工艺性和维修性要求

复合材料的制造工艺与金属构件有很大的差别。对于连续纤维增强复合材料的结构件，往往采用各种预浸料（无纬布）或预制件（如编织物等），应用模具，通过热压罐或其他设备进行热固化成形。复合材料零构件的机械加工以及零构件之间的连接装配亦具有自己的特点。此外，制成件在生产和使用过程中可能碰到各种损伤，需要进行必要的修补。所以设计中对复合材料结构的工艺性要求包括了预浸料工艺性、固化成形工艺性、装配工艺性和修补工艺性等各个方面。

为提高维修性，在设计结构时要为实施维修提供足够的可达性和开敞性，并应同时考虑可能采用的维修方法。

二、复合材料结构设计要求的一些特殊问题

除了在上述各项要求中已提及的复合材料特点之外，还有以下一些特殊问题应予以考虑。

(1) 在确定复合材料结构设计许用值时，必须考虑环境对材料性能的影响，环境因素主要是温度（高温、低温）、湿度、阳光（紫外线辐射）、冰雹、外来物撞击、雷电、盐雾和溶剂、化学品等引起的老化、侵蚀和强度、刚度的降低。

(2) 复合材料结构的疲劳和损伤评定需要建立不同的缺陷 / 损伤的评定原则，这是因为复合材料的损伤和疲劳在机理、形成原因、失效形式和敏感区等方面均与金属材料有不同特点。

(3) 防止与复合材料相接触的金属构件产生电偶腐蚀。

(4) 复合材料飞机结构的某些部位须进行防雷击设计，主要为机翼和尾翼的翼尖、前缘以

及机头等易受雷击部位的结构。此外,还须对机翼整体油箱(复合材料机翼)和电子设备舱等进行防静电和电磁兼容设计与试验验证,以满足设计要求。

(5) 动力学要求。对振动严重的结构必须按照频率控制原则、响应控制原则及声疲劳寿命要求进行动力学设计,以确保不致在使用期内发生由振动、噪声引起的结构性能退化乃至失效等事件发生。

三、结构设计的一般原则

本节主要介绍层压结构和夹层结构中的层压面板的设计原则。复合材料结构设计的一般原则与金属结构有所同,有所不同,复合材料性能的可剪裁性为复合材料结构提供了更大的设计自由度。复合材料结构应遵循以下一般原则。

(1) 提高结构效率。

1) 充分利用复合材料性能的可设计性,通过合理选取铺设角、铺层比和铺层顺序,扬长避短,发挥复合材料沿纤维方向的优良性能,避免使用其弱的横向、剪切和层间性能,以求以最小质量达到满意的结构性能要求。

2) 选择合理的结构形式。结构件形式应能体现复合材料的优点和特点,宜用于壁板、梁、肋等构件,而不宜用于翼盒主接头等复杂受力件。

3) 提高结构整体化。整体化设计是将若干个零件设计成一个较大的整体件。复合材料比金属更易制造出形状复杂的大型整体件。设计中在不增加工装复杂程度的情况下应尽量设计成整体件,如大块机翼整体壁板。这样可减少零件和紧固件的数量,减轻结构质量和孔引起的应力集中,提高结构效率,并可减少装配工作量和制造成本。

结构整体成形工艺技术,目前主要有:① 共固化、二次固化、二次胶接工艺;② 预成形件 /RTM(或 RFI) 等液体成形工艺;③ 纤维缠绕工艺。

结构整体化设计,须具体结构具体分析,工程上成功应用实例,如 B-2 飞机外翼整体翼面壁板、正弦波腹板梁、机翼整体下翼面壁板(带纵墙)、A300 垂尾安定面格栅结构壁板、整体缠绕机身等。

(2) 要尽量使结构中各相关零构件之间的载荷传递更合理、通畅。复合材料构件与金属构件不同,在具有一定的形状时,可有不同的层板构型,应通过合理的层板构型,使各构件之间(如蒙皮和桁条之间)和构件的各个部分之间(如梁的缘条和腹板)的承载路径尽量连续。连接的形式与方法应与需传递的载荷性质(拉压、剪切)和方向相适应,尽量避免偏心和切口效应。同一构件须拼接时,其纤维取向也应连续。

(3) 一般按许用应变设计结构时,许用应变的确定不仅考虑结构的完整性(民机为适航性)要求,而且与使用经验密切相关。复合材料复杂的破坏机理、有限的结构分析技术和使用经验,使得目前“限制设计应变”的设计方法,“静力覆盖疲劳设计”的疲劳门槛法和“损伤容限设计在许用值确定时考虑"等仍占主导。因此，目前常用树脂基复合材料的设计许用应变仍然在 0.3% ～ 0.4% 的范围内。预成形件 /RTM 成形结构的设计许用值的确定正在研究之中。

按其他方法设计时，应保证结构在使用载荷下有足够的刚度和强度，在设计载荷下安全裕度大于零。注意复合材料 / 金属混合结构使用部位，须视情况辅以试验来确定设计原则。对连接必须充分考虑复合材料的特殊性。

(4) 对于主结构及关键部位、细节应考虑损伤容限能力，并按要求进行耐久性损伤容限设计、分析和验证。特别是二次载荷引起的面外载荷往往是结构提前破坏的原因。细节设计的重点是避免或减小层压结构承受面外载荷、刚度突变、应力集中、大的开口等直接影响结构强度和寿命的关键部位。细节设计与铺层设计同步进行，并从初步设计到详细设计逐步完成。

(5) 设计选材须综合考虑性能、工艺、成本、使用经验等诸多因素。

(6) 设计必须保证能制作出保证质量和低成本的结构，尽量避免成形和装配时可能出现的各种缺陷，并保证实际指标要求和配合精度。有关工艺性考虑简述如下。

1) 成形工艺方法。复合材料结构成形与材料形成同时完成的固化工艺特点，使得结构设计与结构成形工艺考虑密不可分，须同步进行，对整体件这一特点更加突出。一般在结构打样设计过程中就要考虑可行的成形工艺方法，以便确定结构的工艺性要求。

目前壁板类构件主要采用热压罐成形；正在积极开发 RTM，RFI 等液体树脂成形制造方法。整体结构件采用共固化、二次固化或二次胶接。夹层结构件以真空袋、压力袋法为主。筒形结构件适宜采用缠绕成形。应注意的是主承力结构应慎用二次胶接结构。

2) 低成本复合材料技术。目前战斗机上，复合材料的用量基本上被限制在占飞机机体结构质量 30% 左右(部件结构可以达到 60% 左右)。机体结构增加复合材料用量的主要障碍是材料和制造成本太高、对结构完整性的担心、高精度设计工具缺乏、弹伤存活率低以及层间力学性能低等。为此，美国和欧洲自 1985 年起先后实施一系列低成本(买得起)先进复合材料计划，研究重点是新制造技术和设计面向制造与装配(DFM)，以及设计面向"买得起"(DFA)。

低成本复合材料技术的主要特点：

(ⅰ) 成本目标是使复合材料结构成本大幅度下降，并能和铝合金结构相竞争。

(ⅱ) 设计 / 工艺一体化，并行工程组织管理。

- 制造工艺技术多样化；
- 高度机械化、自动化的纤维铺放技术；
- 非预浸料成形的液体成形技术(LCM)，如树脂转移(RTM) 成形技术或树脂膜熔浸(RFI) 成形技术；
- 非热压罐成形的电子束、射线等固化技术。

(ⅲ) 低温(800℃ 以下)、低压(真空或加压袋) 成形技术。

(ⅳ)采用纤维缝编三维增强改善复合材料结构的损伤容限特性和层间性能。

(ⅴ)近无余量成形,材料、能源消耗减少。

3)铺层设计工艺性。尽量采用对称均衡铺层,并交叉铺叠,避免铺层设计不合理带来的工艺性问题。铺层不对称或同一铺设角的铺层集中铺设过多会使构件在固化过程中引起内应力、热翘曲变形、树脂裂纹,甚至分层。

4)结构设计工艺性。在设备(热压罐尺寸)和工艺许可的条件下应尽量设计成整体件,以减少组装工作量。复杂结构尽可能采用二次胶接结构。在外形变化区应光滑过渡,并用织物代替单向带以减少变化区内的纤维劈裂。合理确定构件的结构要素,结构的拐角应有较大的圆角,若过小可能在拐角处发生纤维断裂、富脂或纤维架桥等现象,如图5.15所示的制造缺陷。

由于树脂基体较脆,不宜敲打,不宜用锤铆方法装配。复合材料结构内外表层最好采用薄的碳布(或玻璃布),以便保证复合材料表层在卸模、预装、制孔及搬运中纤维不劈裂。

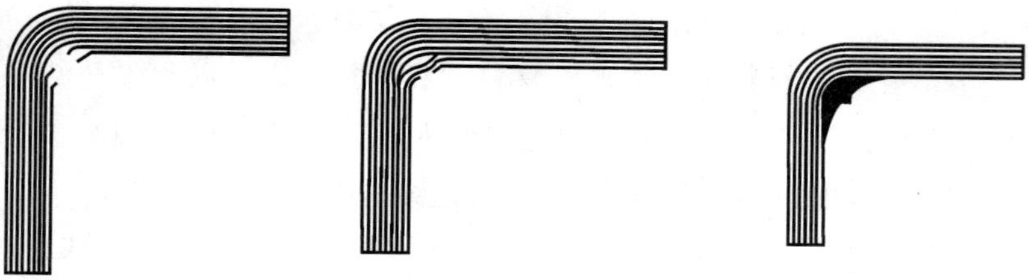

(a) (b) (c)

图5.15 制造缺陷

(a)纤维断裂;(b)纤维架桥;(c)富脂

5.4 复合材料结构设计、验证方法及特点

复合材料结构设计与常规的金属结构设计一样,是根据预定设计目标和约束条件选用不同材料,综合各项设计要求,进行优化、综合、折衷,最后给出最佳具体结构设计结果的综合设计的过程。这是应用现有理论和实践经验的创造性工作,一般要经过多次修正、调整的反复过程。其设计方法和设计内容有的与金属结构相同。但鉴于复合材料结构技术是近40年来开发并获得广泛应用的新技术,又由于复合材料本身的特点,给飞机结构设计方法、内容带来了许多新的特点和新的设计概念。

一、复合材料结构设计方法

现代飞机结构设计在CAD/CAM和系统工程管理支持之下,形成了综合考虑设计、生产、使用和保障等各阶段要素的并行工程设计方法。

复合材料结构设计步骤概括如下：

(1) 明确设计条件。设计条件主要包括对结构的性能要求、载荷情况、环境条件和工艺条件诸方面。载荷情况即结构须承受的静载荷、动载荷(含冲击载荷和交变载荷)。环境条件是结构在使用中可能遇到的各种情况，包括力学条件和大气、气象及其他物理、化学环境。

(2) 结构选材和层压板设计。选材时除了考虑基本性能、工艺性和成本因素外，根据部件的设计要求，着重考虑材料体系的韧性性能和最高使用温度等环境因素。待组分材料选定后，即须确定铺层性能，并按性能要求进行层压板铺层设计。

(3) 确定设计许用值。采用构件的典型铺层和厚度，通过试验确定设计许用值。其中重点是典型铺层层压板试样的冲击后压缩破坏应变、开孔拉伸破坏应变和连接许用值，同时应考虑湿热影响和分散性，必要时还应给出有关的疲劳性能。

(4) 结构选型和细节设计。根据结构设计要求以及结构外形和外部条件，选择适当的结构形式。必要时，需要进行结构选型试验，以确定最佳的结构形式。对损伤容限关键部位，要考虑结构形式抵抗冲击损伤的能力。认真进行细节设计。

(5) 典型结构件和全尺寸结构件的验证试验。由简单到复杂，通过积木式设计验证试验方法，分阶段验证证实所选择的关键部位结构能否满足规定的设计要求。

(6) 全尺寸部件的验证试验。验证结构部件是否满足结构完整性要求。

复合材料的设计流程根据各方面的条件，可以是多样的。图 5.16 可作参考。

二、复合材料结构设计特点

设计复合材料结构时，综合设计思想的体现尤为重要，而且要求设计人员对复合材料的性能及成形工艺特点有全面的了解，它的设计方法有许多有别于金属材料结构设计的特点。

(1) 必须建立新的设计概念 —— 铺层设计。铺层设计是复合材料结构特有的设计内容，通过它来实施材料的可设计性，进行强度、刚度、稳定性、损伤阻抗、损伤容限等性能的剪裁设计。其内容包括：确定层压板中应包含哪几种方向的铺设角(即纤维取向设计)、各种铺设角的铺层数比例和铺设顺序。各种性能与铺层设计有不同的关系，因此应兼顾各方面性能要求，综合折衷而得之。

(2) 一般说，金属结构设计是按手册提供的性能数据选择现成材料的牌号和规格，然后进行具体的结构设计。而复合材料结构的材料成形与结构成形同时完成，因而复合材料的结构设计与材料设计同时进行。所以在设计时既要对组成层压构件的各部分层压板进行铺层设计，同时又要选择构件的构造形式、几何尺寸，还要进行层板构型，即根据构件形状确定各铺层如何走向并尽量使结构组件化、整体化。

(3) 复合材料层压结构，如层压板，在受载时只要结构未失效，层压板中各铺层的应变应该一致，但每一层的应力大小不同。因此，复合材料结构设计时一般不取许用应力为设计限制值，而是取某许用应变值作为设计限制值。此外，由于复合材料结构的耐久性 / 损伤容限设计、分析和使用经验等尚不足，目前采用较多的办法是在确定许用应变时充分考虑耐久性／损伤容限要求，而将许用应变值作适当的降低。

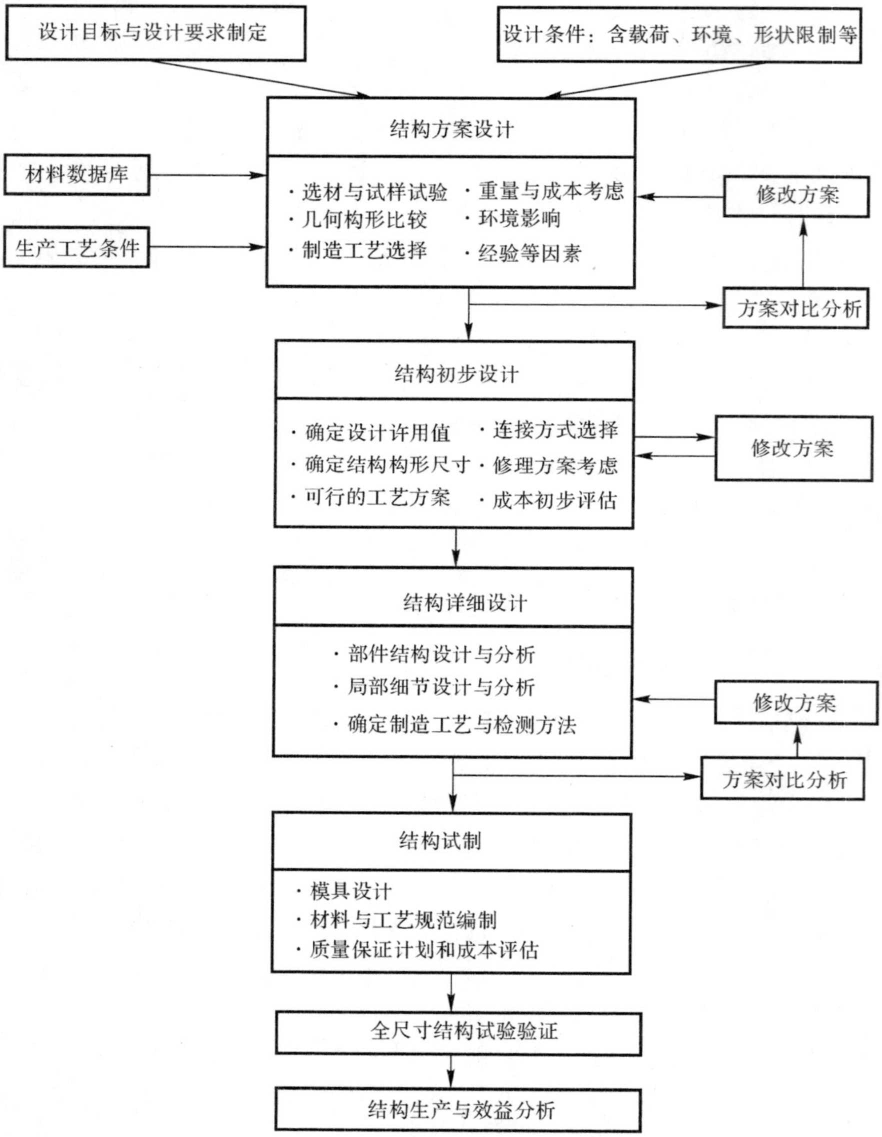

图 5.16　复合材料结构设计流程示意图

(4) 由于复合材料的研制特点以及低成本的需要，复合材料结构比金属结构更强调从研制开始，就要求在全寿命周期过程中，包括设计、分析、材料、工艺制造、维护和用户在内的各阶段的专家、参与者协同工作，尽量利用并行工程设计方法，实施复合材料结构设计 / 材料 / 工艺一体化。应在初步设计阶段就尽早取得制造、成形工艺可行性的支持，这对复合材料结构而言是能否使结构设计得以成功的重要因素。充分开发利用新的成形工艺技术，如 RTM，RFI 技术，如图 5.17 所示为 RTM 工艺技术路线。

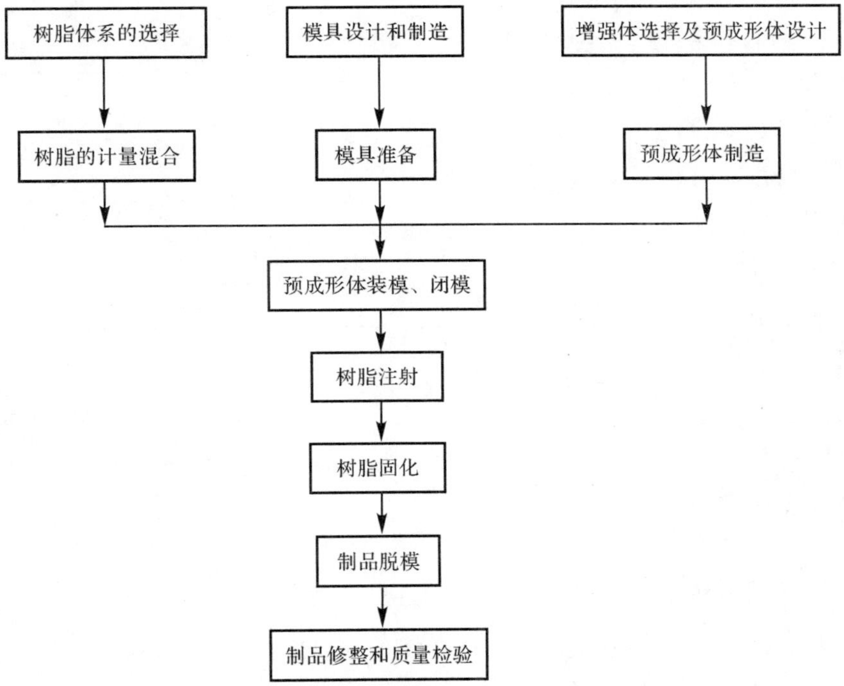

图 5.17　RTM 工艺路线

(5) 发展低成本复合材料技术。成本太高是长期以来制约复合材料结构在飞机上应用的主要因素之一，因此降低成本成为复合材料技术研究的重点。目前主要技术思路为：进一步提高结构件的整体性，更多地采用共固化和胶接技术以及采用复合材料设计面向制造（DFM，Design for Manufacture）和设计面向“买得起”（DFA，Design for Affordable）设计技术。表 5.6 介绍了复合材料在低成本方面的技术研究概况，以供参考。

(6) 就复合材料结构而言，完成积木式方法的验证试验占有重要地位。

根据复合材料性能特点而提出的一些特殊设计考虑，如防雷击、防电偶腐蚀、提高耐久性 / 损伤容限的技术途径等，将在以后各章中详述，此处不再提及。

表 5.6 复合材料飞机结构技术研究简况(1985 年至今)

计划目标 (与铝合金结构相比)	减重 20% ~ 30%,成本降至具有竞争性
研究重点	提高结构应用水平和用量; 降低成本的结构设计 / 材料 / 制造一体化技术和成形工艺技术
技术特征	设计 / 制造一体化 D/MI 或 DFM,DFA 技术; 采用计算机分析与优化,力求结构大型整体化; 成形工艺多样化(预成形件 /RTM 或 RFI、电子束固化等); 机械化、自动化程度高(纤维自动铺放); 材料、能源消耗、模具成本大幅下降; 非热压罐成形工艺; 纤维预成形三维增强以提高结构性能

注:①RTM,RFI 技术与一般层压结构成形法不同。

② RTM 技术即树脂传递模塑成形技术。它用干态的柔性三维零构件的预成形件,置于模具中,注射经加热后减少了黏度的树脂后,在高温下固化。

③ RFI 技术即树脂膜渗透成形技术,是将干态的预成形件置于带有预制树脂薄膜的模具中,置于热压罐中加热加压,使树脂模溶化后渗透到预成形件中去。

④ 上述预成形件可用铺覆、纺织、纤维直接喷射等方法制成。

三、积木式设计验证试验概述

复合材料结构目前还缺乏成熟的分析方法和足够的设计与使用经验,为保证其结构完整性,比金属结构更依赖于试样、元件、细节件、结构件、全尺寸部件等多个层次的积木式验证试验。多层次试验验证可使缺乏经验难以处理的结构技术难点和复杂的环境效应,在低层次上通过试验研究得到解决和验证。这样既可确保费用昂贵的全尺寸试验验证顺利通过,又能尽可能少地付出质量代价。

上述的试样通常是指单向或多向层压板的小试样以及接头连接件等。元件则如长桁、受剪板等。组合件应该采用可以提供完整结构全部特征的一段较大的结构,如带 3 根或 5 根长桁的壁板、一段翼梁等等。部件试验是取一个完整的飞机结构部件,如机翼、垂直尾翼等。全尺寸结构试验与金属结构相同。上述的部件试验也属一种全尺寸结构试验。其他还有全机试验,如全机静强度破坏试验、疲劳 / 损伤容限试验等。对复合材料结构而言,一般要考虑湿 / 热、冲击损伤等因素的影响。开始,试件形式都比较简单,然后,应逐步增加试件的复杂程度。图 5.18、图 5.19 说明了这种积木式设计验证试验方法的试验程序,机翼结构的典型设计验证试验和全尺寸试验关系框图。

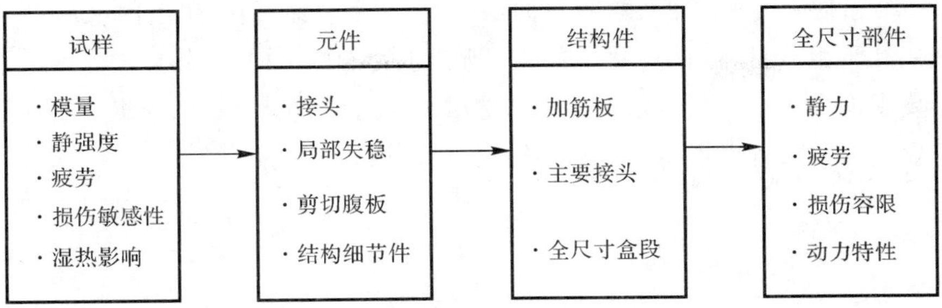

图 5.18　积木式设计验证试验方法

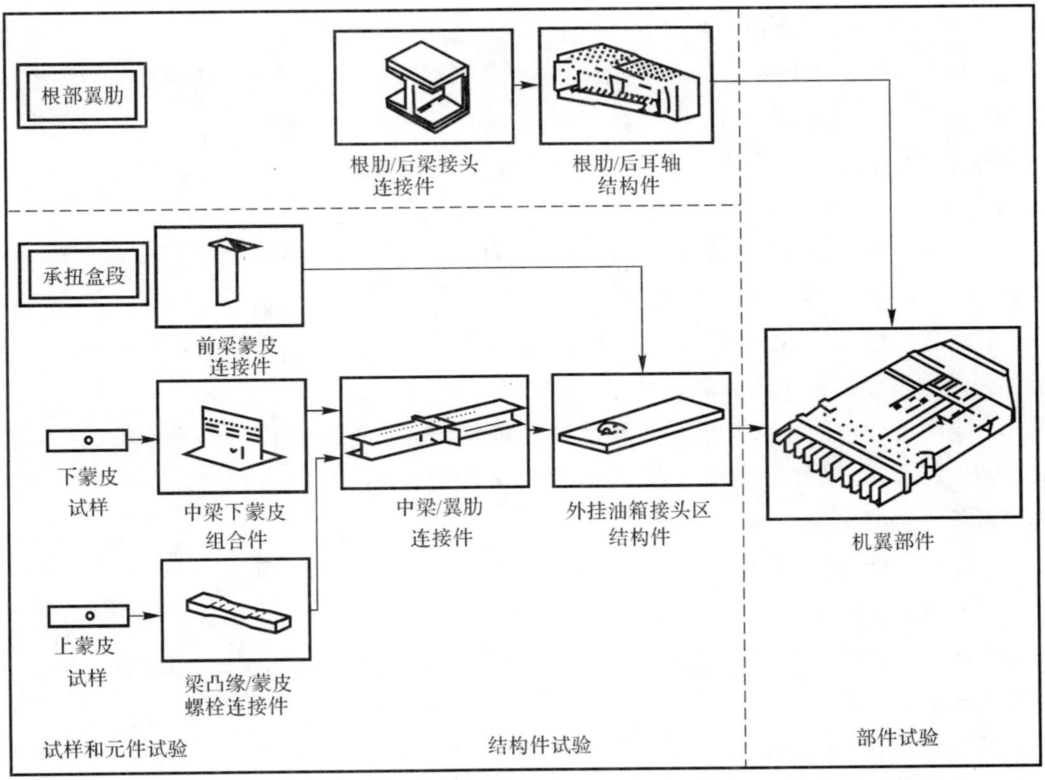

图 5.19　复合材料机翼设计研制试验程序示意图

5.5　结构设计选材与设计许用值

复合材料的优点之一是具有可设计性。就复合材料层压板和层压结构而言，构成它们的基本单元是由纤维和基体构成的复合材料单向层(下文称之为铺层)。所谓的材料可设计是指设计人员可选用几种组分材料,将其设计成具有所要求性能的单向层;然后按各种不同铺层要素设计成符合要求的层压板和层压结构。结构选材即是对构成复合材料的组分材料 —— 纤维、基体 —— 进行合理选择,以求得到满意的铺层(单向层)性能。

一、设计选材

1. 选材原则

(1) 与金属材料一样,在满足结构完整性要求下选用价格低的材料。成本的计算应考虑下列内容:材料成本、工艺成本(指工艺适应性、成形温度和压力、对辅助材料的要求)和维修成本。并尽量选用已有使用经验并有可靠的供应渠道的老材料。

(2) 材料应满足使用环境的要求,具有良好的耐环境性。复合材料允许的使用温度应大于结构的最高工作温度,在高温以及湿 / 热叠加的严重情况下力学性能不能有显著下降。在长期工作温度下性能应稳定。此外,在耐燃油(根据需要)、耐介质、耐自然老化和砂蚀、雨蚀方面性能良好。

(3) 复合材料对冲击损伤较金属敏感。材料应具有适当的韧性,对冲击和分层等损伤相对不敏感,冲击后压缩强度(CAI) 要满足要求。

(4) 具有良好的工艺性。包括铺敷性、固化工艺(固化温度、固化时间等)、机械加工与装配的工艺性和可修补性等多方面要求。

(5) 能满足结构的特殊要求。如复合材料雷达罩应具有透波性;一些隐形飞机对材料的吸波或透波性要求;民机客舱内部结构中所用的复合材料必须满足适航性标准对阻燃、毒性、烟雾指标等有关要求。

(6) 具有与相关材料很好的匹配性。环境保护要求的投资费用小。

实际上在选择纤维和基体,以及在进行层压板设计时,上述的各方面要求一般不可能同时得到最大程度的满足,有时甚至有所矛盾。因此,选材和进行层压板设计时应根据结构具体部位综合权衡后择优而定。

2. 纤维的选择

目前常用的增强纤维有碳(石墨) 纤维(如 T300,HMS,AS4,IM7,T800)、玻璃纤维(S 玻璃、E 玻璃)、芳纶(Kevlar 49 等) 和硼纤维。

表 5.7 列举了上述几种纤维的增强复合材料的特点,以供选择纤维类别时参考。

表 5.7　复合材料纤维的比较

<table>
<tr><th>纤维选择概况</th><th>纤维比较</th><th>碳</th><th>芳纶</th><th>玻纤</th></tr>
<tr><td rowspan="8">• 碳纤维：最广泛地使用在主要结构中，相对来说性能好，成本低，综合平衡好及纤维类型和规格多。
• 有机纤维(Kevlar－49)：芳纶因压缩强度低和对树脂黏接性差而限制了使用。与碳纤维相比其质量轻，成本低，具有良好的耐冲击性，但加工性和耐湿差。
• 玻璃纤维：刚度低，只使用于次要结构，但有良好的抗损伤特性。透波性好。成本低。
• 硼纤维：成本非常高，加工困难。限制其仅用于要求高强度和高刚度部件</td><td>拉伸强度</td><td>☆</td><td>☆</td><td>◆</td></tr>
<tr><td>拉伸模量</td><td>☆</td><td>◆</td><td>△</td></tr>
<tr><td>压缩强度</td><td>☆</td><td>△</td><td>◆</td></tr>
<tr><td>压缩模量</td><td>☆</td><td>◆</td><td>△</td></tr>
<tr><td>冲击强度</td><td>△</td><td>☆</td><td>◆</td></tr>
<tr><td>层间剪切强度</td><td>☆</td><td>◆</td><td>☆</td></tr>
<tr><td>密度</td><td>◆</td><td>☆</td><td>△</td></tr>
<tr><td>拉伸疲劳</td><td>☆</td><td>◆</td><td>△</td></tr>
</table>

注：☆— 最好；◆— 一般；△— 差。

如表 5.7 所示，可根据结构要求来选择纤维类别：

(1) 对于兼有强度、刚度要求的结构，应选用碳纤维或硼纤维。若要求高刚度，可选用高模量碳纤维。但硼纤维由于价格贵，密度较大，直径粗，应用范围受到很大限制，目前在飞机结构上很少应用。

(2) 结构要求有高的抗冲击性能和断裂韧性时，可选用芳纶纤维或玻璃纤维。若同时还要求高的比强度、比模量，可在碳纤维复合材料中加入少量芳纶纤维或玻璃纤维，构成混杂复合材料。

混杂复合材料既可以由两种或两种以上纤维混合铺敷在同一铺层中，也可以由不同纤维的铺层间隔铺叠而成。其作用往往是以一种纤维的优点来弥补另一种纤维的缺点。

(3) 雷达罩结构要求有良好的透波性，应选用玻璃纤维或芳纶纤维。不能用不透电波、具有半导体性质的碳纤维。

纤维供应形式有无纬布(预浸带)和织物。一般玻璃纤维或芳纶纤维采用织物形式较多，而碳纤维采用无纬布形式较多。形状复杂的零件或结构采用织物较易成形，且操作亦较简单，织物构成的复杂表面不易出现崩落和分层。用无纬布制成的复合材料结构则较织物织成的比强度、比刚度大，表面平整光滑。

目前飞机结构广泛应用的增强纤维仍然是 T300 一类的高强度碳纤维。主要品牌有 T300(日本)，AS4(美国)，HT3(中国) 等。为了改善结构损伤容限特性，以求使复合材料设计许用应变进一步提高而研制的以 T800H，IM6，IM7 等为代表的中等模量(拉伸模量提高 30%)、高拉伸强度(拉伸强度提高 50%) 纤维在 20 世纪 80 年代末得到了航空工业界的认可，并用于 F/A－18E/F，F－22，B777 等多种型号的飞机结构，但目前因价格更贵，制约了它们的应用。T700 因价格低廉，正在扩大应用。

3. 基体的选择

树脂基体对复合材料力学性能有重要影响，复合材料的横向性能、压缩和剪切性能都与树脂有关。韧性树脂基体可以提高复合材料的抗损伤能力和疲劳寿命，同时能吸收能量。复合材料的耐热性能、耐老化性能、阻燃性能、湿热性能、抗腐蚀性能、电磁性能等主要取决于树脂基体。复合材料成形工艺性能主要也由树脂基体直接支配。

通常对先进复合材料树脂基体的要求是：强度高、韧性好；耐介质、湿热性能好；成形温度低、压力小、时间短，预浸料储存期长、工艺性能好；与增强纤维黏接性好。常用树脂基体的性能比较见表 5.8。

表 5.8　常用树脂基体性能比较

树脂类型 / 性能	环氧树脂	酚醛	双马	聚酰亚胺	高性能热塑性树脂
工艺性能	优	良	良	差	良
力学性能	优	中	优	良	优
耐热性	130℃ 以下	177℃ 以下	230℃ 以下	288℃ 以上	120℃ 以上
韧性	良	差	良	差	优
尺寸稳定性	优	优	优	优	优
成本	低	低	中	高	高

早期采用如 3501(国内牌号 5222) 等基准环氧树脂，20 世纪 80 年代中后期，使用温度更高的各类改性双马来酰亚胺(如 5245C，5250－2，5250－4，国内为 5405，QY8911，QY8911－Ⅲ，QY9511 等)，得到开发应用。与此同时，高韧性环氧树脂(如 977) 有了长足的发展，热塑性树脂(如 PEEK) 的加工工艺与尺寸稳定性也有相当的改进，因而在飞机上已获得少量应用。有关纤维和基体的种类及其性能参阅参考文献[11]。

二、单向层压板力学性能

由纤维和基体制成单向层压板，其力学性能有 11 个性能数据，包括 4 个刚度数据 E_1，E_2，G_{12}，ν_{12}和 5 个强度数据 X_t，X_c，Y_t，Y_c，S，以及两个热膨胀系数 α_1，α_2。其中 X，Y，S 分别代表纵向、横向和剪切强度。下标 t 表示拉，c 表示压。这些性能数据采用标准试样和标准的试验方法直接测定。

表 5.9 提供了几种复合材料单向层压板的主要性能数据，可供结构设计时比较、参考。

表 5.10 介绍了几种国外战斗机使用的复合材料性能。

表 5.9　国内外几种复合材料单向层压板力学性能

	X_t /MPa	X_c/MPa	Y_t /MPa	Y_c/MPa	S /MPa	E_1 /GPa	E_2/GPa	G_{12} /GPa	ν_{12}
T300/5208	1496	1496	40.1	249.0	67.2	180	10.3	7.2	0.28
HT3/5222	1490	1210	40.7	197.0	92.3	135	9.4	5.0	0.28
HT3/QY8911	1548	1426	55.5	218.0	89.9	135	8.8	4.47	0.33
IM7/977-2	2863	1638	76.3		110.6	175	7.7	5.6	
硼/环氧	1323	2432	72.0	276.0	100.0	207	19.0	4.8	0.21
Kevlar49/环氧	1379	276	29.6	137.9	43.4	79	5.5	2.1	0.34

表 5.10　国外某些战斗机使用的复合材料性能

复合材料	AS4/3501	AS4/8552	T800/5245c	IM7250-2	IM7250-4
树脂体系	环氧	改性环氧	改性双马	改性双马	韧性双马
使用温度/℃	130	140	170	140	220
X_t / MPa	1165	2100	2400		2500
X_c / MPa	1060	1650	1500		1310
Y_t/ MPa	41		57		66
E_{1t} / GPa	128	140	154		165
E_{1c} / GPa	128		152		159
G_{12} / GPa	6				6
ν_{12}	0.3				
CAI / MPa		155		179	210
边缘分层强度/MPa				178	261
应用机种	F/A-18A/B AV-8B	JAS-39	EF2000	YF-22	F-22

注:CAI 为冲击后压缩强度。

三、复合材料结构设计许用值的确定

复合材料结构的设计许用值是在设计结构时的设计限制值,用以控制各构件的设计应变/应力水平。复合材料结构的设计许用值与金属结构有以下的不同点:一是对于层压结构,由于在同一应变下不同铺层可能具有不同应力,因此对复合材料结构一般不是取许用应力,而是取许用应变作为限制值。二是对金属结构而言,“许用应力”这一术语对材料研究人员和设计师是同一概念;而由于复合材料的特殊性,对这两类人员分别关注的“许用值”和“设计许用值”可能有完全不同的实际含义。例如通常层压板的 B 基准拉伸许用值一般都超过 $8000\mu\varepsilon$

($\mu\varepsilon$ 表示微应变，等于 10^{-6})，但用于结构设计时仅为 4000 ～ 5000$\mu\varepsilon$；压缩许用值一般约为 7000 ～ 8000$\mu\varepsilon$，而结构设计时仅为3000～4000$\mu\varepsilon$。由于选取设计许用值是以保证结构完整性为前提的，而复合材料结构所取的设计限制值远低于传统观念上的材料许用值，因此合理确定该值对保证结构的安全可靠和减轻质量具有极为重要的意义。又由于复合材料的材料特性和破坏机理比金属复杂得多，加之目前分析和预测理论不够完善，设计和使用经验尚不足，因此设计许用值的确定成了复合材料结构设计的关键技术之一，其确定原则也在不断发展。

1.“许用值”与“设计许用值”的定义

我国经过 20 年左右的研究和应用实践的总结以及参考国外的经验和有关资料，在航标 HB7491 — 97 和之后编写的复合材料结构设计手册中对上述术语给出了如下定义：

(1)“许用值”主要用于表征材料性能，其定义为“在一定的载荷与环境条件下，由试样、元件或细节件等试验数据，经统计分析后确定的，具有一定置信度和可靠度的性能表征值”。

(2)“设计许用值”主要用于结构设计，其定义为“在设计载荷(即极限载荷)下，为保证整个结构的完整性具有高置信度，在许用值的基础上，由设计师规定的设计限制值”。它在确定时既要考虑到各具体结构的结构特征(例如是中厚蒙皮还是薄蒙皮结构？)、载荷特点(是拉、压，还是剪？是否易受冲击？)对结构完整性的主要影响因素，在目前阶段还应充分考虑到设计部门的设计经验，必要时还须对结构件进行验证试验。

2.“设计许用值”的确定原则

考虑到复合材料性能分散性大、湿热环境和冲击损伤影响大，因此对复合材料的结构完整性必须充分考虑这些特殊因素，须进行大量试验，以确定每一种载荷、环境条件(包括冲击损伤环境)下的许用值，然后以此为基础，再根据具体结构不同的使用环境和载荷状态，选取能满足结构完整性(包括强度、刚度、损伤容限、耐久性等)各项要求的最低的许用值作为该结构的设计许用值。

结构的拉伸设计许用应变主要取决于含孔试样的许用值。压缩设计许用应变，主要取决于含冲击损伤的试样许用值。按照具体结构的设计要求，可选用以下两种设计许用值的数值基准。

A 基准所给出的性能值是一个极限值，该值的确定条件是要求在 95% 置信度下至少有 99% 数值群的性能值高于它。B 基准所给出的性能值也是一个极限值，该值的确定条件是要求在 95% 置信度下至少有 90% 数值群的性能值高于它。

金属结构因性能数据分散性小，故常采用 A 基准值；而复合材料设计许用值根据具体情况可取 B 基准，或者取 A 基准。如在参考文献[13]中曾建议：对不进行结构试验的构件设计，或用于单路传力结构的构件设计用 A 基准；而多路传载和具有破损安全特性的结构设计中，一般可以采用 B 基准。

根据国内外各飞机公司设计资料，目前使用的碳纤维树脂基复合材料层压板，在设计载荷下的许用应变值一般如下：

压缩 $\varepsilon_c=4\ 000\ \mu\varepsilon$；　拉伸 $\varepsilon_t=5\ 500\ \mu\varepsilon$；　剪切 $\gamma=7\ 600\ \mu\varepsilon$

表 5.11 给出了现有部分飞机结构部件的设计许用值，供参考。

表 5.11　现有部分复合材料结构部件所用的设计许用值

公司	部件名称	材料体系	拉伸设计许用值 /$\mu\varepsilon$		压缩设计许用值 /$\mu\varepsilon$	
			单向带	织物	单向带	织物
洛克希德	L-1011 垂直安定面	T300/5208	4 500	3 900	4 000	4 000
波音	B727 水平安定面	T300/5208			4 000	
波音	B1 水平安定面	AS/3501			3 600	
麦克唐纳	F-18A/B 机翼	AS4/3501-4	4 000		4 000	
麦克唐纳	AV-8B 机翼		4 000		4 000	
BAe	安定面	XAS/914C	4 500	3 530	3 900	2 830
MBB	A310 垂直安定面	T300/913C	2 800		2 800	
MBB	A320 垂直安定面	T300/913C	3 200		3 200	
DA	TORNADO 主起舱门	T800/5245	5 500		4 200	
××× 所	歼击机机翼	HT3/QY8911 HT3/5405	5 300		4 000	
××× 所	Y7 垂直安定面	T300/913C	3 200		3 200	

目前复合材料结构的设计许用值主要取决于损伤容限许用值，因此所使用的设计许用值均比较低(见表 5.11)。为了进一步减重和充分利用复合材料的优点，扩大复合材料在飞机主承力结构中的应用，很有必要提高结构的损伤容限和相应的设计许用值，特别是压缩设计许用值。关于提高设计许用值的途径详见第 8 章。

3. 安全系数

复合材料结构设计的安全系数一般按照现行飞机设计规范的一般规定或型号规范的特殊规定确定。

第6章　层压板与层压构件设计

6.1　层压板与层压结构

一、层压板

层压板(laminate)，亦称层合板、叠层板，它是指由两层或多层不同的铺层通过树脂固化彼此黏结在一起构成的复合材料板。构成层压板的铺层可以是同种材料，也可以是不同材料。每层的方向和铺贴顺序按设计要求确定，从而使形成的层压板达到满意的性能。层压板的加工制作过程包括预浸料剪裁、铺贴，在专门的设备中施加一定的温度、压力后固化成形。

二、层压结构

复合材料层压结构系指经过适当的制造工艺(如共固化、二次胶接、机械连接等)，主要由层压板形成的具有独立功能的较大的三维结构。层压结构是航空航天领域以及其他工业产品中应用最普遍的复合材料结构类型之一。飞机结构中如翼面结构的盒段、某个机身段或整个部件结构等，图5.6所示波音737水平安定面即是典型实例。

在层压结构中常包含多个层压构件，如梁、肋、壁板等。层压构件(亦称层压件)是在层压板的基础上扩展，增加了许多结构特点和结构完整性要求设计而成。层压板则既可将其本身看成结构件(例如作为机翼、尾翼的蒙皮时)，也可看成复合材料结构的最基本单元，是构成复合材料结构的“材料”。对一个结构而言，它各部分“材料”承受的载荷性质、大小和性能要求一般是不同的。而复合材料的优点之一就是材料本身具有可设计性，因此能大大提高结构效率，减轻质量。

所谓材料可设计是指设计人员可选用符合要求的单向层，将其设计成具有所要求性能的结构材料。因此，材料设计首先涉及对构成复合材料的组分材料——纤维、基体——进行合理选择，以得到能满足要求的单向层(铺层)性能；然后按性能要求设计层压板；再构成层压结构。其中层压板设计既是复合材料结构设计特有的工作内容，也是复合材料结构设计中最关键的设计工作之一。本章将就层压板和层压构件的设计进行阐述。复合材料加筋壁板是层压构件中的典型构件，6.3节将以加筋壁板为代表，介绍层压构件的设计。

6.2　层压板设计

一、层压板设计的任务

层压板设计的任务就是根据设计要求，确定铺层构成，完成该层压板的材料设计。首先确定层压板中各铺层的组分材料，包括纤维和基体的种类、品种、规格等。然后根据铺层性能确定层压板的三个铺层要素：即各铺层的铺设角（铺向角）、铺贴顺序和各种铺设角铺层的层数或这些铺层数相对于层压板总层数的百分比（层数比），也即进行铺层剪裁。层压板设计通常又称为层压板的铺层设计。

二、铺层设计的一般原则

铺层设计应综合考虑强度、刚度、结构稳定性、抗冲击损伤能力等多方面要求，提高层压板承载效率，并有好的工艺性。

1. *确定层压板中各铺层铺设角的原则*

(1) 有效传力。大多数情况下层压板主要承受平面载荷。为了最大限度地利用纤维轴向的高性能，应该用 0° 层承受轴向载荷；± 45° 层用来承受剪切载荷，即将剪切载荷分解为拉、压分量来布置纤维承载；90° 铺层用来承受横向载荷，以避免树脂直接受载，并控制层压板的泊松比。根据需要确定层压板中应布置哪几种铺设角。

(2) 为了提高构件的抗屈曲性能，对于受轴压的构件，例如筋条和梁、肋的凸缘部位以及需承受轴压的蒙皮，除布置较大比例的 0° 铺层外，也需布置一定数量的 ± 45° 层，以提高结构受压稳定性。对受剪切载荷的构件，如腹板等，主要布置 ± 45° 层，但也应布置少量的 90° 层，以提高剪切失稳临界载荷。

(3) 对于可能遭受垂直于层压板平面的低能量冲击的构件，在层压板最外层铺设 ± 45° 层或加一层玻璃布，可以提高抗冲击能力，对防剥离也有利，同时还可以改善工艺性。

(4) 综上所述，一般建议构件中宜同时包含四种铺层，一般在 0°，± 45° 层压板中必须有 6%～10% 的 90° 铺层，构成正交各向异性板。除特殊需要外，应采用均衡对称层压板，以避免固化时或受载后因耦合效应引起翘曲。若需设计成准各向同性板，也可采用 0°，30°，60°，90° 铺层构成的层压板。

2. *各铺层铺贴顺序的确定*

(1) 同一铺设角的铺层沿层压板方向应尽量均匀分布，不宜过于集中，若超过 4 层，易在两种铺设方向铺层组的层间出现分层。

(2) 层压板的面内刚度只与层数比和铺设角 θ 有关，与铺贴顺序无关。但当层压结构的性能还与弯曲刚度有关时(例如层压结构梁),则弯曲刚度与铺贴顺序有关。

关于层压结构中的铺层设计除遵循1,2中所述各原则外,还与细节设计有关,将在6.3节层压结构设计中进一步加以说明。

3.各铺设方向铺层(以下也简称定向层)层数的确定

各种铺设方向铺层的层数应通过计算或计算图表确定。一般先求出层数比;再根据所需总层数求得各种铺设角层组的层数。下面将介绍几种常用的方法。

三、层压板设计方法

层压板设计方法主要是指当层压板中的铺设角组合已大致选定后,如何确定各铺设角铺层的层数比和层数的方法。其数值应根据结构件的受载情况和所要求的设计精度求得。可按照不同的设计要求,如按刚度设计、按强度设计、按损伤容限设计或按某些特殊要求,如零热膨胀系数、负泊松比等,设计层压板,也可能是同时满足多项设计要求的多目标设计。层压板设计方法随着复合材料在飞机结构上应用的不断扩大而逐步发展完善。较简单的近似设计方法可采用等代设计法(早期较多采用)和准网络设计法;有的情况下可用解析法直接求解;优化设计方法则通过迭代计算,按优化准则得到最合理的结果;在初步设计中还常利用层压板排序法或毯式曲线图的图表法来进行设计。以下我们作一简单介绍。

1. 等代设计法

此方法一般为等刚度设计(此外也可为等强度设计)。该方法为早期在老型号飞机上试用复合材料构件时采用,即:将准各向同性的复合材料层压板等刚度地替换原来的各向同性的铝合金板。由于复合材料的比强度、比刚度很高,故仍能取得5% ~ 10%的减重效益。

2.准网络设计法(也称应力比设计法)

该方法借鉴了纤维缠绕构件的设计方法。根据在设计中铺层纤维方向与所受载荷方向一致性要求,设计时假设只考虑复合材料中纤维的承载能力,忽略基体的刚度和强度,直接按平面内主应力$\sigma_x,\sigma_y,\tau_{xy}$的大小来分配各铺设方向铺层中的纤维数量,由此确定各铺设方向铺层组的层数比。这是一种按载荷大小进行的初步设计方法,所得结果可供层压板初步设计参考。具体步骤如下:

(1) 计算应力。首先按准各向同性层压板的性能计算出层压板的应力$\sigma_x,\sigma_y,\sigma_{xy}$;得出应力比为$\sigma_x:\sigma_y:\sigma_{xy}=1:a:b$。

(2) 确定各铺设方向铺层的层数比。由应力方向限定铺设角为0°,90°,±45°,将$\sigma_x,\sigma_y,\sigma_{xy}$分别对应于0°,90°,±45°向铺层。并使铺层数符合以下比例:$n_{0^\circ}:n_{90^\circ}:n_{\pm45^\circ}=1:a:2b$,或得出各定向铺层的层数比(或体积比)为

$$V_{0^\circ}:V_{90^\circ}:V_{\pm45^\circ}=1/(1+a+2b):a/(1+a+2b):2b/(1+a+2b)$$

(3) 重新计算应力。对以上确定的层压板重新进行应力分析,得到对应的层压板应力σ'_x,σ'_y,τ'_{xy}。

(4) 判别应力比误差。将 $\sigma'_x:\sigma'_y:\tau'_{xy}$ 与原应力比 $1:a:b$ 相比较。若其比值误差在允许范围内(一般航空结构取 5%),则所得结果可用;否则,按新的应力比重新确定新的层数比,直到满足误差要求范围为止。

(5) 确定各铺设角层组的层数。由所受外载和设计所得层压板的许用应力求出层压板的总厚度 h。当层压板由一种复合材料构成时,则各层组的相应厚度 $h_{0^\circ},h_{90^\circ},h_{\pm45^\circ}$ 之比亦应为 $1:a:2b$。由 $h=h_{0^\circ}+h_{90^\circ}+h_{\pm45^\circ}$ 可分别求出 $h_{0^\circ},h_{90^\circ},h_{\pm45^\circ}$ 之值;再除以单层厚度 t_0 即得各层组的层数 $n_{0^\circ},n_{90^\circ},n_{\pm45^\circ}$ 之值。对计算出的层数取整即得设计的层数值。

(6) 构成层压板。根据各铺设方向铺层组的层数,按镜面对称的方式,参照铺叠顺序的原则构成所需层压板。为保证均衡对称,$\pm45^\circ$ 层的层数应为 4 的倍数。

3. 解析法

解析法一般根据复合材料力学或结构力学建立起来的基本关系式求解。下面介绍一种用解析法按刚度设计层压板的方法。层压板的刚度设计常以结构要求的总体刚度指标为依据,例如翼盒因气动弹性特性的要求提出的弯曲刚度、扭转刚度指标,以及进一步对每块壁板、蒙皮提出的需要满足的拉压刚度和剪切刚度的要求。刚度要求的重要性不亚于对强度的要求。

已知条件

(1) 已选定的复合材料单向层的模量分量 $Q_{ij}(i,j=1,2,6)$,以及由其算出的各铺层相对于参考轴的模量分量 $Q_{ij}(i,j=x,y,s)$(见复合材料力学)。

(2) 该复合材料一个铺层的厚度为 t'_0。

(3) 设计条件:对层压板提出的刚度指标一般是面内刚度指标,如 E_x,E_y,G_{xy}。由复合材料力学可知,层压板的面内刚度与铺叠顺序无关,只与铺层取向及其层数比(或体积比)有关。

基本关系式

若层压板设计所得的等效弹性模量为 E_x^0,E_y^0 和 G_{xy}^0 时,根据设计条件,应满足

$$\boldsymbol{E}^0\geqslant\boldsymbol{E}\tag{6.1}$$

式中,$\boldsymbol{E}^0$ 为设计所得的层压板等效弹性模量列阵;$\boldsymbol{E}$ 为对层压板提出应满足的面内模量指标列阵。对于一般对称层压板,$\boldsymbol{E}^0$ 的计算公式为

$$\left.\begin{aligned}E_x^0&=|A^*|/(A_{22}^*A_{66}^*-A_{26}^{*2})\\E_y^0&=|A^*|/(A_{11}^*A_{66}^*-A_{16}^{*2})\\E_x^0&=|A^*|/(A_{11}^*A_{22}^*-A_{12}^{*2})\end{aligned}\right\}\tag{6.2}$$

式中 $|A^*|=(A_{11}^*A_{22}^*-A_{12}^{*2})A_{66}^*+2A_{12}^*A_{26}^*A_{16}^*-A_{11}^*A_{26}^{*2}-A_{22}^*A_{16}^{*2}$

$A_{ij}^*(i,j=1,2,6)$ 为层压板正则化面内刚度系数。

要满足关系式(6.1),需要选用若干种不同铺层要素的层压板,用方程式(6.2) 作反复计算。整个迭代计算较繁琐,须用计算机进行,最后可确定出合理的铺层方向和最少的层数。

在实际工程设计中,大多会对层压板的特征做出某些限定,如一般均采用均衡对称层压板。对这类层压板,由复合材料力学可知 $\boldsymbol{E}^0$ 的计算公式可简化,并可进一步得到面内等效拉压

刚度 $\boldsymbol{E}^0 t$、剪切刚度 $\boldsymbol{G}^0 t$ 与各铺设方向铺层(即定向层)的模量分量 $Q_{ij}(i,j=x,y,s)$ 及铺层数之间的关系式:

$$\left.\begin{aligned}
E_x^0 t &= \sum_{k=1}^{N}(Q_{xx})_k n_k t_0 - \frac{\left[\sum_{k=1}^{N}(Q_{yy})_k n_k\right]^2 t_0}{\sum_{k=1}^{N}(Q_{yy})_k n_k} \\
E_y^0 t &= \sum_{k=1}^{N}(Q_{yy})_k n_k t_0 - \frac{\left[\sum_{k=1}^{N}(Q_{xy})_k n_k\right]^2 t_0}{\sum_{k=1}^{N}(Q_{xx})_k n_k} \\
G_{xy}^0 t &= \sum_{k=1}^{N}(Q_{ss})_k n_k t_0
\end{aligned}\right\} \tag{6.3}$$

式中,N 为定向层组个数;n_k 为第 k 定向层的层数;t_0 为单层厚度;t 为层板总厚度;下标 k 为层组序号。

设计方法

(1) 满足两向刚度要求的设计。设计的层压板要求面内刚度同时满足两向刚度要求,此时一般为 x 向和 s 向。因此可建立以下方程组

$$\left.\begin{aligned}
Et &= E_x^0 t \\
Gt &= G_{xy}^0 t
\end{aligned}\right\} \tag{6.4}$$

按照铺设角确定的原则,此时通常采用两种铺设角 $\alpha=0°$,$\beta=45°$(应理解为 $\pm 45°$)。设 α 铺设角层组的层数为 n_1,β 铺设角层组的层数为 n_2,则式(6.4)可写成

$$\left.\begin{aligned}
Et &= [n_1 Q_{xx}^{\alpha} + n_2 Q_{xx}^{\beta}]t_0 - \frac{[n_1 Q_{xy}^{\alpha} + n_2 Q_{xy}^{\beta}]^2 t_0}{n_1 Q_{yy}^{\alpha} + n_2 Q_{yy}^{\beta}} \\
Gt &= [n_1 Q_{ss}^{\alpha} + n_2 Q_{s}^{\beta}]t_0
\end{aligned}\right\} \tag{6.5}$$

注意在实际计算时,$n_1 Q_{xx}^{\alpha}$ 应理解为$\dfrac{1}{2}n_1(Q_{xx}^{\alpha}+Q_{xx}^{-\alpha})$,其他项亦如此。

当单向板性能已知,所要求的 Et 和 Gt 值已知时,对应每一组 α,β 值,式(6.5)中的未知量为 n_1 和 n_2,方程组可解。

当按两向刚度要求进行铺层设计时,第三向刚度是多少算多少。例如第三向刚度是 $E_y^0 t$,则 α,β 一定时,$E_y^0 t$ 值也一定。若对三个方向的刚度都有特定要求,则应按三向刚度要求来设计。

(2) 满足三向刚度要求的铺层设计。此时一般用三种铺设角 α,β,γ 和相应的铺层数 n_1,n_2,n_3 来进行铺层设计,于是式(6.4)变为

$$
\left.\begin{aligned}
(Et)_x &= [n_1 Q_{xx}^{\alpha} + n_2 Q_{xx}^{\beta} + n_3 Q_{xx}^{\gamma}]t_0 - \frac{[n_1 Q_{xy}^{\alpha} + n_2 Q_{xy}^{\beta} + n_3 Q_{xy}^{\gamma}]^2 t_0}{n_1 Q_{yy}^{\alpha} + n_2 Q_{yy}^{\beta} + n_3 Q_{yy}^{\gamma}} \\
(Et)_y &= [n_1 Q_{yy}^{\alpha} + n_2 Q_{yy}^{\beta} + n_3 Q_{yy}^{\gamma}]t_0 - \frac{[n_1 Q_{xy}^{\alpha} + n_2 Q_{xy}^{\beta} + n_3 Q_{xy}^{\gamma}]^2 t_0}{n_1 Q_{xx}^{\alpha} + n_2 Q_{xx}^{\beta} + n_3 Q_{xx}^{\gamma}} \\
Gt &= [n_1 Q_{ss}^{\alpha} + n_2 Q_{ss}^{\beta} + n_3 Q_{ss}^{\gamma}]t_0
\end{aligned}\right\} \tag{6.6}
$$

上述方法不是任何情况下都有解。一般在满足双向刚度要求时采用两种铺设角；满足三向刚度时，有三种铺设角(其中 45° 层应理解为 ± 45°)，则即可直接解得层数，无须进行优化设计的迭代计算。

4. 层压板的毯式曲线设计法

此方法为复合材料层压板的初步设计方法，已普遍采用。该方法用于以 0°，± 45°，90° 为铺设角的层压板，是一种用图列来确定层压板中铺层比的近似方法。如果进行几次迭代，也可按某项设计要求(如刚度) 确定其铺层比和各层组的层数。该方法首先要根据经典层压板理论，经计算机编程计算，建立起所选用的复合材料(0°，± 45°，90°) 层压板的模量、强度或其他性能与各铺设角的百分比的关系曲线，即毯式曲线(Carpet 曲线)，见图 6.1，图 6.2 示例。以下举几个例子。

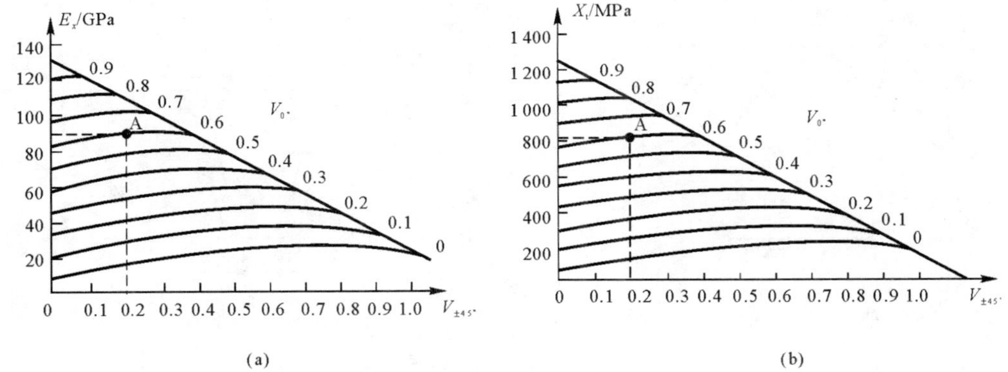

图 6.1　某复合材料的毯式曲线图

(a) 拉压模量 E_x 的毯式曲线；(b) 拉伸强度 X_t 的毯式曲线

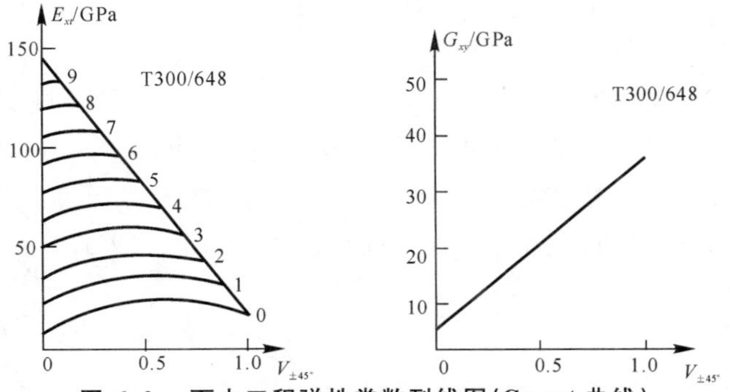

图 6.2　面内工程弹性常数列线图(Carpet 曲线)

例 6.1 设计一层压板，其弹性模量 $E_x=88\text{GPa}$，试确定层压板的 0°，±45°，90° 层的分配比例，以满足所需强度值。已知所选复合材料的毯式曲线如图 6.1 所示。

解 可在图 6.1(a) 上由所要求的 E_x 值找到对应的点 A，并得到一种铺层比例的选择：

$$0°:60\%;\quad \pm 45°:20\%;\quad 90°:20\%$$

90° 层的比例可用 100% 减去 0° 层和 ±45° 层的比例求出。

一旦选定铺层方式就能用图 6.1(b) 确定该层压板的纵向拉伸许用强度。由图 6.1(b) 上查得与 A 点铺层比例对应的层压板的强度 X_t 为 832 MPa。若该强度值不符合要求，则重新选择铺层比例。

例 6.2 设计一壁板，其拉伸刚度要求为 $EF=15\ 223.68\times10^4\ \text{N}$；壁板蒙皮的剪切刚度为 $GF=4\ 860\times10^4\ \text{N}$。现利用 T300/4211 复合材料的毯式曲线进行蒙皮的层压板设计。已知一个铺层的厚度为 0.15 mm。

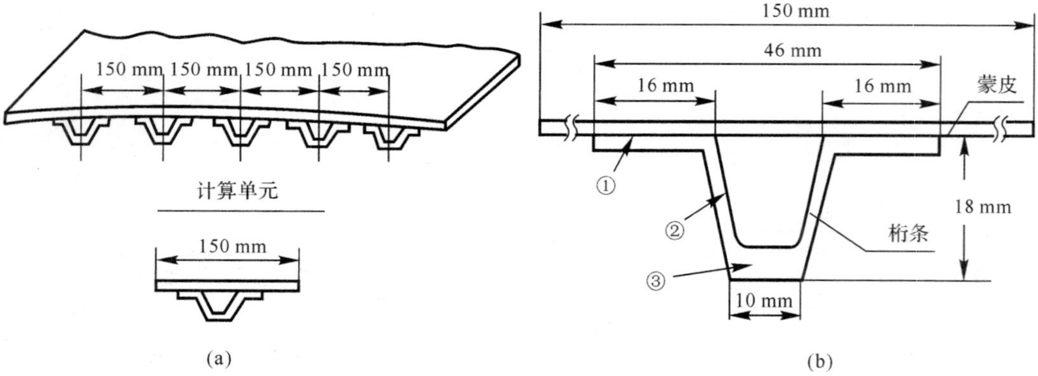

图 6.3 复合材料壁板结构图

(a) 壁板；(b) 长桁形状

解 壁板由长桁和蒙皮组成(见图 6.3)，在 600 mm 的宽度内，有 4 根复合材料长桁。现将其划分成 4 个计算单元，则每个单元要求的拉伸刚度 $(EF)'=1/4(EF)=3\ 805.92\times10^4\ \text{N}$，剪切刚度 $(GF)'=1/4(GF)=1\ 215\times10^4\ \text{N}$。

为了减少设计变量，在初步设计时通常先按统计确定一部分元件的材料和参数。现已选定长桁的铺层构成如表 6.1 所示。故根据图 6.3(b) 中长桁的尺寸和表 6.1 中的铺层方式由图6.1 查得 E 值，即可算出每根长桁可提供的拉伸刚度 $(EF)_{桁}$ 为 $693.5\times10^4\ \text{N}$(见表 6.2)。长桁不提供剪切刚度。由此确定每个计算单元的蒙皮还须提供拉伸刚度 $(EF)_{蒙}$ 为 3 112.47 N，剪切刚度 GF 为 $1\ 215\times10^4\ \text{N}$。

表 6.1　长桁的铺层设计

长桁各板序号	层数				$\frac{t}{mm}$	体积比			$\frac{E}{MPa}$
	0°	45°	90°	总数		0°	±45°	90°	
①	7	8	0	15	2.25	0.47	0.53	0	5.2×10^4
②	0	8	0	8	1.20	0	1	0	1.5×10^4
③	19	8	0	27	4.05	0.7	0.3	0	6.9×10^4

表 6.2　计算单元中长桁的拉伸刚度

长桁各板序号	剖面积 F/mm^2	E/MPa	EF/N
①	$(16+16)\times2.25=72$	5.2×10^4	374.4×10^4
②	$(11+11)\times1.20=26.4$	1.5×10^4	39.6×10^4
③	$10\times4.05=40.5$	6.9×10^4	279.5×10^4
$\sum$	138.9		693.5×10^4

下面分步骤设计蒙皮层压板。因蒙皮主要用以受剪，故选以±45°层为主的层压板。

(1) 取蒙皮的 $V_{\pm45^\circ}=0.7$，$V_{0^\circ}=0.3$。

1) 由图 6.2 查得 $G=1.8\times10^4$ MPa。

2) 算出蒙皮面积 F 和层数 n。

$$F=\frac{GF}{G}=\frac{1\ 215\times10^4}{1.8\times10^4}=675\ \text{mm}^2$$

$$n=\frac{F}{Bt_0}=\frac{675}{150\times0.15}=30\ 层$$

3) 由图 6.2 可查得所选 30 层蒙皮对应的 E 为 3.9×10^4 MPa。

4) 计算蒙皮拉伸刚度 EF。$EF=3.9\times10^4\times675=2\ 632.5$ N，与所要求的 3112.47 N 相差甚远。该方案不能满足设计要求。

(2) 重选时适当提高 0°层比例，取 $V_{\pm45^\circ}=0.65$，$V_{0^\circ}=0.35$。

1) 由图 6.2 查得 $G=1.69\times10^4$ MPa。

2) 算得 $F=718.94\ \text{mm}^2$，$n=32$ 层。

3) 由图 6.2 查得 $E=4.3\times10^4$ MPa，$EF=3\ 110.4$ N。

4) 判别是否满足要求：$(EF)_{设计}/(EF)_{要求}=99.93\%$，该方案满足要求。

(3) 层数取整。

1) 0°层：32 层 $\times0.35=11.2$ 层 → 12 层。

　±45°层：32 层 $\times0.65=20.8$ 层 → 20 层。

总计为 32 层，且±45°层为 4 的倍数，符合均衡对称层压板的要求。

2) 重算体积比和蒙皮剖面面积。

$$V_{0^\circ}=12/32=0.375;\quad V_{\pm45^\circ}=20/32=0.625$$

$$F=150\times0.15\times32=720\,\mathrm{mm}^2$$

3) 由此得到蒙皮最后的

$$E=4.3\times10^4\,\mathrm{MPa},G=1.66\times10^4\,\mathrm{MPa}$$

$$EF=3\,096\ \mathrm{N},GF=1195.2\mathrm{N}$$

4) 判别是否满足要求。

$$(EF)_{设计}/(EF)_{要求}=3\,096/3\,112.47=99.47\%$$

$$(GF)_{设计}/(GF)_{要求}=1\,195.2/1\,215=98.37\%$$

两者分别相差 0.53% 和 1.63%,满足要求。

最后设计所得蒙皮层压板为 32 层,其体积比和层数为 $V_{\pm45^\circ}=0.625$,20 层;$V_{0^\circ}=0.375$,12 层。

表 6.3 为该实例蒙皮铺层设计计算用表。

除了确定铺层方式、模量或强度外,也可用同样的方法确定其他特性,如泊松比和热膨胀系数。

表 6.3　例 6.2 中的蒙皮铺层设计用表

蒙皮层数	蒙皮厚度 t/mm	蒙皮剖面积 F/mm²	所需的 $E_{蒙}$/MPa	所需的 $G_{蒙}$/MPa
30	$30\times0.15=4.5$	$150\times4.5=675$	$(3\,112.47/675)\times10^4=4.61\times10^4$	$(1\,215/675)\times10^4=1.80\times10^4$
32	$32\times0.15=4.8$	$150\times4.8=720$	$(3\,112.47/720)\times10^4=4.32\times10^4$	$(1\,215/720)\times10^4=1.69\times10^4$

层数				体积比			t/mm	F/mm²	E/MPa	G/MPa
0°	±45°	90°	总数	0°	±45°	90°				
12	20	0	32	0.375	0.625	0	4.8	720	4.3×10^4	1.66×10^4
铺层				$[\pm45^\circ{}_2/0_3/\pm45^\circ{}_2/0_3/\pm45^\circ]_s$						

5. 按刚度或强度要求的层压板排序法

层压板系列设计法又称排序法。层压板系列设计法是基于某一类(即选定某几种铺设角)层压板,选取几种不同的定向铺层组体积比所构成的层压板系列,以表格形式列出各种层压板在各组载荷作用下的刚度值、强度值以及所需的铺层数,供设计选择。列出的刚度值可基于计算层压板的应变不变量给出,即

$$\varepsilon=\left(\varepsilon_x^2+\varepsilon_y^2+\frac{1}{2}\gamma_{xy}^2\right)^{\frac{1}{2}}\tag{6.7}$$

列出的强度值可基于 Tsia - Wu 失效判据(取 $F_{12}^*=-\dfrac{1}{2}$) 和最先一层失效强度给出。

由于各向异性层压板的刚度和强度一般要优于用同种复合材料构成的准各向同性板，所以刚度和强度值均可用与准各向同性层压板的相应比值给出，这样在设计选择时较为方便。

层压板系列设计法需给出一系列层压板的计算数据，其设计计算工作量是很大的，一般需用计算机来实施。这种设计方法的优点是按复杂应力状态来求得其强度，摒弃了认为单轴强度可叠加为复杂应力状态下强度的假设。该方法也是初步设计方法，已普遍采用。

6. *层压板优化设计法*

优化设计方法是利用程序，通过迭代计算，按一定的优化准则，以取得最合理的结果。目前已有多种适用的分析程序。层压板优化设计法是在满足某种（或某些）约束条件下（如强度、刚度、稳定性）使其质量最轻的一种设计方法。目前已提出了各种各样约束条件下的层压板优化设计方法。作为一个例子，本节介绍一种按强度设计时的等强优化设计方法。

（1）基本原理。本法提出一种按等强度设计的优化准则，即认为当层压板中各定向层组的强度比均相等，且等于 1 时，即为最优设计。图 6.4 表示了此优化准则的原理。图 6.4 中的 R 称为强度比，其定义为

$$R=\frac{\boldsymbol{\sigma}_a}{\boldsymbol{\sigma}}=\frac{\boldsymbol{\varepsilon}_a}{\boldsymbol{\varepsilon}}=\frac{\boldsymbol{\varepsilon}_{ia}}{\boldsymbol{\varepsilon}_i}\quad(i=1,2,6) \tag{6.8}$$

式中，$\boldsymbol{\sigma}_a$，$\boldsymbol{\varepsilon}_a$ 为最大的或许用的主轴应力和应变矢量；$\boldsymbol{\sigma}$，$\boldsymbol{\varepsilon}$ 为主轴工作应力和应变矢量。

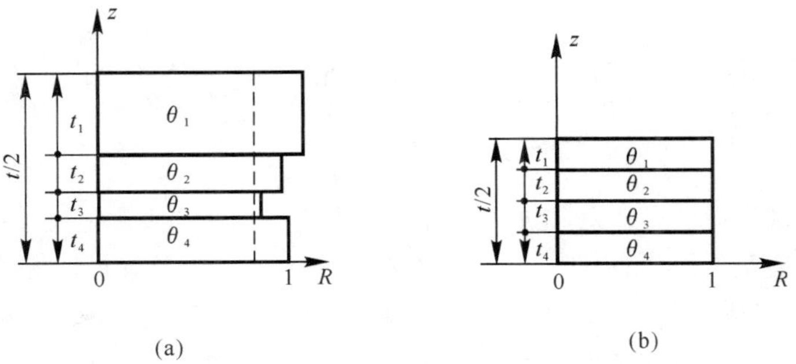

图 6.4　层压板等强优化设计原理示意图

(a) 叠层优化前；(b) 叠层优化后

限定所设计的层压板为对称均衡层压板。由于考核飞机结构强度的静力试验是采用比例加载的方式，故可应用强度比 R 这个参数来评估层压板中各定向层组的继续承载能力。

由复合材料力学可知，层压板中第 k 定向层组的主轴应变为

$$\begin{bmatrix}\varepsilon_1\\ \varepsilon_2\\ \varepsilon_3\end{bmatrix}_k=[T_\varepsilon^+]_k[A_{ij}]^{-1}\begin{bmatrix}N_x\\ N_y\\ N_{xy}\end{bmatrix} \tag{6.9}$$

第 k 定向层组的主轴应力为

$$\begin{bmatrix}\sigma_1\\ \sigma_2\\ \sigma_3\end{bmatrix}_k=\underset{i,j=1,2,6}{[Q_{ij}]_k}[T_\varepsilon^+]\underset{i,j=1,2,6}{[A_{ij}]^{-1}}\begin{bmatrix}N_x\\ N_y\\ N_{xy}\end{bmatrix} \tag{6.10}$$

式中，$[Q_{ij}]_k$ 和$[T_\varepsilon^+]_k$ 与设计变量是无关的，而各面内刚度分量都与设计变量成线性关系，故在优化设计过程中可以采用射线步进行可行性调参。

(2) 约束条件。采用在应变空间中表达的 Tsia - Wu 强度判据

$$G_1\varepsilon_1+G_2\varepsilon_2+G_{11}\varepsilon_1^2+2G_{12}\varepsilon_1\varepsilon_2+G_{22}\varepsilon_2^2+G_{66}\varepsilon_6^2=1 \tag{6.11}$$

式中，G_i，G_{ij} 为应变空间中的材料强度参数。

(3) 等强设计准则。式(6.11)是单向板的破坏判据式，故当式中的工作应变达到许用值时正好等于1，将 $\varepsilon_{ia}=R\varepsilon_i$ 代入式(6.11)，得

$$G_1R\varepsilon_1+G_2R\varepsilon_2+G_{11}R^2\varepsilon_1^2+2G_{12}R^2\varepsilon_1\varepsilon_2+G_{22}R^2\varepsilon_2^2+G_{66}R^2\varepsilon_6^2-1=0$$

令

$$A=G_{11}\varepsilon_1^2+2G_{12}\varepsilon_1\varepsilon_2+G_{22}\varepsilon_2^2+G_{66}\varepsilon_6^2$$

$$B=G_1\varepsilon_1+G_2\varepsilon_{21}$$

$$C=-1$$

得

$$AR^2+BR+C=0$$

$$R=\frac{-B\pm\sqrt{B^2-4AC}}{2A}$$

因此，可得所设计的层压板在某组平面载荷情况下，第 k 定向层组的强度比为

$$R_k=\frac{-B_k\pm\sqrt{B_k^2-4A_kC_k}}{2A_k} \tag{6.12}$$

对于任何一个现行设计点来说，比如对一个用准网络设计法初步确定层组比的层压板，各定向层组的强度比 R 一般是不相等的，可能大于1，也可能小于1。所谓等强设计就是通过调整各定向层组的厚度，使在某一组载荷作用下，各定向层组的 R 皆为1；当为多组载荷作用时，使每一定向层组的 R 至少在一组载荷作用下等于1。此时，所得到的设计结果即认为是层压板的优化设计结果。

当在某组载荷作用下某定向层组的强度比最大，即表示该层组的强度最富余换言之，也即意味着该层组具有最好的承载能力。此时，若增加该层组的厚度，对提高整个层压板的承载能力效果会更好，付出的质量代价会更小。同时，那些强度比小的定向层组则是一些承载能力差的层组，适当地减小它们的厚度可使材料的利用更趋于合理，使层压板的质量下降。根据以上原理，等强优化设计就是直接利用在该组载荷情况下对各定向层组的强度比进行调整，达到优化。在迭代过程中有两个关键的调参步骤：

1) 射线步调参。取

$$\boldsymbol{t}^{(i+1)}=\frac{1}{R_{\min}^{(i)}}\boldsymbol{t}^{(i)} \tag{6.13}$$

其目的是将各层组中 R 最小的那个层组拉到约束边界上，即令 $R_{\min}\to 1$；其他各层组也按同样

比例 $1/R_{\min}$ 增减。此时各层组的对应比值未改变。

2）等强调参。其迭代式为

$$t_k^{(i+1)} = [R_k^{(i)}]^q t_k^{(i)} \tag{6.14}$$

式中,q 为超松弛因子,一般可取 $q=1.05 \sim 2.5$,以加快收敛速度。目的是使各定向层组的厚度比更趋于合理。通过迭代使各层组均达到 $R \to 1$,即得到质量最轻的优化结果。

(4) 程序计算框图如图 6.5 所示。

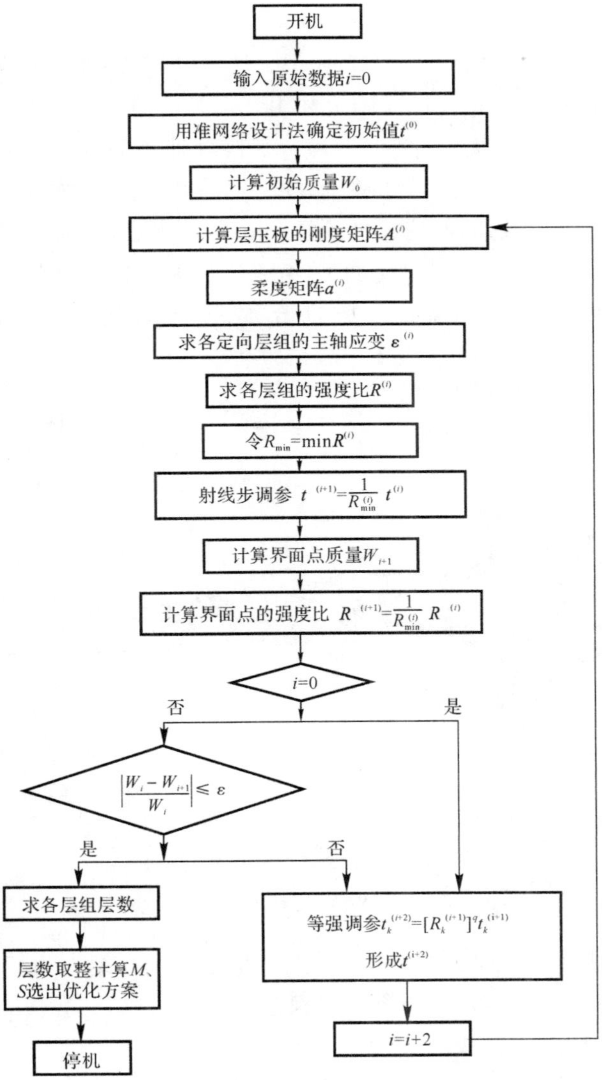

图 6.5　设计流程框图

7. 气动弹性剪裁法

这是复合材料特有的设计方法，已用于前掠翼设计。在前述几种铺层设计方法中，为了减少设计和工艺上的难度，尽量采用均衡对称层压板以避免或减轻各种耦合效应，实际上大多数还都采用了 $\pi/4$ 正交各向异性层压板。而气动弹性剪裁法则是利用复合材料的各向异性及其各种耦合效应进行铺层设计，以获得预期的结构柔度特性或产生某种希望的特定变形规律来提高设计性能和静、动气动弹性特性(如提高机翼的颤振速度；防止前掠翼的扭转扩大并提高其发散速度)。

前掠机翼布局虽有其特有的优点，但当使用金属材料时，因无法克服扭转扩大的静气动弹性问题而无法采用。而复合材料前掠翼则可利用气动弹性剪裁设计使之成为可能。如美国早期研制的 X－29A 前掠翼验证机(见图 6.6(a))，其机翼外侧部位蒙皮的铺层就是通过气弹特性剪裁设计，利用了对称非均衡层压板的拉-剪耦合和弯-扭耦合效应。俄罗斯最新的第五代(相应于西方的第四代)战斗机的前掠翼试验机——S-37(见图6.6(b))，于1997年首飞，并于2000 年 2 月完成了第一阶段 100 多次的试飞，所采用的先进复合材料使该前掠机翼具备了气动弹性适应性能，已经验证前掠机翼加鸭翼的气动布局使 S－37 具有极为优良的飞行、机动性能。

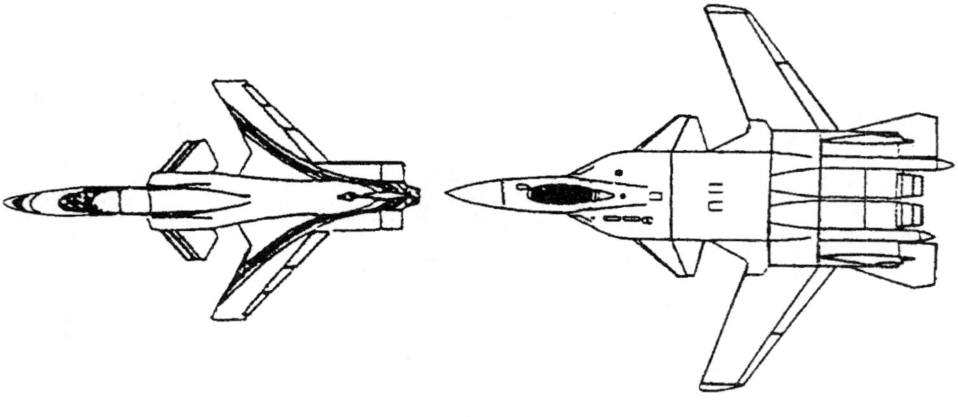

图 6.6　复合材料前掠翼验证机

(a) 美国 X－29；(b) 俄罗斯 S－37

气动弹性剪裁法所要求的设计技术十分复杂，此处不作介绍。由于这种方法有可能获得很大的气弹特性和减重上的收益，各先进国家都正在继续研究和发展。

8. 多目标优化设计

现代飞机结构设计中，新的设计概念和设计方法的提出使设计人员经常要面对多个甚至相互有一定矛盾的设计目标。因而怎样对一个设计结果进行合理的评判，在多个目标之间进行折衷，以求最终找到一个合理的设计结果，无疑是设计人员十分关注的问题。目前已有适用的分析程序。

就多目标问题，当要求一个设计人员对它们分别给出重视程度时，通常会给出诸如“很重要”“比较重要”或“不很重要”等一些极为模糊的描述。对此在参考文献[12]，[13]中提出了一套针对多目标问题的模糊折衷评价的方法。该文创新之处在于它提出了一个重要度的概念，并对它进行了模糊性描述。对各目标的权重系数的选取不再是一个人为的指定值，而是建立在重要度这个模糊概念之上。在此基础上提出了基于模糊评判的多目标折衷策略，建立了计算模型，并与优化设计近年来兴起的遗传算法相结合，提出了一个多目标模糊折衷优化计算法。在此基础上最后完成多目标的模糊综合评判，将评判值作为解的适应度。经过一系列操作，使这个评判值最大。该最大评判值的意义即是在所给定指标的条件下，通过折衷所能获得的最大满意度所对应的解就是最优解。

该文通过同时考虑质量、刚度、静强度、损伤容限（剩余强度）等多设计目标的复合材料层压板优化设计的算例，证实可以得到满意的解。该方法提供的思路可供参考。此外还有其他可用的多目标优化设计程序。

以上我们介绍了复合材料层压板的几种设计方法，限于篇幅，有的仅作了简介。复合材料结构的设计方法尚在不断发展和完善中，随着复合材料新结构、新工艺的不断发展，还有很多工作要做。

6.3　层压壁板设计

随着碳、芳纶、玻璃纤维及高性能树脂等材料工业及制造技术的进步，复合材料已逐步进入航空、航天领域，成为金属材料的替代品。在军用飞机和民用飞机中，复合材料层压壁板则是应用最普遍的结构件之一，如 F-16 垂尾壁板、AV-8B 机翼、水平尾翼壁板和前机身侧壁壁板（见图 6.13）、F-18 和 L-1011 垂尾壁板、波音 737 平尾壁板（见图 6.9）、A320 平尾及垂尾壁板及 ATR72 机翼壁板等。

一、层压壁板的设计特点

与航空、航天结构中金属结构一样，壁板由蒙皮和纵向（如长桁）、横向加强件（如翼肋缘条）或在整体壁板中的纵向、横向筋条构成。但复合材料层压壁板有下列设计特点：

(1) 在受力上，蒙皮主要受面内拉、压载荷及剪切载荷，加强件受轴向载荷并起稳定蒙皮的作用。面外载荷、偏心会引起层压结构脱胶、分层，使结构提前失效，所以设计层压壁板时应尽量避免产生偏心和面外载荷；在可能存在面外载荷和偏心的部位，除进行仔细的应力分析外，还应进行适当的试验。

(2) 与层压板不同，由于层压构件有各种结构要素，因此必须对层压构件各部分的层压板构形，铺层的走向，要否连续铺设，如何剔除或增加铺层等仔细考虑。如图 6.7 波音 737 平尾壁板长桁、图 6.8 狂风(TONADOS) 主起落架舱门壁板纵梁的切面铺层图(图 6.8 中“±”表示 ±45° 铺层)，其上缘板中就有部分铺层(图 6.8 中主要为 ±45° 和 90° 层) 从上缘板转 90° 翻下，成为腹板的一部分；再分别转 90° 又成为下缘板中的铺层。这种连续铺设的层板构形显然有利于加强构件(梁或长桁) 的缘条和腹板之间载荷的直接传递。

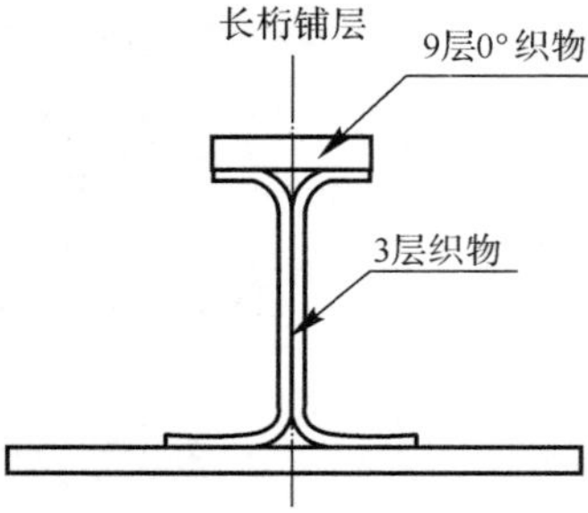

图 6.7　波音 737 平尾壁板铺层

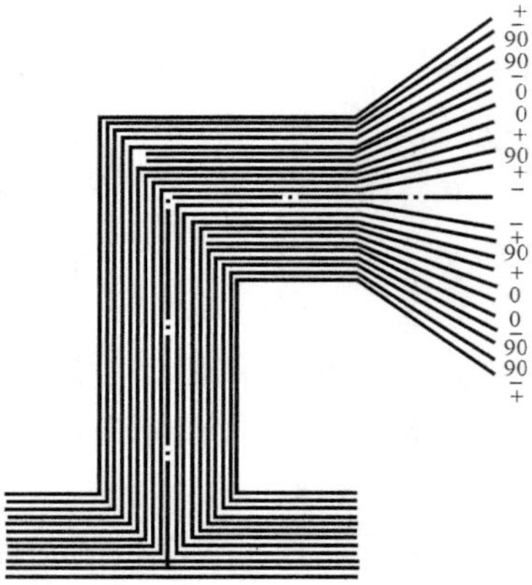

图 6.8　“狂风”主起落架舱门“J”形纵梁铺层

(3) 壁板主要采用热压成形工艺制造，尽管其尺寸大，但便于作成整体件，故可视为一个零件，除受热压罐尺寸限制外，其工艺性受设备约束较少。因此，设计师较容易实现层压壁板强度、刚度、质量、性能及工艺性的统一。

(4) 壁板固化成形后，制造工作基本完成，壁板的制造质量主要取决于成形过程的质量控制，制造成形后缺陷已无法挽救。因此，设计上应设法控制固化的后翘曲变形和制造质量，提出合理的技术要求，避免产生装配应力及装配时锉修、敲打壁板，避免产生缺陷 / 损伤。

(5) 由于壁板是飞机的外部零件，曝露于大气环境中，阳光、紫外线、温度、湿度、雨水以及冰雹、起飞滑跑扬起的砂石、使用维护中工具和零件坠落等引起的冲击损伤以及飞机清洗时的清洗液等，都会对复合材料产生不利影响。因此，设计层压壁板时，必须考虑适当的结构防护措施，以防材料性能退化，在壁板结构形式选择、材料选择、细节设计及铺层结构设计上，防止可能的冲击损伤引起不利影响。

(6) 连接部位是层压结构容易破坏的部位，应仔细设计，详见第 7 章。

二、层压壁板的设计准则和大致设计过程

1. 设计准则

壁板结构设计除应遵循第 5 章的结构设计要求外，还须遵循下列准则。

(1) 应变限制。在设计载荷下，构件的应变水平不得超过规定的设计许用应变。

(2) 稳定性限制。对于用纤维和树脂构成的复合材料壁板，在设计(或使用)载荷下是否允许出现屈曲，是一个复杂的问题。虽然结构试验已证明复合材料壁板有后屈曲承载能力，但屈曲后对疲劳的影响尚难以说清，因此目前在结构设计时，应对不同类型飞机、不同部件采用不同的屈曲要求。

1) 对于较厚的蒙皮(例如大于 3 mm) 和整体油箱等有功能要求的重要部位的壁板，在设计载荷下不得屈曲；

2) 对于中等厚度板(例如 $1\ \mathrm{mm} \leqslant t \leqslant 3\ \mathrm{mm}$)，在使用载荷下不得屈曲，在设计载荷下允许屈曲；

3) 只有对于较薄的板(例如小于 1 mm)，可允许板在使用载荷下进入屈曲，但应以充分的试验做支持。

2. 层压壁板大致设计过程

(1) 设计时一般先选定壁板的结构形式，合理分配蒙皮和加强条(筋条) 的承载比例。然后选取若干个切面，按各切面的载荷(如弯矩引起的轴力或所受剪力) 进行铺层设计，确定铺设角(铺向角) 和各铺设角铺层的比例。由设计许用应变值求出各铺设角层组的层数。再校核各切面的强度，必要时作局部修改。对有集中力作用处作局部补强设计，并考虑工艺因素予以调整。壁板铺层设计的原则与层压板相同。

(2) 选择合适的筋条剖面形状；确定层压壁板具体的层板构形，如铺层的走向，各切面间的铺层因层板厚度变化而导致的过渡和铺层增加或剔除的位置和方式。

(3) 根据连接和泊松比要求对铺层作局部调整。

(4) 根据需要对壁板的受压失稳和蒙皮、腹板的剪切失稳问题以及耐久性 / 损伤容限特性和防护设计等进行综合考虑。必要时对铺层作局部修改，并优化铺叠顺序(目的主要在提高弯曲刚度和避免分层)。

三、壁板结构形式选择

层压壁板类型很多，按应用部件，可分为机翼和尾翼壁板、机身壁板等；按形状特征，可分为单曲度、双曲度壁板等；按结构形式，可分为单向加筋板、格栅壁板、多腹板结构壁板等。

从目前见到的资料以翼面壁板居多，这主要由于翼面结构应变 / 应力水平高，更容易发挥复合材料性能上的优势，减重效果明显；再者，翼面壁板外形简单，一般为单曲度，制造起来相对容易些；结构简洁，开口较少，须经常维护检查部位不多，形成维护损伤的可能性也较小。而机身壁板，其应变 / 应力水平偏低，一般说外形复杂，各种开口较多，内部装载多，经常拆卸、检查的部位也多，利用复合材料的优势相对说较不明显。

在翼面壁板中，多数为单向加筋板 —— 只有纵向加筋条的壁板，如图 6.9 所示波音 737 平尾壁板，A320 襟翼壁板等。A310 - 300 平尾、垂尾壁板则采用带有纵向与横向加筋条的格栅壁板(见图 6.10)。

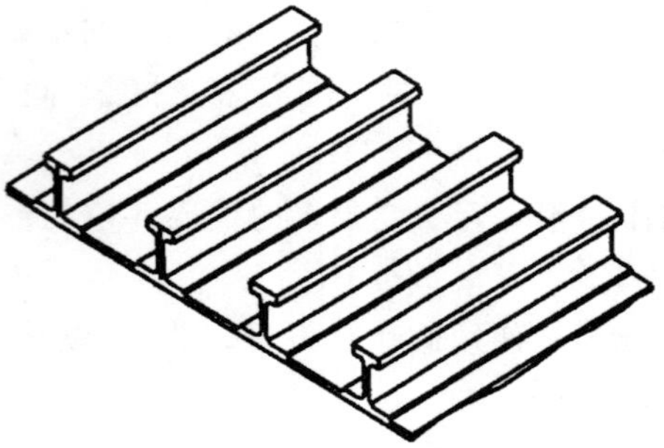

(a)

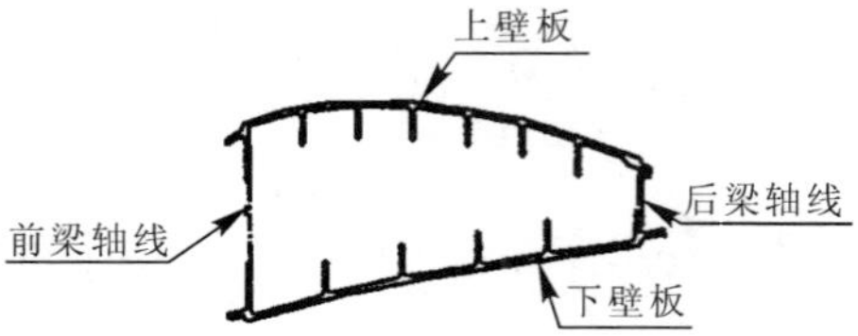

(b)

图 6.9　单向加筋板

(a) 波音 737 平尾壁板;(b) A320 襟翼壁板

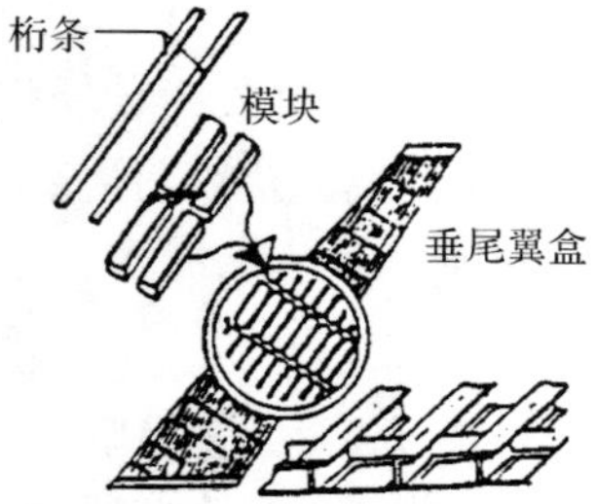

(a)

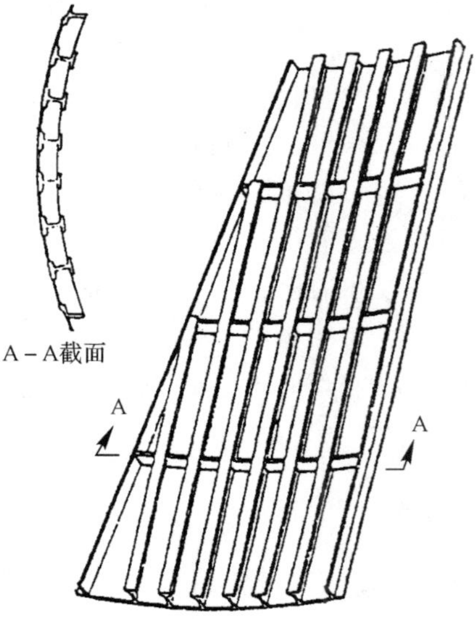

(b)

图 6.10　空中客车 A310－300 和 A300－600 复合材料垂尾

(蒙皮上带有整体长桁、梁缘及翼肋缘条)

格栅壁板的纵、横向筋条与蒙皮一起一次固化成形,结构的整体性好;壁板外表面光整,只有少数与周边骨架相连的紧固件孔,减少了零件数量和总装工作量,质量轻。如图 6.10 所示的"空中客车"A310－300 和 A300－600 的复合材料垂尾安定面的整体壁板,蒙皮上带有整体长桁(即纵向筋条)和横向(翼肋方向)筋条,构成格栅结构。该壁板底部宽 7.8 m、高 7.3 m,其零件数由铝合金盒形结构的 2 076 个减为复合材料结构的 95 个,质量比金属结构减轻 22%。由于整体加筋，无敏感界面，可减缓腐蚀；同时由于提供了连续的传力路线，取消了连接件，还能提高结构的效率。考虑到复合材料具有易成形并能共固化的成形优点，因此复合材料整体结构确是一种合理的，并很有发展前途的复合材料构件的结构形式。整体结构件的缺点是制造起来相当复杂，尚难以制造过于复杂的构件；工装成本和修理成本高；且对有些部位，如难以接近的整体加筋壁板中的筋条腹板部位较难进行检测。

与格栅壁板相比，单向加筋壁板结构简单，也有较好的强度与刚度，模具比格栅壁板简单，其生产成本比格栅壁板低。Y7 复合材料垂尾壁板、波音 737 复合材料平尾壁板、L-1011 复合材料垂尾壁板均采用这种结构形式。

与金属结构类似，对相对厚度比较小的翼面结构采用多腹板式结构会有较高的结构效率，美英联合研制的 AV-8B 复合材料机翼、平尾壁板（见图 6.11）、英宇航公司研制的 EAP(Experimental Aircraft Programme) 验证机复合材料机翼都采用这种形式，机翼盒段可采用共胶接工艺制成，但要求很高的制造技术以及无损检测技术。

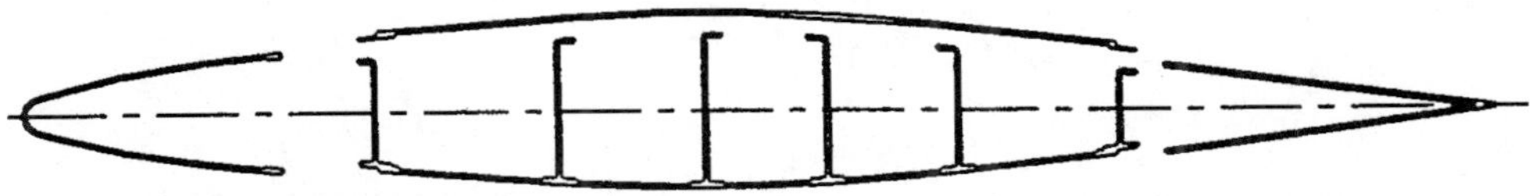

图 6.11　AV-8B 平尾壁板

选择壁板结构形式，应从设计、强度、质量、工艺、模具、成本等因素综合评价，产品的继承性、承制厂的生产条件和生产经验也是结构形式选择的重要方面，因为复合材料结构设计与成形工艺关系密切，所以设计人员在选择结构形式时应广泛地与材料、工艺、工装工程师接触、协调。

四、加筋条剖面形状选择

常用的加筋条剖面形状有“T”形、“I”形、“J”形、帽形等。

(1)“T”形筋条。“T”形筋条（见图 6.12(a)）结构最简单，质量轻，容易与肋、框连接，容易成形。缺点是惯性矩低，筋条容易总体失稳，多用于载荷比较小的壁板上，如 Y7 垂尾壁板。在筋条端头增加一球形头（见图 6.12(b)，(c)），可改善“T”形筋条容易失稳的缺点，且与图 6.12(a) 相比，筋条下端不易分层，但铺贴起来不方便。

(2)“J”形筋条。“J”形筋条（见图 6.12(f)）是在“T”形筋条的基础上增加了半边缘板，较大地提高了筋条的总体失稳应力。由于结构不对称，剖面扭心不在腹板平面上，较易扭转。一般用于中等载荷水平的壁板上，在双曲度壁板上应用较多，C-5A 运输机机翼-机身整流壁板和图 6.8 所示纵梁均是采用“J”形筋条的例子。

(3)“I”形筋条。“I”形筋条(见图 6.12(g))有一水平缘板,惯性矩较大,且结构对称,扭转刚度也较大,适用于中等承载水平的壁板,如波音 737 平尾壁板(见图 6.9)、A310/A320 垂尾壁板(见图 6.10)等。

(4) 帽形筋条。帽形筋条(见图 6.12(d),(e))的剖面尺寸较大,其两边与蒙皮相连形成一个闭合剖面,具有很高的受压稳定性,可以承受重载。但闭合剖面开敞性差,内部缺陷不易检查,内腔容易积液,与肋或框的连接也较困难。第 89 页图 5.12 所示 AV-8B 前机身侧壁筋条即采用此剖面形状。

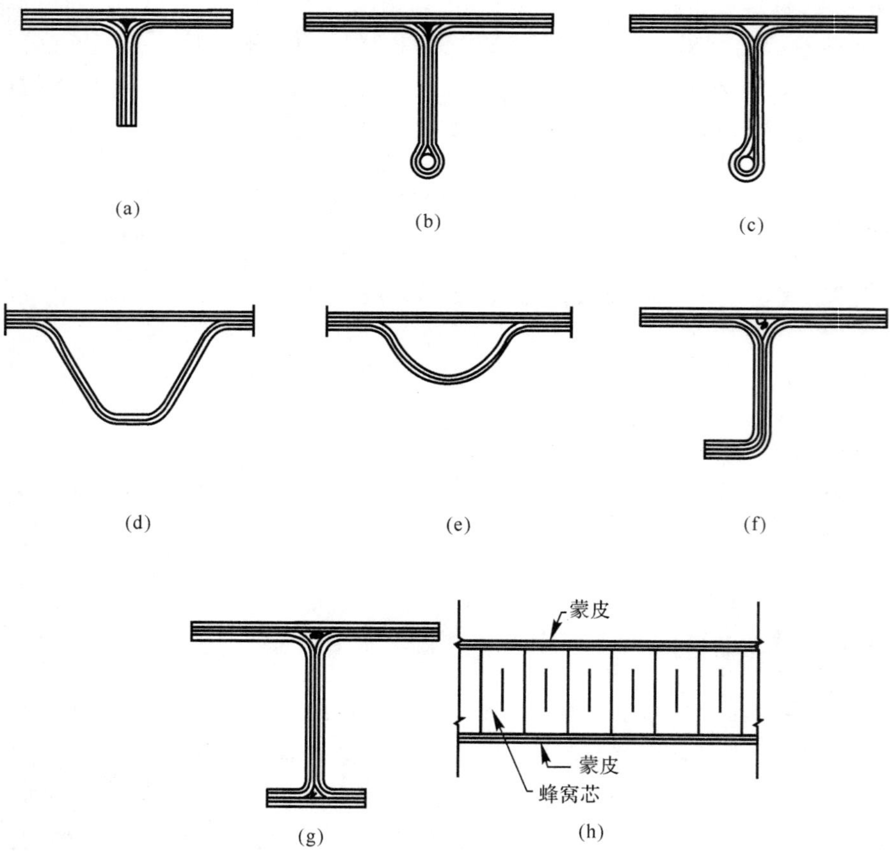

图 6.12 复合材料壁板筋条剖面形状

(a)“T”型;(b) 对称球头;(c) 非对称球头;(d) 帽形加强
(e) 泡型加强;(f)“J”型加强;(g)“I”型加强;(h) 蜂窝

五、层压壁板细节设计

与金属结构一样，细节设计能直接影响结构的耐久性和损伤容限，在金属结构中一切行之有效的抗疲劳设计细节，如避免传力路线不连续，避免或减缓构件形状和横切面及刚度的突变，减少偏心和应力集中等，原则上都适用于复合材料结构。但因层压壁板是层压而成，因此由于刚度突变、应力集中、偏心、连接区、有面外载荷或制造缺陷等因素影响容易出现分层和局部层间脱胶，以致降低结构的承载能力。结构中容易出现分层的部位见图 6.13。为此在设计层压壁板时，除必须遵循 6.2 节铺层设计原则中避免分层的有关措施外，还应注意以下细节设计。

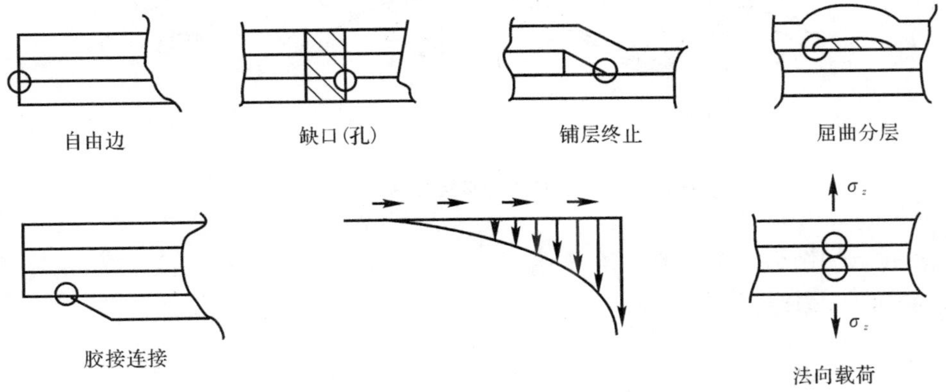

图 6.13　结构中容易分层的部位

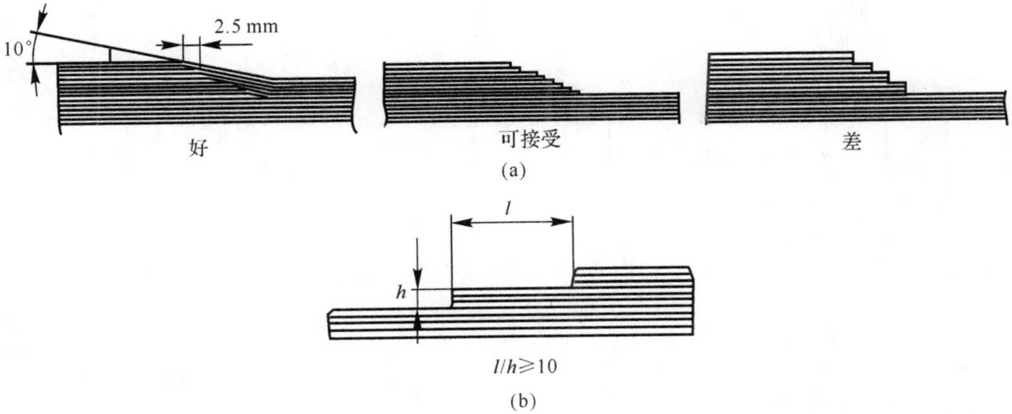

图 6.14　层压板厚度变化过渡区

(a) 结构变厚度区设计建议(对称均衡层压板)；(b) 小台阶过渡区设计

(1) 当构件厚度变化过剧或断层时，须将铺层数按要求作成斜坡形(见图 6.14(a))或做成

$l/h \geqslant 10$ 的小台阶形(见图 6.14(b))。在表面覆盖一层连续的铺层对防剥离也很有效。

(2) 对承受集中力部位应进行局部加强(见图 6.15)。当为集中冲击力时,还应配置一定数量与载荷方向成 $\pm 45°$ 的铺层,以便将集中载荷扩散。

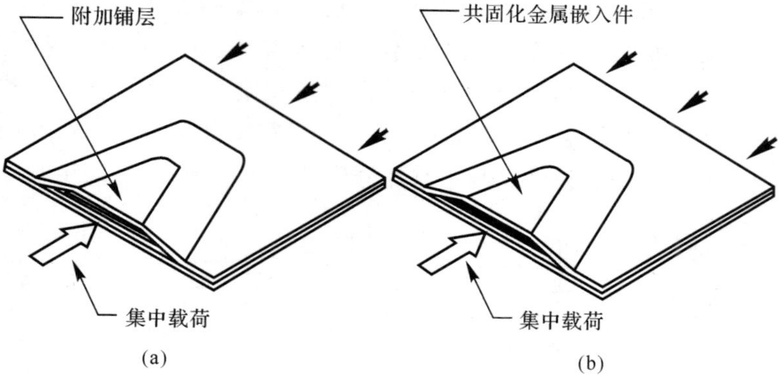

图 6.15 受集中载荷连接区的设计建议

(3) 尽量选用结构上对称的筋条,避免使用"L"形筋条。因为存在拉力时,很容易在"L"形筋条的转角处产生剥离(见图 6.16)。

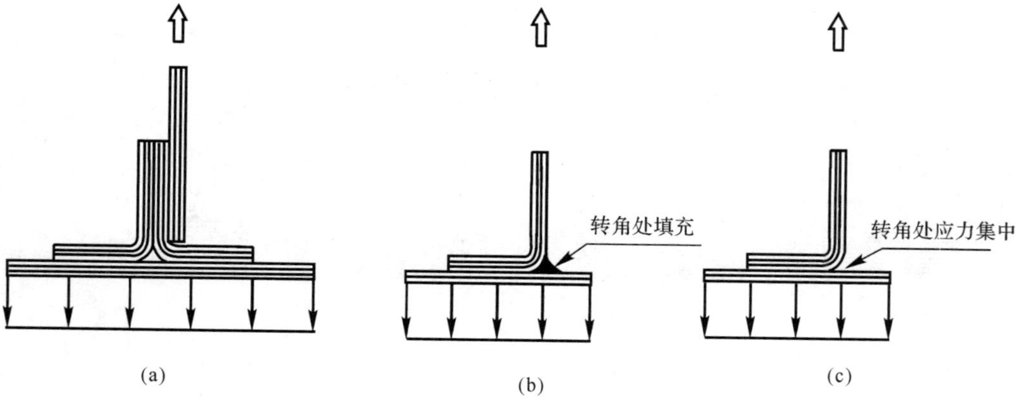

图 6.16 筋条形状选择

(a) 推荐的对称筋条;(b) 谨慎使用;(c) 不用

(4) 在加筋板的长桁端头,蒙皮与长桁之间会产生脱胶、分层(见图 6.17(a)),并沿筋条长度方向扩散。解决的措施如下:

1) 筋条端头处加阻止剥离的紧固件(见图 6.17(b));

2) 为使筋条载荷平缓地过渡到蒙皮上,可将筋条的水平缘板延伸至蒙皮端头(见图 6.17(c));

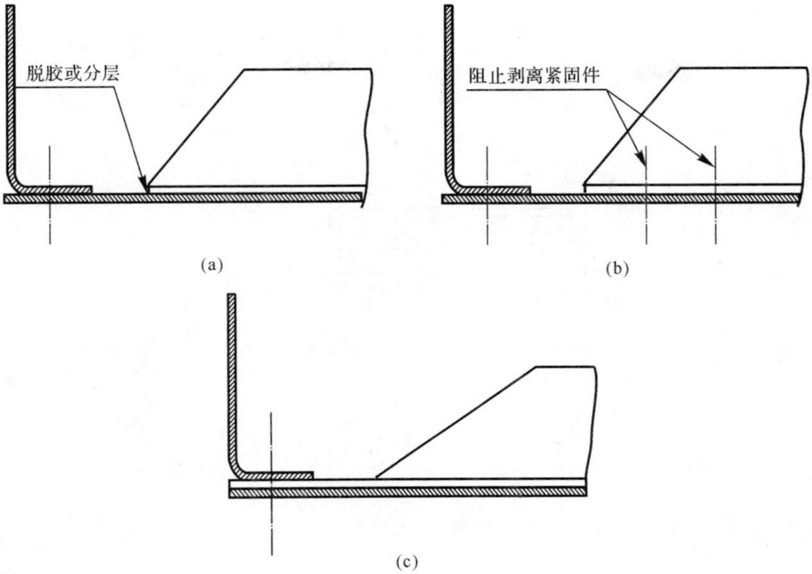

图 6.17　长桁端头设计

(a) 筋条端头的隐患;(b) 筋条端头加紧固件;(c) 长桁端头的过渡

3) 在采用“T”形、“J”形等形状的筋条时,由于局部空气动力载荷、油箱内压等作用,在“百慕大”三角形部位,有相当大的应力集中(见图 6.18),三角形部位应以单向带或织物填充并压实。

4) 筋条与蒙皮之间的界面,应考虑两者之间泊松比匹配,且筋条与蒙皮的界面及筋条间的界面,推荐用 0° 铺层以免界面处发生剥离,如图 6.19 所示。

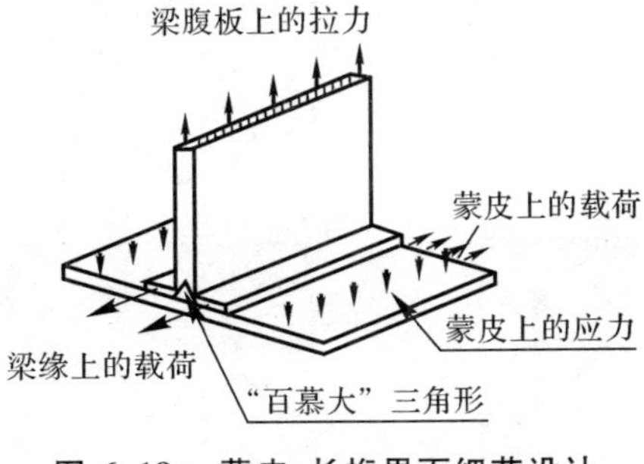

图 6.18　蒙皮-长桁界面细节设计

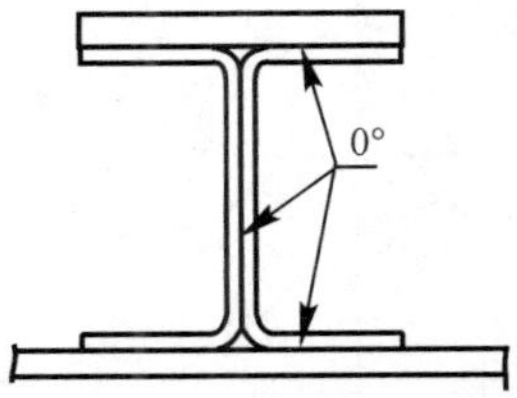

图 6.19　筋条-蒙皮界面铺层

5) 为了防止蒙皮下的裂纹扩散到长桁上,并在外来冲击时能够抑制损伤产生,设计时在连接区增加 0° 向铺设的损伤抑制带,它沿长桁方向并与其等宽,其铺层可掺在蒙皮铺层中铺设,它们之间布置胶膜,如图 6.20 所示。

关于层压壁板上开口区、连接区的细节设计,另见 6.4 节和 7.3 节。

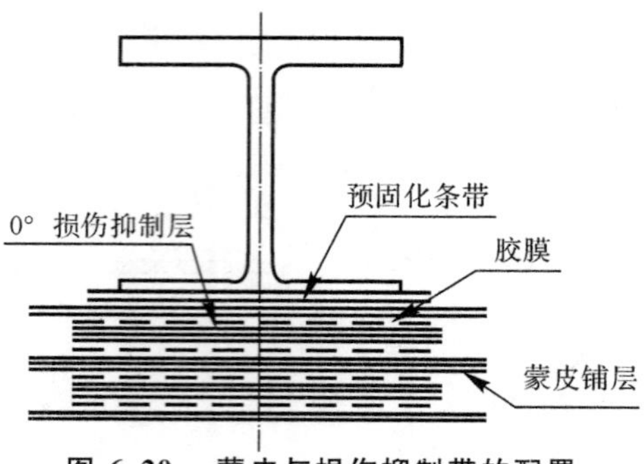

图 6.20 蒙皮与损伤抑制带的配置

6.4 层压件开口区设计

飞机结构由于设计上的要求，如检查维修、管线通过、工艺施工、设备安装，还有一些减轻孔等，在层压件上开口(开孔)通常是不可避免的。在复合材料层压件上开口(开孔)要切断纤维，必然引起层压件强度和刚度下降，开口的影响区一般比金属大；而且孔边应力集中较严重，加之开口(孔)边缘的自由边效应，会引发孔边局部提前破坏，因此必须注意补强设计。

一、层压件开口设计特点

1. 开口(孔)形状的选择

开口(孔)形状的选取主要考虑尽可能少地切断纤维；开口引起的应力集中尽量小；加工方便。图 6.21 对几种孔的形状作了比较，其中圆形孔能较好地满足上述各项要求，故一般以圆形为最佳形状。

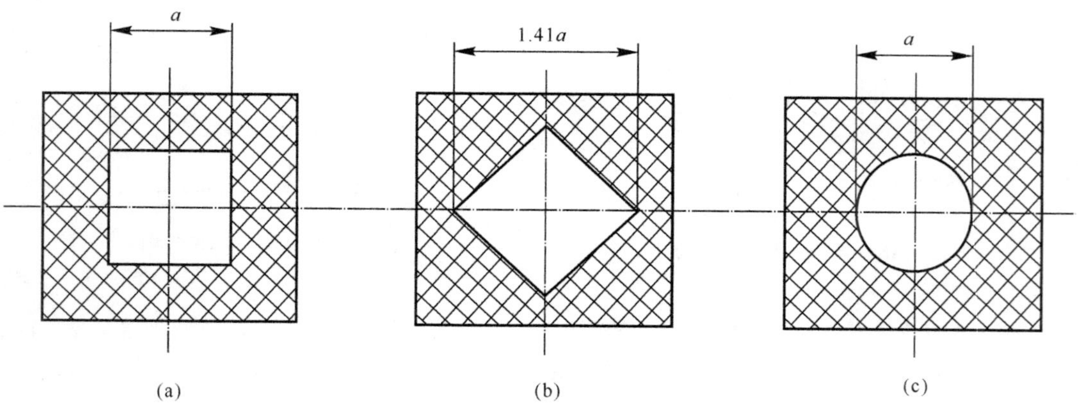

图 6.21 开口(孔)几何形状对比

(a) 不好；(b) 较好；(c) 好

2. 开口设计与开口尺寸有关

层压件上开口的几何尺寸大致可分为小开口和中开口。通常所说的飞机结构上影响其总体受力的大开口尚很少见。尺寸不同往往决定了它们的受力特点不同;开口影响区大小、孔边应力集中情况不同,补强设计方案也不同。

小开口(孔)直径为 20 ~ 120 mm,孔径 / 板宽比(d/W)在 0.2 ~ 0.5 之间。因其尺寸小,一般开在梁、肋的腹板上或壁板的蒙皮上,即主要处于构件承受剪切载荷的部位。中开口尺寸可达 150 mm,一般处于壁板上,除开掉蒙皮外,通常还切断其加强条(筋条)等受正应力的元件,须通过开口附近结构参与区传力,应通过有限元分析确定其应力分布和确定补强方案。

二、开口区设计

开口区设计的核心是开口区的补强设计。

1. 小开口(孔)的开口区设计

(1) 孔边影响区 λ。由圣维南原理的端部效应可得到复合材料的特征衰减长度(即影响区)λ,它与各向同性材料的特征衰减长度 λ_i 之比为

$$\lambda/\lambda_i = 0.67(E_x/G_{xy})^{1/2} \tag{6.15}$$

现以 T300/5222 层压板为例,若取 $V_{0^\circ}/V_{\pm45^\circ}$ 铺层比分别为

A:0.4/0.6,则 $\lambda/\lambda_i = 1.113$;

B:0.6/0.4,则 $\lambda/\lambda_i = 1.242$;

C:1/0,则 $\lambda/\lambda_i = 3.51$。

0° 层愈多 λ 愈大,且均大于 λ_i。λ 还与 d/W 有关,以剪应力为主的圆形开孔板为例,层压板取上述常用的 A 板铺层比,则

$$d/W = 0.2, \quad \lambda \geqslant 2.5d$$
$$d/W = 0.4, \quad \lambda \geqslant 6.0d$$
$$d/W = 0.48, \quad \lambda \gg d$$

λ 随 d/W 的增大而增大。

(2) 孔边应力集中系数 K_t。

$$K_t = R_{FPF}^{\infty}/R_{FPF} = \frac{1}{\overline{R}_{FPF}}$$

开孔后,孔边最先一层破坏强度 R_{FPF} 和最终破坏强度 R_F 均低于无孔区 R_{FPF}^{∞} 的和 R_F^{∞}(见图 6.22)。在孔周边小范围内应力急剧升高,且 K_t 值随 d/W 的增大而显著增大。表 6.4 列出了常用的 ±45° 层所占比例大于或等于 60% 的层压板的 K_t 值。

另应力集中系数还与铺设角和铺层比有关。有资料表示碳 / 环氧 0° 向层压板的 K 约为 7,而 ±45° 层构成的层压板 K 则为 2。

表 6.4　层压板孔边(距孔中心 1.03τ 处)的应力集中系数 K_t

d/W	0.2	0.4	0.48
K_t	3.396	4.243	5.510

注:层压板中 ±45° 层比例等于或大于 60%。

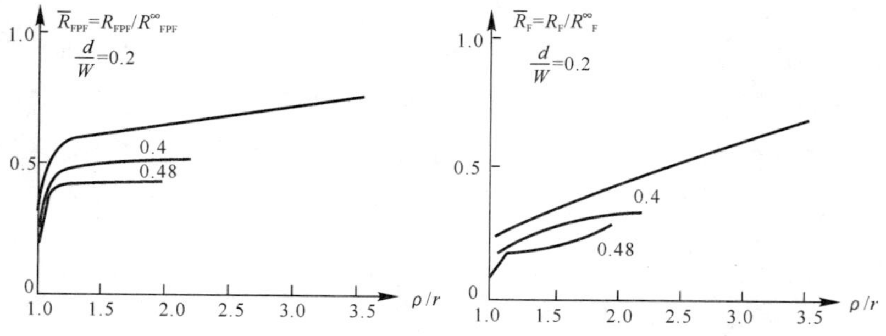

图 6.22　$\overline{R}_{FPF}$,$\overline{R}_F$ 随孔边缘距离的变化

(3) 补强措施。由(1),(2)可知,d/W 对孔边应力集中和含孔板的承载能力影响十分显著。因此开孔宜小,且一般补强范围要比各向同性材料大。为此可采取如下补强措施:

对 d/W 为 0.2 左右、孔直径为 20～30 mm 的管线通过孔、窥视镜检查孔等小开口(孔)一般不要求补强。因为目前设计许用应变按冲击损伤无扩展确定,剩余强度大,足以承担这类小开口边缘引起的应力增加。

当开口(孔)直径为 60～120 mm,d/W 为 0.5 左右时,通常采用补片补强。设母板所受面内载荷为 N_x, N_y, N_{xy}(一般 $N_{xy} \gg N_x, N_y$),层压板厚度为 t。可根据 d/W 通过计算或查手册获得孔边应力集中系数 K_t。开口区的使用载荷 N_A 按 K_t 放大求得

$$\left.\begin{aligned} N_{xyA} &= K_t N_{xy} \\ N_{xA} &= K_t N_x \\ N_{yA} &= K_t N_y \end{aligned}\right\} \tag{6.16}$$

设计载荷 N_D 按使用载荷乘以安全系数 f 确定:

$$\left.\begin{aligned} N_{xyD} &= fK_t N_{xy} \\ N_{xD} &= fK_t N_x \\ N_{yD} &= fK_t N_y \end{aligned}\right\} \tag{6.17}$$

根据开口区的使用载荷按无孔层压板设计,求出补片区厚度为 t_s(见图 6.23);并用设计载荷进行强度校核。补片材料一般与母板材料相同,补片直径 D 应保证补片贴补时有足够的层间剪切强度,考虑圣维南原理,一般取 $D/d = 1.5 \sim 2.0$。

据资料介绍,对多种开孔补强板的分析结果指出:

$d/W \leqslant 0.45$ 时,采用圆形补片效果较好;

$d/W > 0.45$ 时,采用开孔影响区全宽度补强效果较好(见图 6.23)。

补片可两侧对称补强，也可单侧补强（见图 6.24）；补片可插层补在开孔区铺层内，也可贴补在开孔框上。实践表明，开口补片采用两侧对称插层补强效果最好。

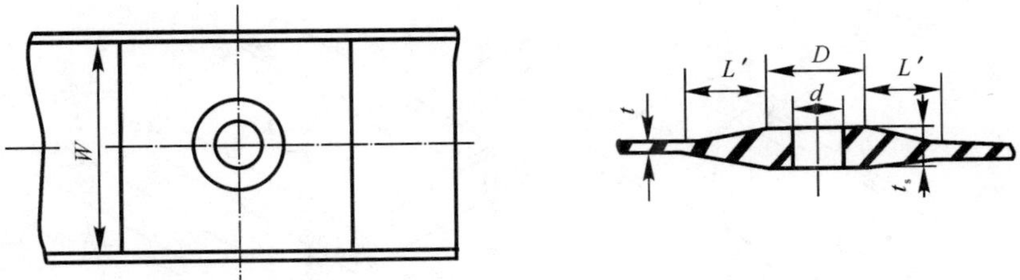

图 6.23　开口影响区全宽度补强示意图（L' 为开孔影响区长度一半）

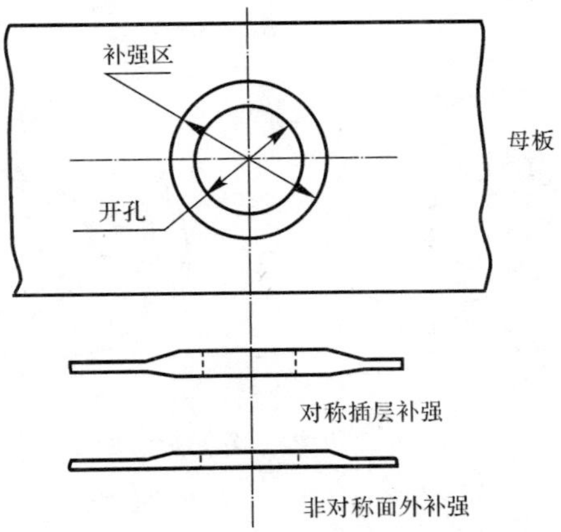

图 6.24　开孔补片补强示意图

若孔带有翻边（如翻边减轻孔）时（见图 6.25(a)），θ 角不能太小，一般取 45°，以免成形困难。补强口框可插补在下陷凸台范围内（见图 6.25(b)）。若翻边减轻孔的尺寸较小或受载小，可无须特殊补强。

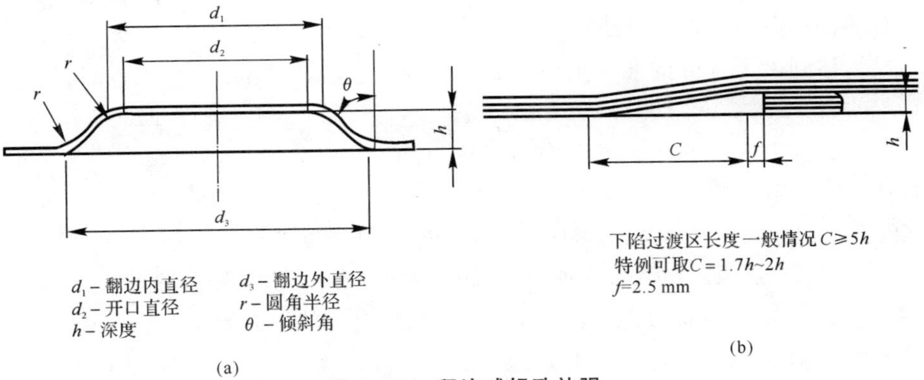

图 6.25　翻边减轻孔补强

(4) 其他补强措施。在开口(孔)的周边加上帽形包边或加上翻边包边补强(见图 6.27),也可有效地提高口框边缘的刚度、强度,减小边缘分层。

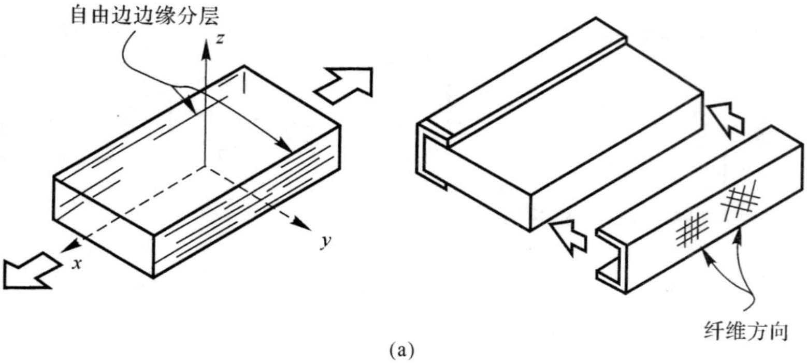

(a)

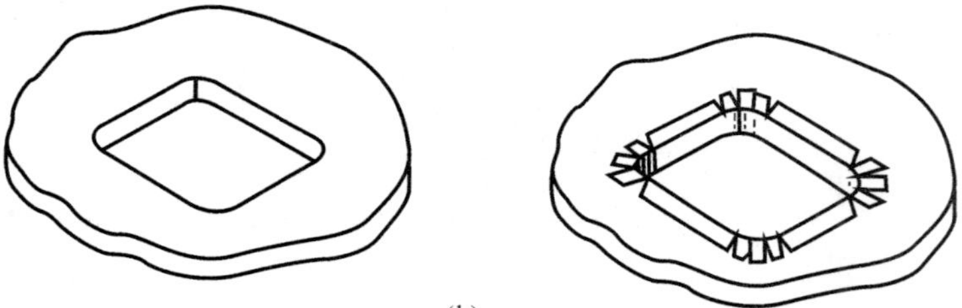

(b)

图 6.26 边缘包边补强示意图

(a) 边缘帽形包边补强;(b) 翻边包边补强

2. 中开口的开口区设计

(1) 中开口正应力参与区受力分析。正如前述,中开口因尺寸较大常会切断受正应力元件(如筋条或受正应力的厚蒙皮),此时轴力的传力路线因开口而中断,须在开口的前、后通过蒙皮受剪参与传递轴力。以一个近似的数例作定性说明。设层压板承受轴力引起的正应力 σ_s,因开口而须将开口右端的 σ_s 由阴影部分层板(其宽度为 a,长度为 b,厚度为 t) 全部转换成剪流 τ_s 形式转移到上下部分的元件上(见图 6.27) 传递出去。由板平衡条件可得

$$2\tau_s = \frac{\sigma_s at}{bt} = \frac{a}{b}\sigma_s, \quad \tau_s = \frac{a}{2b}\sigma_s$$

取一复合材料层压板,铺层比为$(V_{0°}/V_{\pm 45°}/V_{90°}) = (0.5/0.4/0.1)$,其 $\sigma_b / \tau_b = 4$,若取 $\sigma_s = \sigma_b$,则可得 $b/a = \sigma_b/2\tau_b = 2$,说明该开口右端的载荷参与区为 $b = 2a$,比金属材料开口参与区长度 $b = 1 \sim 1.5a$ 要大。当取另一种层压板时,其 σ_b / τ_b 值更大,则参与区长度 b 将大于 $2a$。

上述数例说明,复合材料板件有开口时,轴向承载能力的发挥要受到层压板传剪能力的制约,而复合材料相对来说承剪能力较差,特别是 0° 向板。故在结构形式的选择和细节设计时,应力求避免通过层压板的受剪来传递大的轴向载荷;当不能避免时,则须布置比金属结构要大

的传力参与区。

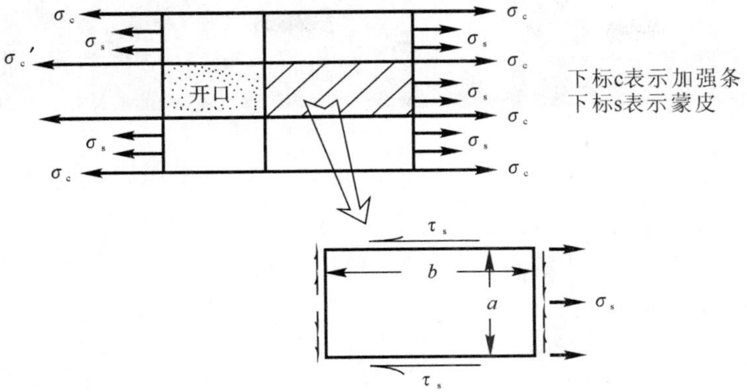

图 6.27　开口部位处载荷的传递

根据进一步的理论分析可得知：

1）复合材料层压结构开口载荷参与规律与金属薄壁结构相似，其轴力和剪流的变化规律仍可用双曲函数描述。

2）参与区长度比金属结构大，其值除受结构尺寸影响外，还与开口部位的复合材料性能、铺层参数有关。若想减小参与区长度，最有效的办法是增加层压构件开口区的$\pm 45^{\circ}$铺层的比例 $V_{\pm 45^{\circ}}$ 和选用剪切性能好的复合材料（均会影响 σ_b/τ_b 值）。

（2）补强措施。应对开口的上、下、左、右四块板和四根纵横加强条（相当于口框）予以加强，具体加强情况可根据有限元计算结果确定。壁板的补强方法一般仍采用补片插层补强方法，补片与结构一起铺贴，共固化成形，再制孔。在补强区边界处，应设计一个厚度变化过渡区，保持刚度均匀过渡。

此外，复合材料结构的开口边缘存在自由边效应，应采取合理的防分层措施。

第7章 复合材料连接设计与修理

在结构设计中,结构的整体性始终是减轻结构质量,提高结构效率的主要手段之一。相对金属结构而言,复合材料便于进行整体固化成形,这对各类结构件,包括某些复杂的飞机结构件,提供了提高结构整体性的优越条件,有利于减轻结构质量,提高结构效率。但由于设计、工艺和使用维修等方面的需要或限制,还是必须安排一定的设计和工艺分离面、维护口盖或与其他零构件的连接接头等,必须有相应的连接,所以连接设计在复合材料结构设计中是必不可少的关键环节之一。

连接会增加结构质量和装配工作量,对飞机结构而言,据统计,其连接件质量占结构总质量的5%～6%,其成本占全机成本的3%～5%;同时,连接区往往是结构中容易发生破坏的部位,特别是某些重要的连接接头,一旦发生破坏,可能危及飞机的安全、可靠,故必须加以重视。

复合材料连接可分为机械连接(包括螺栓连接和铆接)、胶接和混合连接三种类型。从连接效率看,复合材料结构应尽量采用共固化或二次胶接,少用机械连接,以免钻孔切断纤维。但由于胶接强度分散性较大、剥离强度低等原因,因而目前对于要传递较高载荷或强调可靠性的部位,一般机械连接仍是最常用的连接方法;而胶接则较适用于传递较小载荷的部位。机械连接和胶接连接这两种连接方法的优缺点比较详见表7.1。

表7.1 机械连接和胶接连接的优缺点对比

	机械连接	胶接连接
优点	(1) 便于质量检测,连接可靠; (2) 能传递大载荷,抗剥离性能好; (3) 允许拆卸再装配; (4) 受环境影响较小; (5) 没有胶接固化时产生的残余应力; (6) 装配前构件表面无须进行专门的清洁处理	(1) 无孔引起的应力集中,不需要连接件,结构轻,连接效率高; (2) 抗疲劳,且破损安全性好; (3) 密封、减振、绝缘性能好; (4) 可用于不同类材料的连接,无电偶腐蚀问题; (5) 能获得光滑的气动外形
缺点	(1) 孔处纤维被切断、导致应力集中,降低连接效率; (2) 孔附近可能须局部补强加厚,增加质量; (3) 采用钢和铝紧固件时,有电偶腐蚀问题; (4) 抗疲劳性能差	(1) 强度分散性大,较难准确检测,不易控制质量; (2) 抗剥离能力差,不能传递大载荷; (3) 胶黏剂存在老化问题,受环境影响大; (4) 不能拆卸,外场修补较复杂

7.1　机械连接设计

机械连接是借助于紧固件(通常有螺栓和铆钉两大类),把两个以上的零件连接成一个整体的连接方法。螺栓连接比铆钉连接可承受更大的载荷,一般用于连接主承力结构,且有可重复装配和拆卸、受环境影响小等特点,因而成为复合材料结构最常用的连接方式。如 AV-8B 机翼和前机身(分别使用了 3 000 个和 2 450 个紧固件)、F-16 垂尾、F-18 机翼(见图 7.1)、F-22 机翼(有多达 14 000 个紧固件)等复合材料飞机结构均采用了以机械连接为主的连接方式。

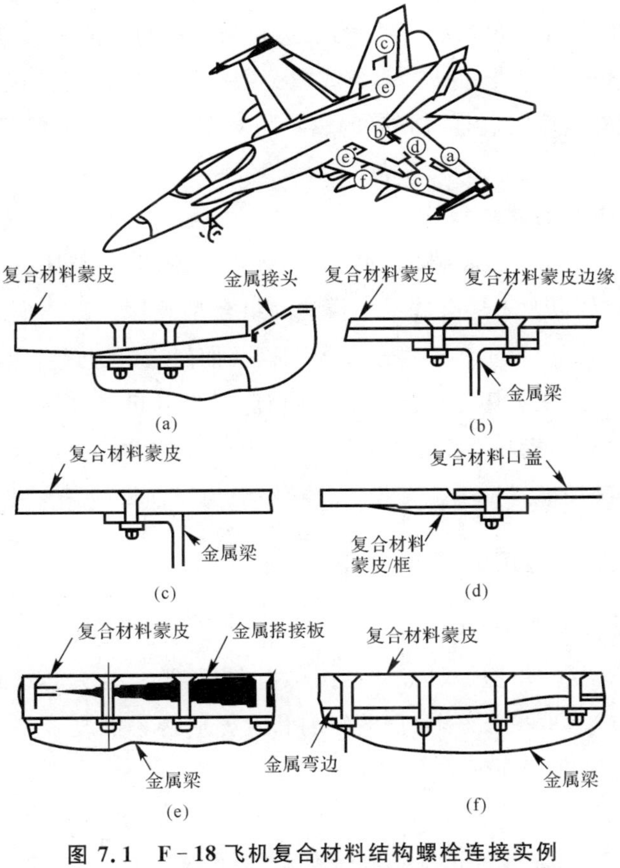

图 7.1　F-18 飞机复合材料结构螺栓连接实例

(a) 典型搭接传载连接;(b) 蒙皮对接连接;(c) 蒙皮-梁连接;
(d) 口盖口框连接(偏位搭接);(e) 胶 / 螺阶梯搭接连接;(f) 蒙皮 / 梁弯边传载连接

一、复合材料机械连接的特点及类型

1. 复合材料机械连接的特点

复合材料与金属材料机械连接部位的设计和强度分析具有不完全相同的内容，有些方面有本质的差别，须特别注意。目前应用最多的层压复合材料由多层纤维 / 树脂构成的单层铺叠而成。而机械连接部位的钉孔会切断纤维，导致孔边应力分布较复杂，又由于复合材料属脆性材料，故其孔边的应力集中程度要较金属严重；多钉连接传力时钉孔载荷分配更不均匀。此外，影响复合材料机械连接接头强度的因素远比金属的多。首先是材料参数 —— 包括纤维 / 树脂的类型、纤维的取向及形式（单向带、编织布）及铺层顺序等，还有连接形式（搭接或对接、单剪或双剪等）和连接的几何尺寸（排距、端距、边距与孔径的比值等），紧固件的类型（螺栓或铆钉的类型）、尺寸，载荷的种类（静载、动载或疲劳载荷）、方向，环境（温度、湿度、介质）等因素。要了解这些因素对复合材料连接强度的影响与对金属材料影响的相同与不同点，并在设计中认真加以考虑。

2. 复合材料机械连接的破坏模式

其破坏模式有层压板的挤压破坏、拉伸破坏、剪切破坏、劈裂破坏、拉脱破坏，紧固件的弯曲失效、剪断和拉伸破坏以及上述某些单一模式的组合型破坏。破坏模式主要与其几何参数和铺层方式有关。表 7.2 显示了各典型破坏模式以及如何通过选择合理几何参数和铺层方式提供的预防措施。由于挤压破坏是局部性质的，通常不会引起结构的灾难性破坏。对单排钉连接，从保证连接的可靠和提高效率出发，应尽可能使其产生挤压型破坏，而尽量避免劈裂和剪切破坏两种低强度破坏模式发生。多排钉连接一般为拉伸型破坏。

二、机械连接设计的一般原则

1. 连接形式及其选择

机械连接有搭接、对接、单剪、双剪等（见图 7.1、图 7.2）。接头形式的选择与金属结构类似。双剪因受力对称较单剪接头好，合理的斜削和阶梯形接头可改善多钉连接时钉载分配的不均匀性，均有利于提高连接强度。

2. 连接几何参数的选择

为防止出现劈裂和剪切两种低强度破坏模式，而尽量为挤压破坏，使连接具有较高的强度，建议选用比铝结构更大的间距、端距。被连接板的几何参数一般应按表 7.3 选取，各参数定义见图 7.3。

表 7.2　机械连接典型破坏模式及其预防措施

破坏模式	预防措施
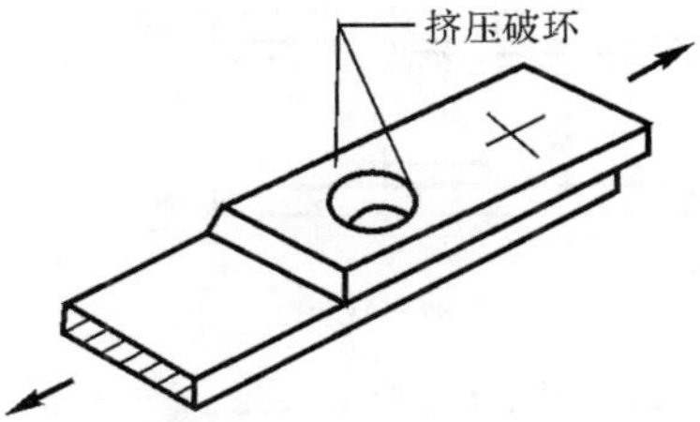	(1) 连接设计以挤压强度为临界参数； (2) 至少采用 40% 的 ±45° 的铺层； (3) 在螺母下面加垫圈； (4) 如有可能采用抗拉型凸头紧固件
净面积拉伸破坏 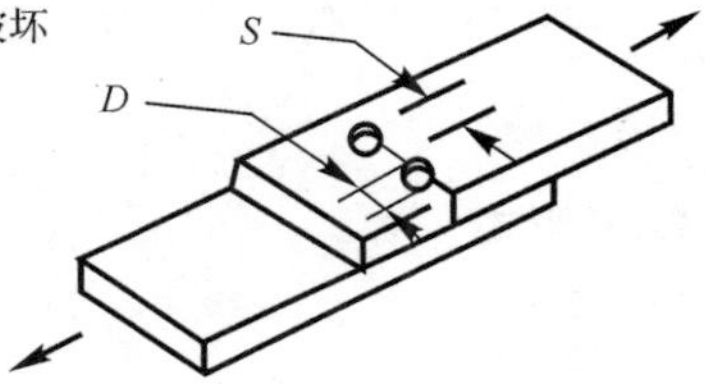	(1) 采用比铝结构更大的紧固件间距： 铝的 S/D(间距 / 孔径) ≥ 4， 碳纤维 / 环氧树脂的 S/D(间距 / 孔径) ≥ 5； (2) 连接板加厚，以减少净应力
剪切破坏 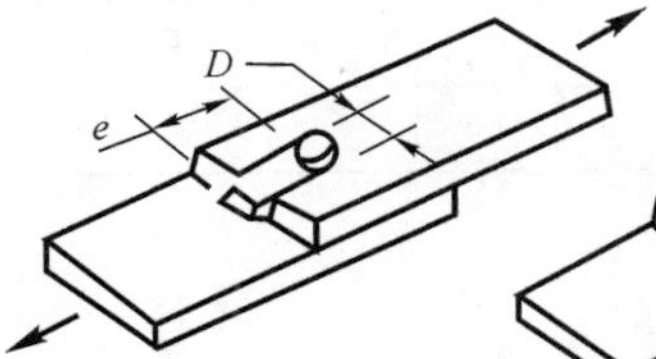 劈裂破坏 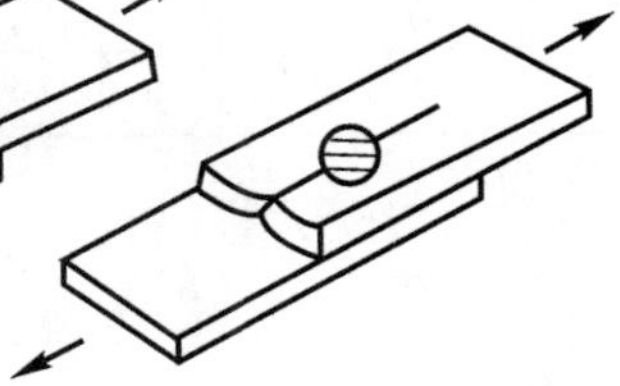	(1) 采用比铝结构更大的端距： 铝的 e/D(端距 / 孔径) 为 1.7 ~ 2， 碳纤维环氧树脂的 e/D(端距 / 孔径) 为 3 ~ 4； (2) 至少采用 40% 的 ±45° 铺层； (3) 至少采用 10% 的 ±90° 铺层
拉脱破坏 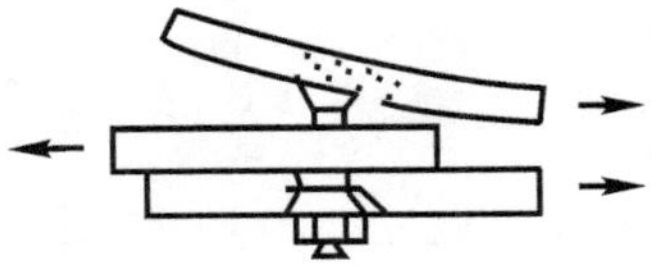	(1) 沉头孔深度不应大于层压板厚度的 0.6 倍； (2) 增加层压板厚度
紧固件剪切破坏 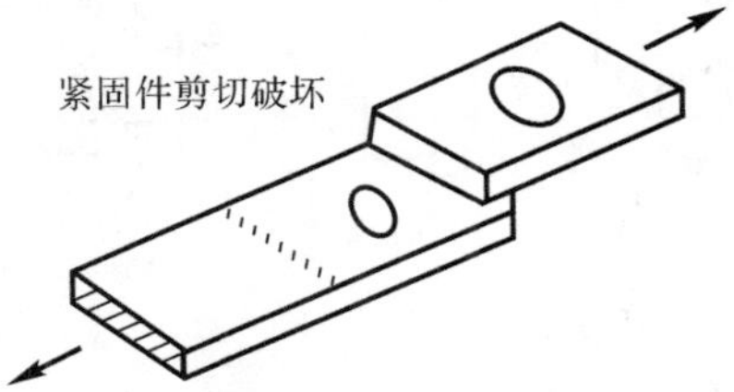	(1) 采用直径更大的紧固件； (2) 采用高抗剪紧固件

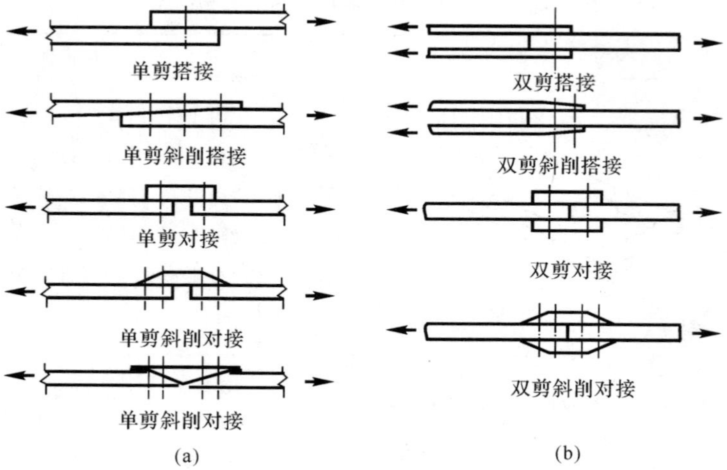

图 7.2 机械连接形式

(a) 单剪连接；(b) 双剪连接

表 7.3 机械连接中几何参数的选择

列距 / 孔径 (S/D)	排距 / 孔径 (p/D)	边距 / 孔径 (S_W/D) 或(W/D)	端距 / 孔径 (e/D)	孔径 / 板厚 (D/t)	沉头孔时的板厚 t
$\geqslant 5$	$\geqslant 4$	$\geqslant 2.5$	$\geqslant 3$	$1 \leqslant D/t \leqslant 2$	$t \geqslant 0.6D$

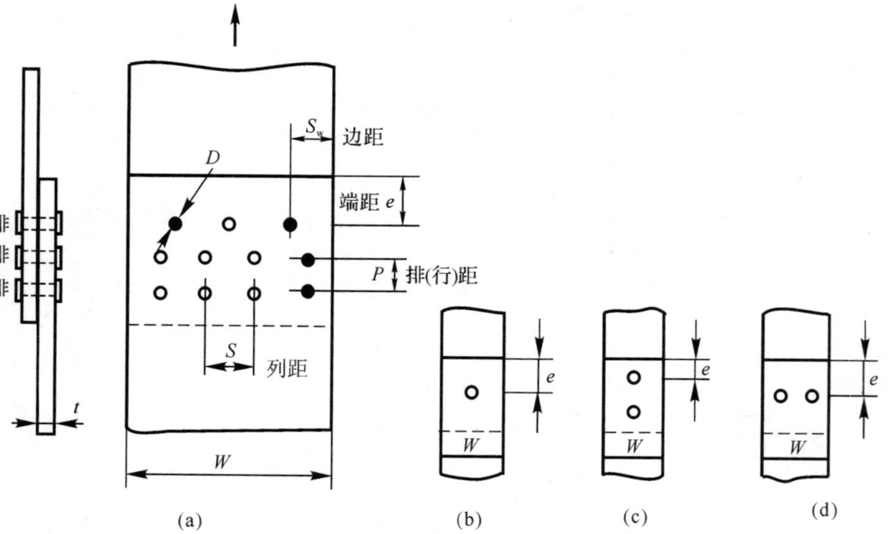

图 7.3 机械连接几何参数的定义

(a) 多排螺栓；(b) 单螺栓；(c) 串联双螺栓；(d) 并联双螺栓

3. 连接区的铺层设计

不同方向的纤维对机械连接强度的贡献不同。多向层压板可使不同方向纤维的受力优势互补而获得最好的连接强度。以 0°/±45° 层压板为例(见图 7.4)，±45° 层占 40%～60% 时，可获得最高的挤压强度。故一般原则规定，连接区 ±45° 层不得少于 40%；0° 层不少于 25%，在以拉伸破坏为主的高应力多钉连接区，可适当增加 0° 层，以提高拉伸强度，但一般不多于 40%；90° 层比例为 10% ～ 25%，以协调层压板的泊松比。同时，各方向纤维的铺层沿层压板厚度方向尽可能均匀，并使相邻层纤维间夹角最小，这样有利于载荷传递，并可减小分层的可能性。层压板表面应铺设 ± 45° 层，可改善层压板的抗压和抗冲击性能。

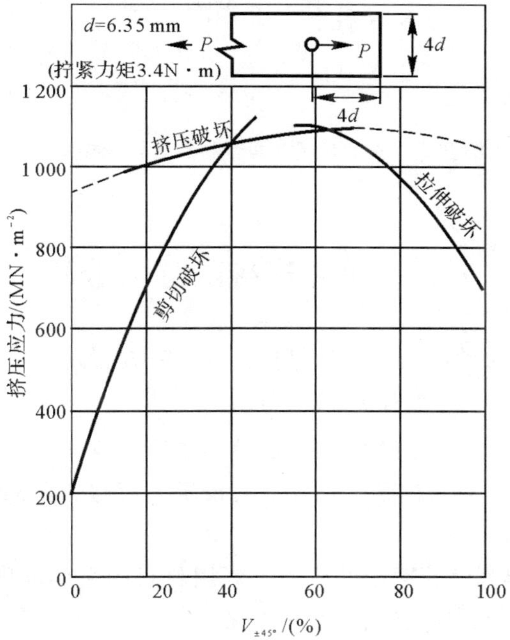

图 7.4　铺层比对 0°/±45° 碳纤维增强复合材料螺接接头破坏形式的影响

4. 紧固件选择

应优先选用螺栓。铆钉则用于不可拆卸、且层压板厚度较小处。复合材料不可使用锤铆，应采用压铆或抽钉等工艺方法。推荐使用高锁螺栓以及专门为复合材料设计的虎克铆钉、高锁环槽铆钉等紧固件。紧固件材料应使用钛合金或不锈钢，并采用涂以密封胶的湿装配，以防止电偶腐蚀。对结构整体油箱区的紧固件应采用密封措施，如涂密封胶或加塑料帽套等。

5. 多钉连接的设计

复合材料多钉连接时钉载分配的不均匀程度比金属严重，其不均匀程度主要与被连接件的相对刚度有关。故而为提高连接强度，多钉连接时以等厚度层压板和采用斜削双搭接板的效果最好(见图 7.5)。斜削度与连接区的结构尺寸(如层压板厚度)及传递的载荷有关。斜削搭接板最大总厚度(含上、下搭接板)取基本板厚的 1.5 倍为最佳,最小厚度应不发生剪切破坏。紧固件的行数以 2 ~ 3 行为宜,并选择合理的钉间距 / 直径的比值(见表 7.3)。紧固件直径在邻近蒙皮对接处的最内一排最大,$S/D=3$;最外一排最小,$S/D=5$。

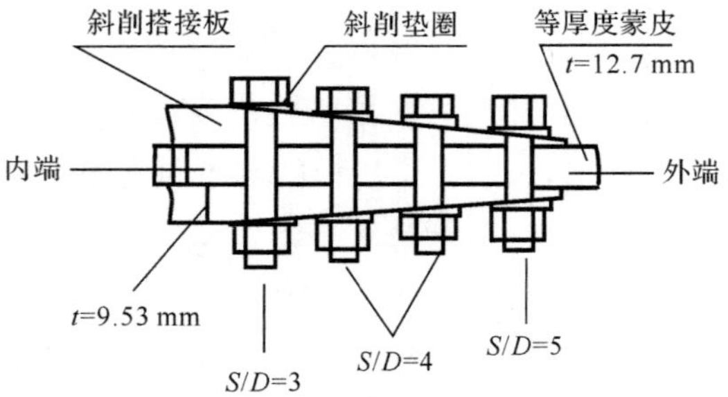

图 7.5　参数优选的复合材料多排螺接接头

7.2　机械连接的静力分析

复合材料结构机械连接的静力分析一般包括以下三方面内容:

(1) 确定机械连接接头所受的外力。

(2) 由所受的外力分析多钉连接钉载荷分配。对多钉多排连接,因存在由邻近紧固件引入的载荷,即旁路载荷,故须确定出各个钉孔处的挤压载荷和旁路载荷,以便分析其联合作用对孔应力的影响。

(3) 进行细节分析,得到钉孔区域的应力。利用材料的失效准则和特征曲线评定机械连接的强度,或者利用半经验破坏包线评定机械连接的强度。

确定复合材料钉载分配的方法主要有刚度法和有限元法。刚度法一般仅给出初步分析结果,读者可参阅参考文献[11]的第 4 章。目前应用比较普遍且适用性较广的为有限元法。分析时必须注意复合材料多钉连接的钉载分析与金属有两个不同的特点:层压板(件)的强度和刚度性能具有方向性,因而不同的钉载荷方向对应的层压板性能(含挤压强度)不同;又层压板一直到破坏都呈现近似的线弹性行为,没有金属材料呈现的屈服现象,因此层压板在多钉连接时几乎不具有钉载重新分配的能力。以下将简单介绍钉载分析的有限元法。

一、多钉连接钉载分配的有限元分析

这里主要介绍用 MSC/NASTRAN 程序计算钉载分配应注意的事项。

有限元素法求解钉载分配的要点是将紧固件(钉)视为钉元素,将钉元素的两个端点置于

被连接件的有限元网格节点上，如图 7.6 所示。

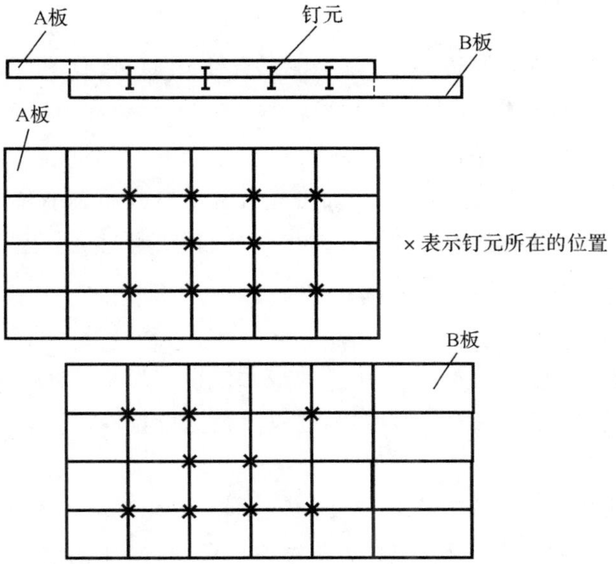

图 7.6　连接分析的有限元网格示意图

1. 紧固件的模拟

工程上通常用剪切钉元或梁元模拟钉。

剪切钉元以剪切形式传递载荷，在 MSC/NASTRAN 程序中一般用 CELAS2 等弹簧元素模拟。CELAS2 元素本身为标量(零维) 元素，通常可定义为结构模型中的标量弹簧元素，即连接两个几何节点或标量点，但只有一个自由度，力的分量只有轴向力或扭矩。如果两个几何节点中的任一个为基础连接点，则该点的自由度分量号可以省略。

用 CELAS2 元素模拟剪切钉元，只能在受载平面内使用。为了求出钉载的大小和方向，每个钉至少要用受剪平面内两个方向的 CELAS2 元素。钉元的剪切刚度可由钉的柔度求出(见下述 3)。

对于厚板连接，需要考虑弯曲效应，这时采用梁元模拟钉。梁元可采用 MSC/NASTRAN 程序中的 BAR 元素。

BAR 元素属于一维元素，由两个节点 GA 和 GB 相连。剖面弯曲特性的方向由第三个节点或定向矢量 **V** 确定。力的分量有轴向力、扭矩、两个平面内的剪力及弯矩。

在有限元分析中，用 BAR 元素模拟钉元时，一般只考虑两个平面内的剪力。在使用中，两个节点可按图 7.6 中所示的 A 板和 B 板上的两个节点编号来填写，其截面积、两个平面惯性矩、扭转刚度以及弹性常数等选用紧固件的实际几何特性和力学特性。BAR 元素可直接求出钉载的大小和方向。

为了比较精确地求出孔边应力场，在钉与孔接触处可以设置间隙元。在 MSC/NASTRAN 程序中，间隙元用 GAP 元来表示。GAP 元经常用于表面接触问题中模拟点与点的接触。详见参考文献[11]的第 4 章。

通常在工程分析中，可首先使用梁元或弹簧元求解出钉载的大小和方向，再使用间隙元进行钉孔周围的细节分析。但在钉数目较多的非规则分布复杂连接中，因计算规模太大，数据准备工作量大，不宜采用 GAP 元求钉载分配。

2. 被连接板的模拟

被连接板一般用 QUAD4 元素，也可用其他板元模拟。当紧固件用梁元模拟时，必须用弯曲板元。对于单列多钉连接常用的几何尺寸，建议沿板宽设置不少于五个节点，钉间不少于一个节点。

3. 钉的柔度

复杂机械连接中超静定内力的分配取决于被连接板和钉的刚度。每个钉对连接区柔度的贡献与钉的刚度、被连接板刚度和载荷偏心度有关。

对于初步设计，通常忽略钉与孔的摩擦和间隙，并假设钉的载荷-变形特性在加载期间自始至终是线性的。此时钉的柔度 α 可以采用下述比较简单的关系式：

$$\alpha = L / K_s = L / A_s G \tag{7.1}$$

式中，K_s 为钉的剪切刚度；A_s 为钉的剪切面积；G 为钉的剪切模量；L 为钉的有效长度。

单剪情况的有效长度 L 取被连接板总厚度的 1/4，双剪的有效长度取单剪值的 1/2。式(7.1)只考虑了钉的剪切，忽略了(单剪搭接)钉弯曲和刚体旋转的影响，因此用式(7.1)得到的钉载分布更为严重。

若欲对载荷分配进行更精确的分析，使强度预估更准确些，则可采用钉的载荷-变形特性为非线形的，此时 $P-\delta$ 曲线可用两段线形曲线的组合曲线模拟。

图 7.7 给出一组试验曲线。每条曲线来自两组不同的复合材料层压板和孔径分别为 5 mm 和 12 mm 的试验结果。图 7.7 显示多钉连接时钉载的不均匀性。在一列螺栓中，端头的钉承载比例大。双剪连接对钉载分配的不均匀性有所改善。

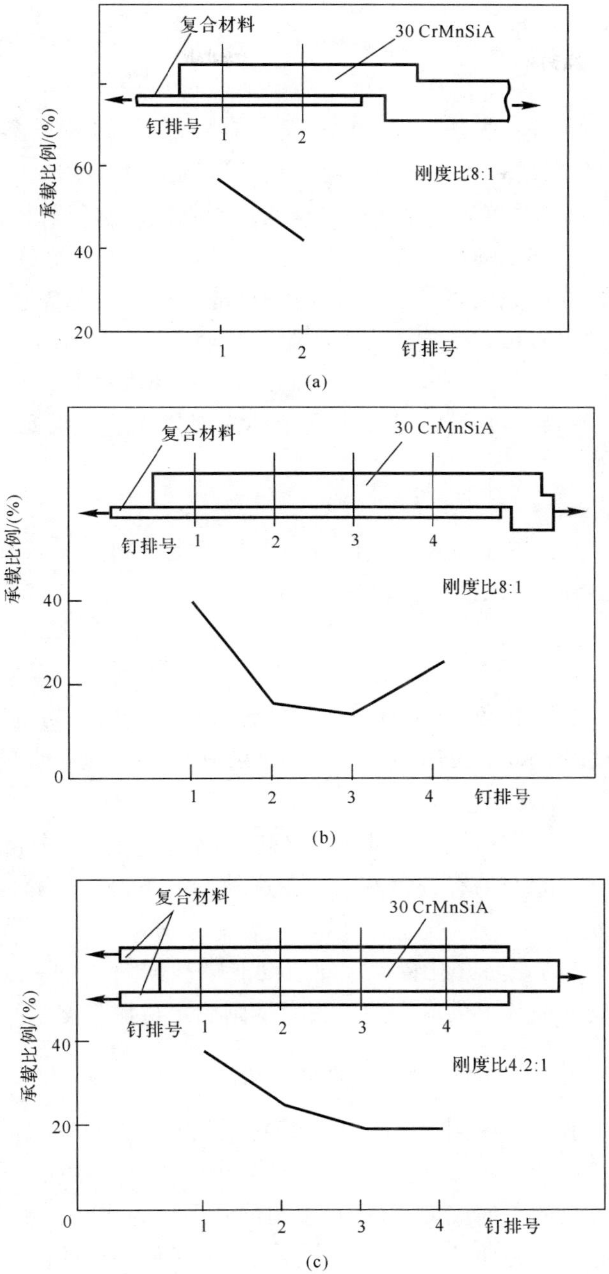

图 7.7　多钉连接时的钉载分配

(a) 两排钉单剪连接；(b) 四排钉单剪连接；(c) 四排钉双剪连接

二、单钉连接的应力分析

1. 应力分析

单钉连接应力的理论分析方法主要有解析法和有限元素法。其内容包括应力分析和强度估算两方面。首先，由作用的挤压载荷和旁路载荷计算钉孔附近的应力或应变分布；然后选择合适的失效准则和特征曲线估算其强度和破坏模式。影响复合材料机械连接强度的因素很多，如铺层方式、几何尺寸和拧紧力矩等，理论分析方法不可能考虑所有这些因素。另一方面，关于复合材料的失效准则仍在研究之中，至今还没有一种准则被公认是普遍适用的。因此，估算的连接强度往往与试验结果有一定偏差。参考文献[11]的第4章介绍了三种单钉连接的理论分析方法，包括一种有限元方法和两种解析法。经多种材料和多种几何形状的单钉连接试验结果的验证和比较，解析法(一)在计算精度和实用性方面均优于有限元方法和解析法(二)，具体可查阅参考文献[11]。

2. 强度估算

(1) 失效准则。计算机械连接破坏载荷时须要先确定材料的失效准则，对于机械连接比较常用的是 Yamada - Sun 失效准则，其表达式为

$$\sqrt{\left(\frac{\sigma_{1i}}{X}\right)^2+\left(\frac{\tau_i}{S_c}\right)^2}=L \tag{7.2}$$

式中，σ_{1i} 和 τ_i 分别为层压板中第 i 层沿纤维方向的正应力和面内剪切应力；X 为单向板纵向拉伸(或压缩)强度；S_c 为 $[0/90]_s$ 板的剪切强度，如果只给出了单向板的剪切强度 S，则可令 $S_c=2.5S$。若 $L<1$，未失效；$L\geqslant 1$，失效。

由于 Yamada - Sun 准则不考虑单向板横向(基体)破坏对总体强度的影响，使某些受横向失效控制的估算结果与试验结果有较大差别。在这种情况下，应该附加上最大应力准则或其他合适的准则作为补充。

(2) 特征线假设。该方法将开孔特征尺寸假设推广，提出了特征线假设：用离开钉孔边一定距离以某种函数表达的曲线上的应力代入失效准则确定机械强度。一般令特征曲线 r_c 为

$$r_c=r_0+R_t+(R_c-R_r)\cos\theta \quad \left(-\frac{\pi}{2}\leqslant\theta\leqslant\frac{\pi}{2}\right) \tag{7.3}$$

式中，R_t 为拉伸特征尺寸，r_0 为孔半径，R_c 为压缩特征尺寸，均由试验确定，见图7.8。

用特征线法求破坏载荷的步骤：先按某种理论分析方法求出钉孔在特征线上各点的应变；然后计算出各单向层各点的主向应力；最后把求出的主向应力代入到预先选好的失效准则(例如 Yamada - Sun 准则)。最先使任何单向层中特征线上任何一点的应力满足准则表达式等于1的载荷被确定为机械连接的破坏载荷，并认为机械连接总体失效。应当注意到，特征线假设必须与某个合适的失效准则一起使用才有意义。即使采用同样的特征线函数，对于不同的失效准则和不同的应力计算方法，相应的特征尺寸值是不同的。

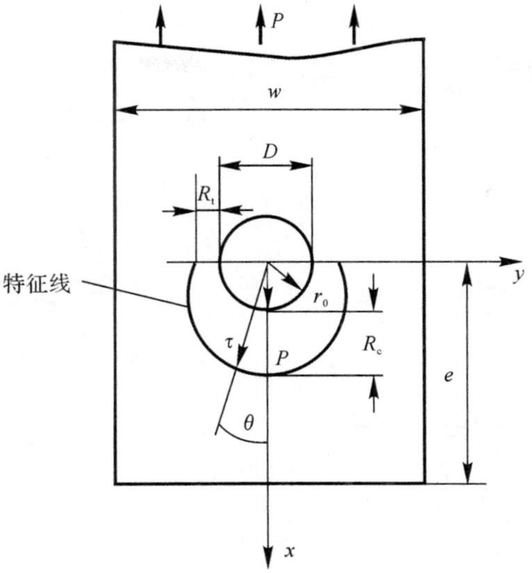

图 7.8　按余弦变化的特征线

(1),(2) 所介绍的方法,一般来说,用于钉载分配分析是比较准确的,然而细节应力分析需要耗费人力和物力,而且要用到失效准则,但至今还没有一种公认有效的失效准则。因此,工程上有采用由试验得到的破坏包线来判断连接是否破坏,以避免繁杂的细节分析和有争议的失效准则,详见参考文献[11],此处不做介绍。

最后必须说明,机械连接是复合材料主承力结构的主要连接形式,又是应力集中严重的疲劳薄弱环节。因此为保证结构的完整性,必须满足疲劳和损伤容限的要求。但由于其寿命预估方法尚不成熟,目前主要靠试验确定其疲劳强度。

7.3　胶接连接设计

胶接是由胶层将两个以上结构零件黏接在一起的、不可拆卸的连接形式。由于其不需钻孔切断纤维,没有孔引起的应力集中,不需要连接件,因此连接效率高,成为复合材料结构的主要连接方法之一。但由于可靠性和抗剥离能力较差,故一般用于传递较小载荷、不可拆卸的部位。

一、胶接的基本破坏模式

胶接连接在受面内拉伸载荷作用下有三种基本破坏模式(见图 7.9):被胶接件拉伸破坏(见图 7.9(a));胶层剪切破坏(见图 7.9(b));被胶接件或胶层剥离破坏(见图 7.9(c),(d))。

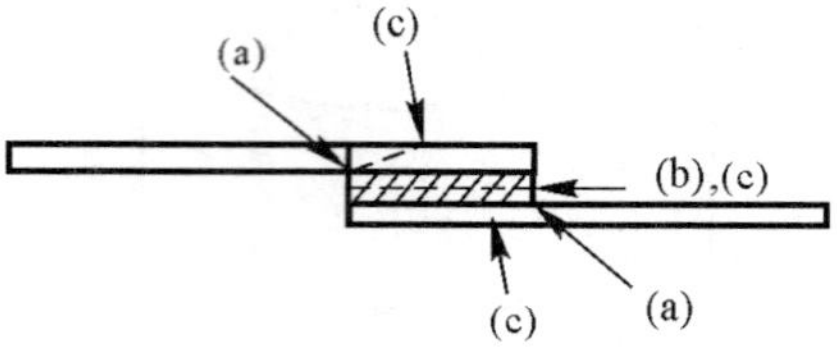

不同破坏模式产生的部位

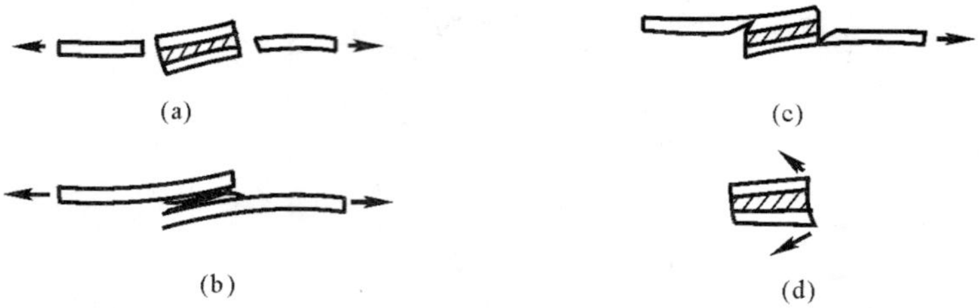

图 7.9　胶接的基本破坏模式

(a) 被胶接件拉伸(或拉弯) 破坏;(b) 胶层剪切破坏;

(c) 被胶接件剥离破坏;(d) 胶层剥离(劈裂) 破坏

破坏模式与连接形式、连接几何参数、邻近胶层的纤维方向及载荷性质有关。在连接的几何参数中被胶接件厚度起重要作用。一般当被胶接件很薄,连接强度足够时,被胶接件发生拉伸(或拉弯) 破坏;当被胶接件较厚,但偏心力矩尚小时,易在胶层发生剪切破坏;当被胶接件厚到一定程度,胶接连接长度不够大时,在偏心力矩作用下,将发生剥离破坏。对于碳纤维复合材料层压板,由于层间拉伸强度低,剥离破坏通常发生在层间,从而使胶接连接的承载能力显著下降,应力求避免。

二、胶接连接设计的一般原则

1.胶接的基本连接形式

胶接的基本连接形式有单搭接、双搭接、斜面搭接、阶梯形搭接和带盖板的对接等多种形式(见图 7.10)。

从图 7.10 可知,不同胶接连接形式的连接强度与被胶接件的厚度有较大关系,因此连接形式的选择十分重要。这是因为胶接连接承剪能力很强,所以在作用载荷下应尽量使胶层主要受剪应力,避免使其受到法向应力,同时接头形式还应尽量避免受载偏心,以防止发生劈裂和剥离破坏。另外,还应使工艺简单。一般说单搭接连接可用于薄层板($t \leqslant 1.8$ mm),因为此时偏心效应较小。4 mm 左右的中等厚度层板则宜采用双搭接连接。层板厚度相当大时(6 mm 以上),通常采用斜面搭接或阶梯形搭接。图 7.10 中所示的双阶梯形搭接具有双搭接和斜面搭接两种连接的特性,且工艺上较之斜面搭接较易实现,目前广泛应用于碳纤维增强复合材料层压板与钛合金板的连接。被连接件板厚可达 25 mm。

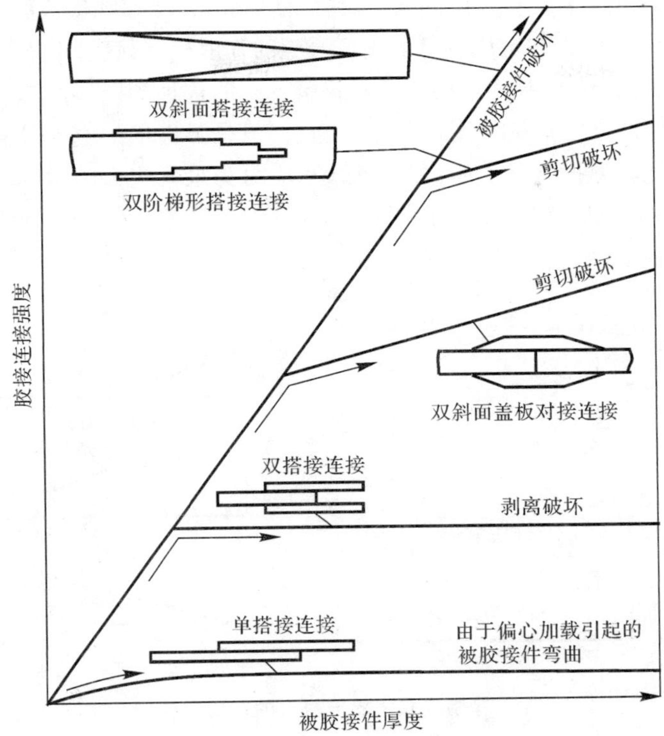

图 7.10　胶接件厚度对连接形式选择的影响

（图示破坏形式表示对每一种连接形式连接强度的限制）

2.胶接连接几何参数选择和细节设计

胶接连接的几何参数有搭接长度 L，L/t（t 为被胶接件厚度）和胶层厚度 h。被胶接件的厚度 t 通常由其承受和需传递的载荷 P 来确定。胶层厚度 h 对连接强度有一定影响。增大 h 可以减小应力集中，提高连接强度；但过大易产生缺陷，反而不利。

搭接长度 L 的确定与连接形式及被连接件厚度 t 有关。对于单搭接而言，由于载荷有偏心产生的附加力矩，在胶接接头两端可能出现很高的剥离应力，而降低连接强度，因此须增大 L/t 的比值，以减轻偏心效应。一般 L/t 应大于 50。而对于双搭接，因消除了偏心，故对中等厚度层板的双搭接连接，$L/t \approx 30$ 即可。

搭接长度 L 的确定实质上与胶层中的剪应力分布有关。当不考虑偏心弯矩影响（如双搭接连接）时，由分析及试验结果表明，在载荷作用下，胶层中剪应力沿搭接长度方向的分布是不均匀的，主要集中在两端，出现剪应力集中；中间是低应力弹性槽（见图 7.11）。

搭接长度很短而又传递较大载荷时，搭接长度中间部分最小剪应力和剪应变几乎与两端的值相等，几乎为矩形分布。整个胶层进入塑性状态，卸去载荷后，中间没有可能恢复到原来状态，连接件会很快破坏。随着搭接长度的增加，弹性槽使胶接件承载能力逐渐提高。当搭接长度足够大时，弹性槽最小剪应力和剪应变可低到所希望的程度。卸载后，由于被胶接件的作用，将使胶层恢复到原来状态，蠕变不会积累。正是胶层具有的这种储能器或弹簧片功能，使胶接结构具有良好的耐久性。但当搭接长度达到一定值时，只是弹性槽的宽度 d 和深度继续增加，而承载能力无明显提高。分析结果表明：弹性槽最小应力为最大应力的 10% 即可使胶层恢复到原来状态。这可通过调整搭接长度 L（即弹性槽宽 d）来实现，因此 L 可据此加以调节。图 7.11 中的 L_b 即为推荐搭接长度。

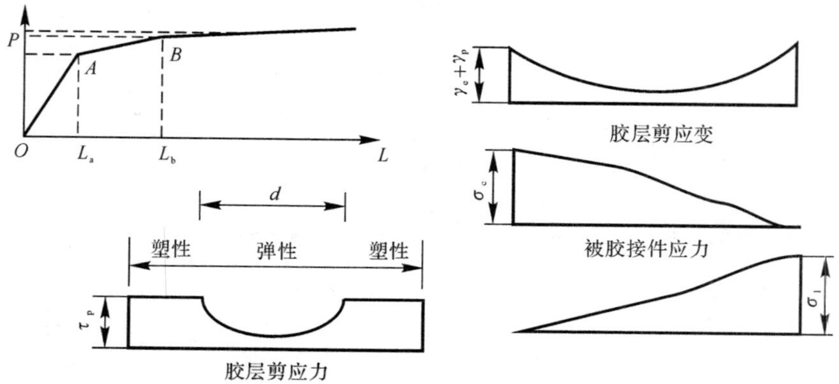

图 7.11　等刚度双搭接连接中的应力和应变分布

胶接连接必须注意某些细节设计。在单搭接中由于不可避免存在的偏心问题，为降低应力集中可采取如图 7.12 所示各措施。在板件边缘制斜面或使其端头呈圆弧形；或将端头削弱、填充胶黏剂。在连接处布置横向构件作为支撑，也可改善接头的应力状态，降低剥离应力（见图 7.13）。

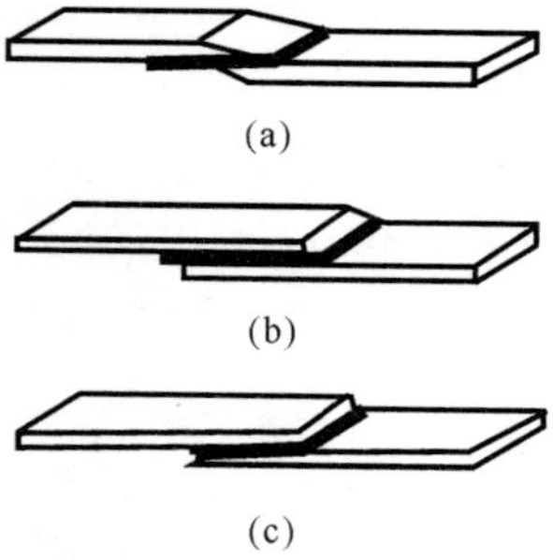

图 7.12　降低应力集中的设计措施

(a) 斜削；(b) 圆弧形端头；(c) 端头削弱，填充胶黏剂

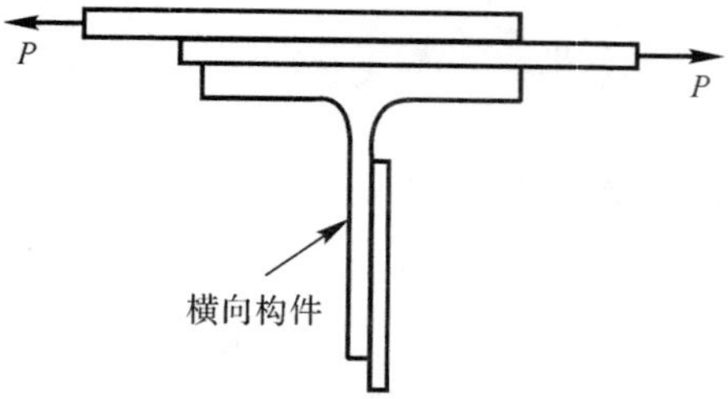

图 7.13　有横向支撑的单搭接连接

若有型材与蒙皮(层压板)胶接而在蒙皮上受有法向力(非面内载荷),则可采取如图 7.14 所示的措施,以改善型材边缘出现剥离的情况。

当复合材料结构件与金属件胶接时(阶梯形接头常遇到此情况),应特别注意连接板之间的刚度均衡和热膨胀的匹配。

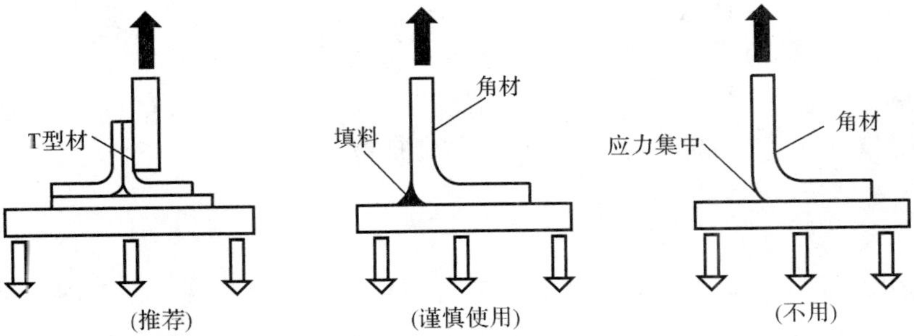

图 7.14　角形加强件与蒙皮的胶接

3. 胶接连接中被胶接件的待胶接表面的纤维取向

待胶接表面的纤维方向最好与载荷方向一致,或成 45° 角;不能与载荷方向垂直,以免过早发生胶接处层间剥离破坏。两被胶接件间相贴合的胶接面的泊松比应尽量匹配。

4. 胶黏剂的选择

胶黏剂的使用温度应与被胶接件的使用温度相适应;热膨胀系数要接近。胶黏剂应有良好的韧性和耐湿 / 热、耐介质性能。应选择固化温度低的胶黏剂,以改善工艺性。

7.4　结构的修理

一、复合材料结构的可修理性

飞机结构的维修性是飞机结构的设计要求之一。良好的维修性可提高飞机在使用中的安全可靠性和保障性,并可有效地降低保障、使用成本;对军机还可保证其及时处于临战状态,提高战备完好性。因此,改善结构维修性、降低维修成本已成为评价飞机结构设计的重要指标之一。

复合材料作为一种新的结构材料,能否被接受在飞机结构中应用,其可修理性是一个重要的因素。实际上结构修理问题目前正是阻碍复合材料进一步在飞机上,特别是在客机上,扩大应用的两个主要问题之一(另一个问题是复合材料结构的成本),目前正在不断努力加以改善之中。

结构修理包括以下各方面:

(1) 结构可修理性设计，即在结构设计时为提高维修性采取某些措施。例如：易损部位应留有修理通道；易损部位复合材料结构的连接尽可能采用螺接，以便受到损伤时易于拆卸修理或进行更换；应根据各部位刚度和强度的重要性，将结构件划分成若干个区域，对易损部位应考虑修理余量，以保证修理时扩孔、加开连接螺栓孔后仍有足够强度。

(2) 修理方法(含修理设备和工具)。

(3) 制定相应的结构修理标准、手册。能对损伤进行检测与评估(包括在外场)，为此要有相应的检测手段，并能对各类缺陷 / 损伤对结构件承载能力的影响作出正确评估、分类。

(4) 修理材料的供应、储存；修理工艺性好；修理成本低。

二、复合材料结构的修理方法

表 7.4 给出了适用于碳纤维复合材料典型结构的修理方法及其应用范围。可分为两大类：非补片式修理方法和补片式修理方法。从表 7.4 所示的应用范围可知，非补片式修理方法适用于修理小的损伤和缺陷，修理工艺比较简单，一般都能在外场条件下短时间内完成。非补片式修理方法有树脂注射法、混合物填充法、热处理法、表面涂层法及抽钉法。补片式修理方法适用于修理比较大的损伤和缺陷，修理工艺比较复杂。根据补片的结构形式及修理工艺，可将补片式修理方法分为外搭接补片胶接法、外搭接补片螺接法、嵌入式补片修理法。

表 7.4　修理方法

修理方法		应用范围
非补片式	树脂注射法	孔隙、小的分层、小的脱胶等
	混合物填充法	小的凹陷、蜂窝蒙皮的损伤、蜂窝芯子的损伤
	热处理法	除湿、干燥，去除蜂窝结构中的潮气
	表面涂层法	密封，恢复表面保护层
	抽钉法	层压板内部的分层
补片式	外搭接补片胶接法	可以修理 16 层厚的蒙皮，适用于外场修理
	外搭接补片螺接法	可以修理 50 ～ 100 层厚、损伤区直径 100 mm 的蒙皮，适用于外场修理
	嵌入式补片胶接法	可以修理 16 ～ 100 层厚、损伤区直径 100 mm 的蒙皮，不适用于外场修理

由以上可见，除了一些小的缺陷 / 损伤和分层的修理之外，主要是靠补片法修理。此时，复合材料结构修理实质上是复合材料连接方法 —— 螺栓连接和胶接的一种实际应用。这是因为复合材料与金属材料不同，损伤经常会切断纤维，而纤维是复合材料承载的主体，切断后靠修理无法将其接上。此时主要靠补片(贴补或挖补)，并用胶接或螺栓连接的方法来恢复纤维的连续承载能力。

1. 外搭接补片胶接法

该方法可以修理 2 mm 厚的层压板或蒙皮，在外场条件下这种方法比较容易实现，而且强度恢复可达 70% ~ 100%，所以外搭接补片胶接法应用比较广泛。

补片的材料有复合材料单向带（一般与母体的材料、铺层相同）、复合材料织物、金属材料（一般为钛或铝板），用胶粘贴在一起。

这种修理结构的载荷是由损伤区周围的结构和补片承担，必须考虑由于外搭接补片偏心载荷引起的弯曲应变，补片要能承受损伤区边缘产生的剥离应力和剪应力。也正由于此，一般只限于修补薄层压板的损伤。为了减小剥离，可以在损伤区挖一个孔，在所挖孔的孔缘增加铆钉（抽钉）紧固件。如图 7.15 所示 $[(\pm 45°/0°/90°)_2]_s$ 的 16 层母板上粘贴 22 层的补片，沿所挖孔的边缘切出 0.4 mm 深的槽，用胶充填，并贴上玻璃纤维 ±45° 预浸带，用 3.18 mm 的空心铆钉加固，则可使接头效率由无铆钉时的 52% 提高到 78%。

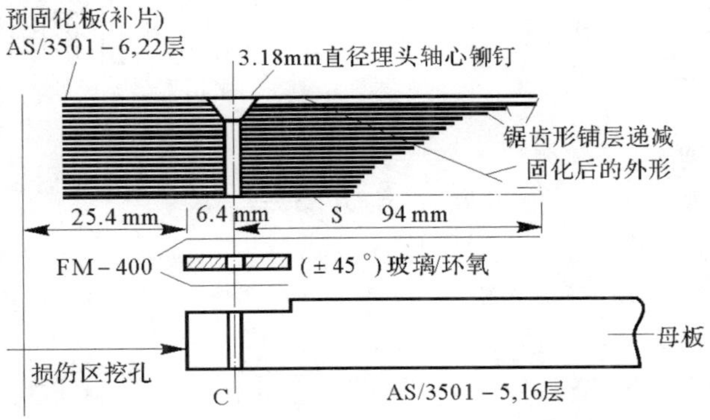

图 7.15　细节设计对减小补片边缘剥离应力的影响

2. 嵌入式补片胶接法

该方法适用于修理含穿透性或半穿透性损伤的较厚的构件，特别是表面光滑度要求高的部位。修理时需要去掉一部分母体材料，以便形成斜面或台阶面，所以工艺比较复杂，而且花费的时间较长，只能作为永久性修理方法。嵌入式补片修理可以达到满意的修理效果。在承受集中载荷和偏心较小而受力大的部位，特别是受压缩载荷，宜采用嵌入式修理。

有试验证实，使用嵌入式补片胶接法修补面积达 250 mm×250 mm 的 16 ~ 24 层的层压板，其强度可恢复到原强度的 80% ~ 100%。

嵌入式补片胶接法的接头形式分为两类：阶梯式和斜削式。斜削式可以是单斜面（见图 7.16），也可以是双斜面楔形嵌入式（用于厚度更大，如 32 层的层压板）。

补片材料一般为复合材料带，铺层与母体材料相同。固化形式可以是预固化，也可以采用共固化方法。图 7.16 给出了嵌入式补片修理方法的几种方案。图 7.16(a) 表示基本的嵌入式补片修理。图 7.16(b) 是一种改进的嵌入式补片修理方案，即将补片中的 0° 层和最外部铺层的端部全部加工成锯齿状，这样可使强度恢复率提高到 70%。图 7.16(c) 是进一步的改进方案，在蒙皮上、下表面增加了三层取向为 0°，+45° 和 −45° 的附加铺层，在真空加压下固化。这种修理方案的试验结果列在图 7.16(d) 中，可以看出，这种修理的强度恢复率是相当高的。

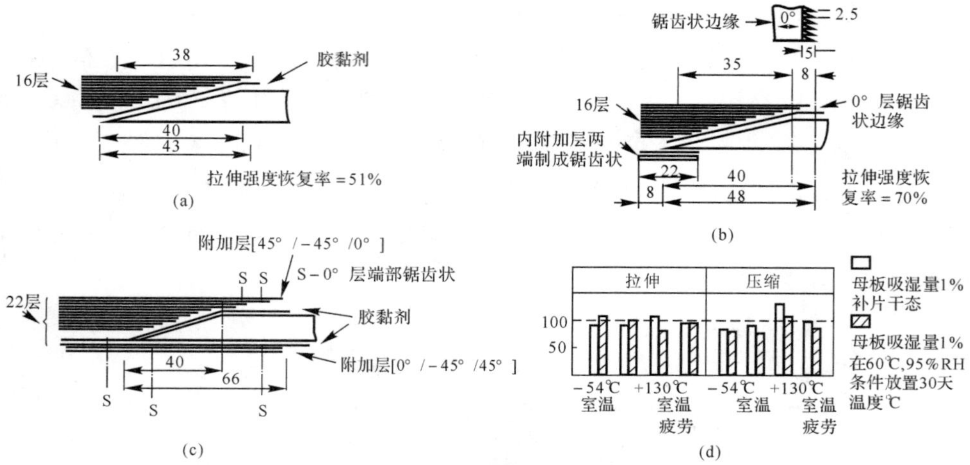

图 7.16　嵌入式修理方案

(a) 共固化嵌入连接设计；(b) 改进后的锯齿状对接面共固化嵌入连接设计；
(c) 带附加层的嵌入连接设计；(d) 用(c) 方案修理后的试验结果比较

3. 外搭接补片螺接法

该方法适用于厚层压板(8～25mm) 的修理。修理工艺简单，不需要特别的专业人员和太多的修理设备，所以非常适用于外场紧急修理。螺接补片可以单边补强，也可以双边补强。补片边缘应倒斜角，以改善面内载荷的传递。补片材料一般为金属材料，如钛、铝等，也可用复合材料。铝比钛轻，但为防止铝与碳纤维复合材料之间的电偶腐蚀问题，补片与母体之间要铺一层玻璃布或涂一层密封胶。

4. 蜂窝夹层结构的修理

蜂窝夹层结构是容易出现损伤的构件。由于该结构的面板较薄，和蜂窝状夹层有明显的胶接界面，所以常发生面板分层、板芯脱胶以及面板损伤和蜂窝塌陷等损伤。

蜂窝夹层板的面板中发生分层损伤时，可采用抽钉铆接修理。面板和芯子间出现脱胶时可用注入胶黏剂的方法修理。

当损伤仅出现在面板，蜂窝芯没有损伤时，只需采用碳纤维复合材料补片胶接。若面板损伤面积大时，再加上蒙乃尔抽钉铆接的方法对其进行修理。当蜂窝芯也有损伤时，修理前先清除已损伤的材料，然后需用树脂对损伤区进行填充或插入一个蜂窝填充件，再胶接上预固化的复合材料补片，如图 7.17 所示。

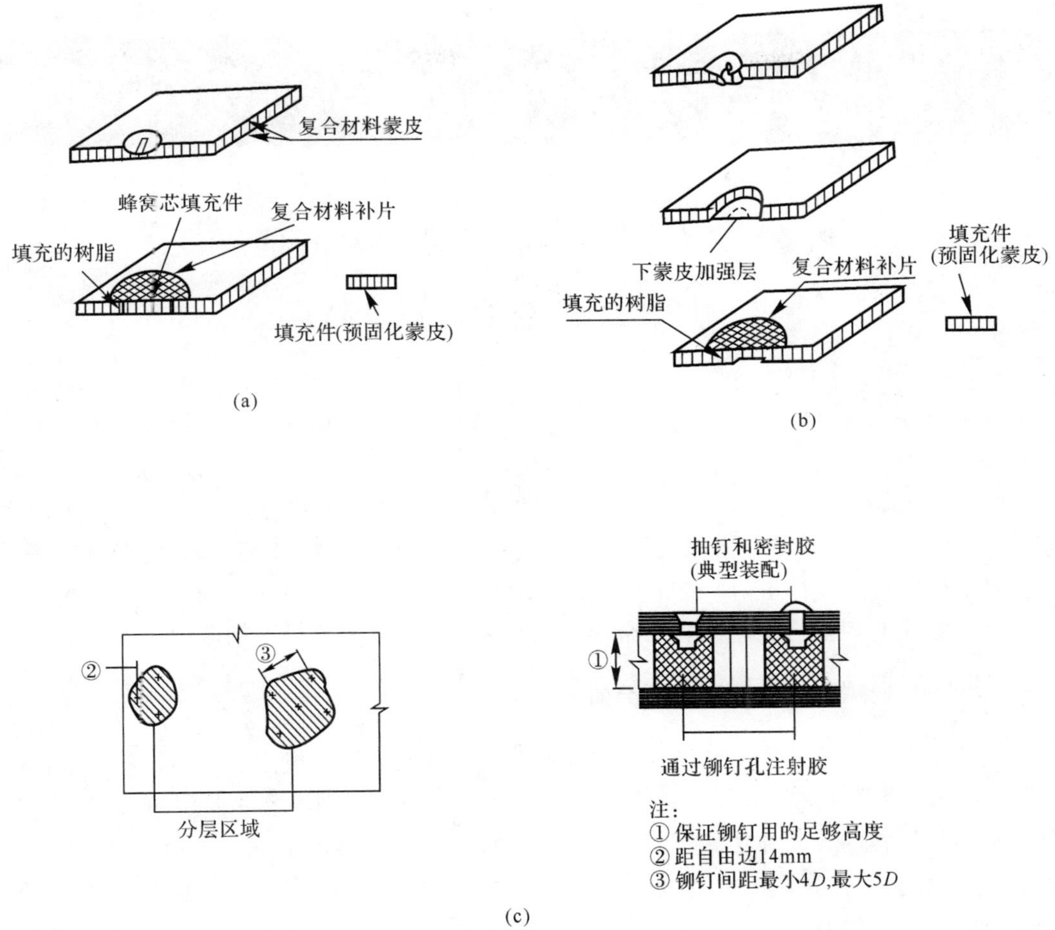

图 7.17 蜂窝结构修理

(a) Ⅰ 类修理:单侧面板及蜂窝芯损伤;(b) Ⅱ 类修理:双面板及蜂窝芯损伤

(c) 蜂窝夹层板的分层损伤修理

第8章　复合材料结构耐久性/损伤容限设计

8.1　复合材料损伤、断裂、疲劳性能及耐久性/损伤容限设计特点

耐久性/损伤容限是飞机结构完整性的重要组成部分。1975年颁布的美国军用标准“飞机结构完整性大纲——飞机要求”中尚不包含复合材料结构的内容，设计时基本上套用金属结构的方法。从20世纪70年代中期到80年代初的研究和使用经验使设计人员逐步认识到，由于材料特性和破坏机理的不同，对复合材料结构的耐久性/损伤容限必须提出一些特殊的要求，在设计和分析方法上也有很大的不同。在我国，相继于1995年编写的《复合材料飞机结构耐久性/损伤容限设计指南》和2001年出版的新的《复合材料结构设计手册》中对此有了很好的反映。以下将对复合材料结构与金属结构耐久性/损伤容限设计的不同点作简要介绍。

一、复合材料结构损伤、断裂和疲劳的特点

目前用于飞机结构的主要是纤维增强树脂基复合材料层压板或层压结构。这类复合材料的损伤、断裂和疲劳性能与金属材料（主要指铝合金）有很大差别。这些差别的来源主要是由于复合材料层压板的各向异性、脆性和非均质性，特别是层间性能远低于层内性能等特点；另一方面，复合材料构件在制造中（铺贴、热压成形、机械加工）和运输过程中可能受到的外来物冲击，会使复合材料制件程度不同地带有各种缺陷/损伤，并使得它在制作质量以及对损伤、断裂和疲劳性能的影响方面与金属材料构件相比具有较大的分散性。这些不同点主要反映在以下几方面。

1. 主要的缺陷/损伤类型

裂纹是金属飞机结构的主要损伤形式。复合材料结构的关键缺陷/损伤形式则是界面脱胶、分层和外来物产生的低能量（特别是低速）冲击损伤。由于复合材料是由纤维、基体组合成铺层，再由若干铺层叠压而成，所以形成的缺陷和损伤形式繁杂、多样。就其来源看，大致有以下几种：

（1）制造缺陷。制造缺陷通常可以分为两类：一类是铺贴和固化过程中产生的，例如空隙率、分层、脱胶、夹杂、贫脂或富脂、树脂固化不完全、纤维方向偏离（或纤维弯曲）、铺层顺序错误等；另一类是在机械加工和装配时产生的，例如刻痕、擦伤、撞击脱胶、钻孔不当、螺栓拧紧力矩过大等。

(2) 冲击损伤。冲击损伤按其形态主要为两类。一类是高能量，一般也是高速冲击，例如子弹、非包容的发动机高速旋转部件上的螺钉、螺帽或部分零件飞出和鸟撞等外来物的冲击造成的损伤，它往往是穿透性的，并伴随着一定范围的局部分层。雷击虽不属冲击，但它也可能导致蒙皮被击穿、产生深度分层或严重烧蚀。上述这些损伤均目视易检，可以及时发现，并可很快采用修理措施或更换受损部件。另一类是低能量冲击，多数情况下也是低速冲击。它包括生产或维修用工具的掉落；叉车、卡车和工作平台这一类维护设施的撞击；维修人员无意中的粗暴脚踩；起飞、着陆时从跑道上卷起的碎石或起落架碎片的撞击；以及在地面或空中飞行时冰雹的撞击（见图 8.1）。这类损伤往往从受冲击表面很难察觉，目视不可检，但内部可能已产生了大范围的基体开裂和分层，因此会带来更大的威胁（见图 8.2）。

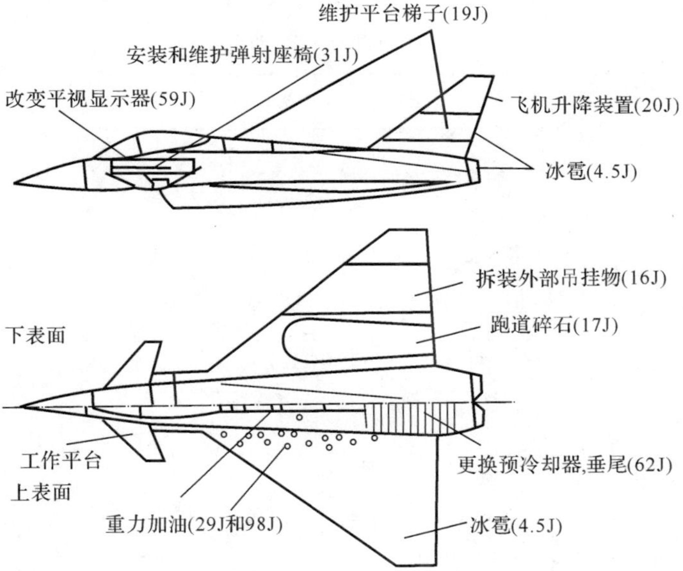

图 8.1　某歼击机各部位可能遭受的外来物冲击源和冲击能量

(3) 孔。孔是设计中不可避免的，虽然不属于缺陷和损伤，但它确实引起了结构强度的削弱，是耐久性 / 损伤容限设计时必须考虑的因素之一。

上述损伤中对于复合材料结构最严重的是冲击损伤。当金属结构受冲击后可能仅仅引起一些凹坑(除非能量很大，以至击穿)。但复合材料层压结构受低能量冲击后一般都会引起内部局部分层。因此冲击后，在压缩载荷、层间剪切载荷和剪切载荷下均显得很脆弱。尤其是在压缩载荷下，分层很易进一步扩展。冲击后的压缩静剩余强度一般只剩下无损强度的 40%，远比金属严重。图 8.3 给出了各类损伤对复合材料承载能力(静压缩强度)影响严重程度的比较。

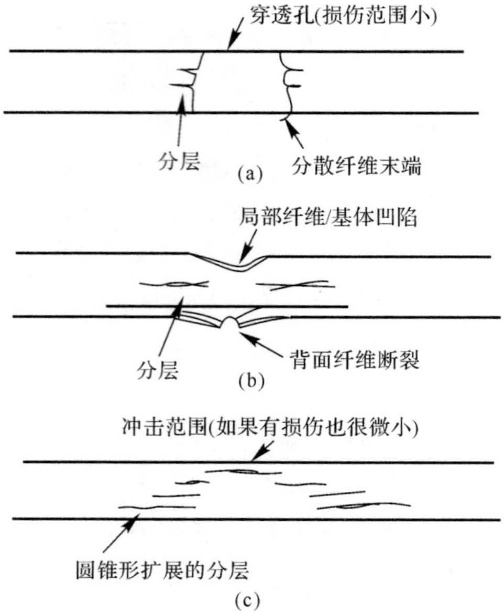

图 8.2　不同能量下的冲击损伤模式

(a) 高能量冲击损伤；(b) 中等能量冲击损伤；(c) 低能量冲击损伤

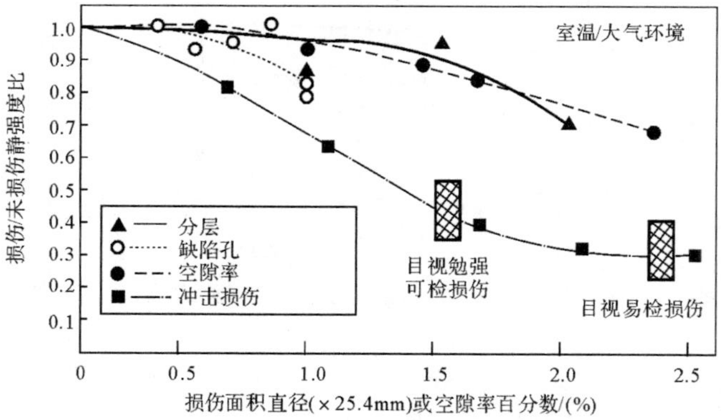

图 8.3　静态压缩情况下缺陷 / 损伤严重程度比较

2. 疲劳性能

金属对疲劳一般比较敏感，特别是含缺口结构受拉-拉疲劳时，其疲劳强度会急剧下降。但复合材料一般都显示有优良的疲劳性能。在拉-拉疲劳下，它能在最大应力为 80% 极限拉伸强度的载荷下经受 10^6 次循环。在拉-压或压-压疲劳下，其疲劳强度略低一些，但均不低于相应静强度的 50%。在载荷 / 环境谱下，冲击损伤会进一步扩展(见图 8.4)。含冲击损伤试样在压-压疲劳下 10^6 循环对应的疲劳强度，一般不低于相应静强度(指含冲击损伤后的静压缩剩余强度）的 60%。鉴于复合材料优异的疲劳性能，复合材料结构的耐久性／损伤容限设计的注意力更多地集中于冲击损伤，而非疲劳。

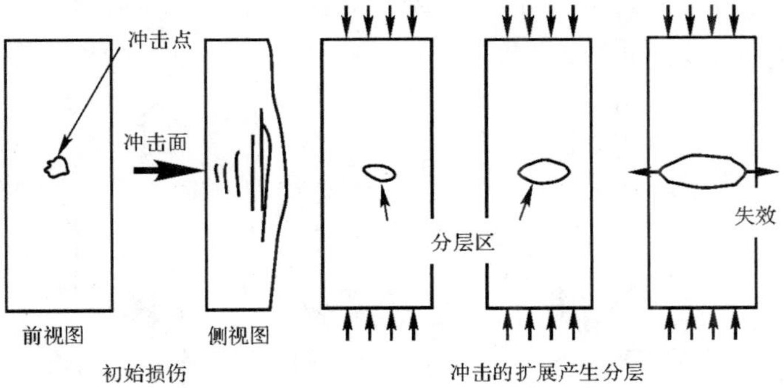

图 8.4　在周期压力载荷作用下冲击分层的扩展

3. 缺口敏感性

金属一般都具有屈服阶段，而复合材料往往直至破坏其应力-应变曲线仍呈现线性，所以复合材料的静强度缺口敏感性远高于金属。但复合材料的疲劳缺口敏感性则远低于金属，其疲劳缺口系数（一定循环次数下，无缺口试件疲劳强度与含缺口疲劳强度之比）远小于静应力集中系数，并且在中长寿命情况下接近于 1。

4. 复合材料含裂纹时的断裂韧性

(1) 单向复合材料。当其含有与纤维方向平行的裂纹，并受垂直于纤维方向的载荷时，产生基体开裂型断裂（见图 8.5(a)），其断裂韧性略高于基体的断裂韧性。

当其含有垂直于纤维方向的横向裂纹，并受平行于纤维方向的载荷时，产生纤维断裂（或拔出）型断裂（见图 8.5(b)）。由于纤维抗拉强度很高，因此裂纹尖端处会首先发生基体开裂／界面脱胶。因纤维拔出和断裂将吸收大量能量，因此表现出很好的断裂韧性。

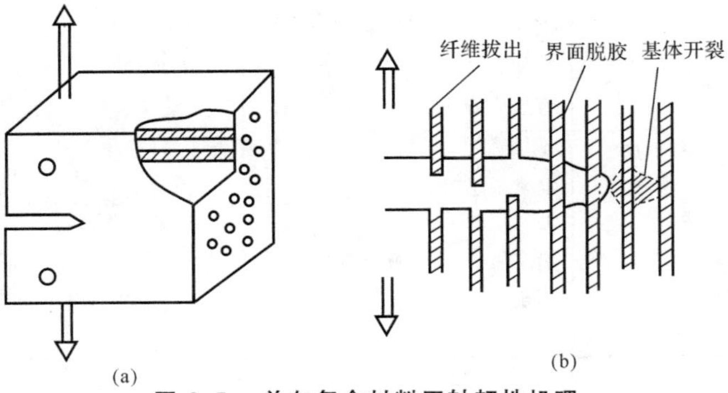

图 8.5　单向复合材料正轴韧性机理

(a) 含平行于纤维的切口，基体开裂型断裂；(b) 含垂直于纤维的切口，纤维断裂或拔出型断裂

(2) 多向复合材料的断裂韧性。由于纤维的交叉铺设，一般在裂纹不稳定扩展前，在裂纹尖端会先出现一个亚临界扩展损伤区，在区内存在着严重的纤维-基体界面脱胶和由于自由边存在而产生的层间剪应力导致的分层，并形成分支裂纹(见图 8.6)。此时，裂纹扩展的必要条件是垂直于裂纹方向的纤维断裂。

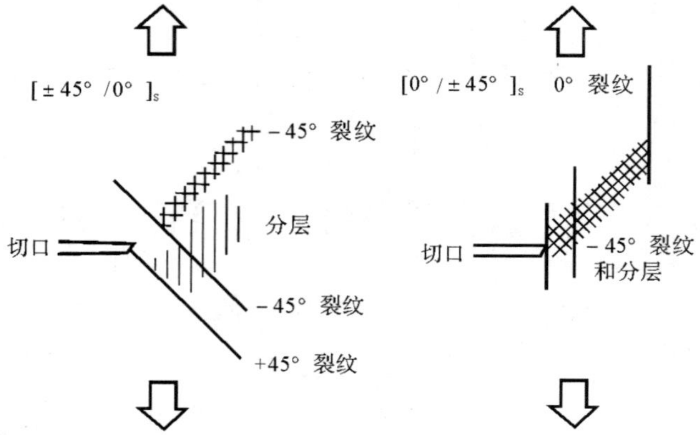

图 8.6　碳纤维复合材料层压板切口前缘损伤区(采用激光光弹法测得)

5. 分散性和环境影响

复合材料静强度和疲劳强度的分散性均高于金属，特别是疲劳强度尤为突出，因此在对复合材料结构进行疲劳验证时，除寿命分散系数外，有时还考虑载荷放大系数。此外，复合材料的性能一般均应考虑湿热环境的影响。

表 8.1 概述了影响复合材料结构与金属结构疲劳和损伤容限的各种因素的比较。

表 8.1　影响疲劳和损伤容限的因素比较

内容		金属	复合材料
主要损伤原因		疲劳、腐蚀、应力腐蚀	外来物冲击、制造损伤
关键损伤类型		裂纹	冲击损伤、分层
危险载荷形式		拉伸	压缩
应力-应变行为		有屈服阶段	大多直至破坏均呈线性
缺口敏感性	静强度	不敏感	相当敏感
	疲劳	非常敏感	不敏感
破坏前损伤的可检性		通常目视可检	可能目视不可检
损伤扩展		沿主裂纹扩展，并有规律可循	多种损伤形式扩展，尚无明确规律可循
环境对性能的影响		不敏感	要考虑湿热效应
静强度和疲劳分散性		小	大

二、复合材料结构的耐久性/损伤容限设计要求

复合材料结构的耐久性/损伤容限设计要求基本与金属结构相同，但有一些补充要求。

1. 耐久性对复合材料结构的补充要求

(1) 要进行足够的试验来确定疲劳分散性和湿热环境的影响。

(2) 设计时必须考虑使用中的各类损伤,主要是冲击损伤对修理、维护和功能可能产生的影响,即不致出现昂贵的维护问题。并将结构划分为易受冲击和不易受冲击部位两个区域,分别提出不同的要求。

2. 损伤容限要求

与金属结构类似,要求含缺陷 / 损伤的结构在使用期内有足够的剩余强度,还应按复合材料结构的损伤容限结构类型提出相应的损伤扩展要求,为此还须建立初始缺陷尺寸假设。复合材料结构的缺陷 / 损伤类型包括划伤、分层和冲击损伤。因低速冲击源产生的损伤可能在使用的任意时刻(包括刚刚投入使用时) 出现,而且在整个使用期内很难用常规的目视检测方法检出,因而把它也归入初始缺陷中。

三、复合材料结构耐久性 / 损伤容限设计方法概述

复合材料飞机结构的耐久性 / 损伤容限设计和评定主要通过设计选材、限制设计许用值、改善结构细节设计、工艺筛选、质量保证以及采用"积木式" 研制试验和验证试验等措施来实现。由于复合材料结构的损伤尺寸、剩余强度随飞行数的变化与金属结构不同,因此其耐久性 / 损伤容限设计方法也与金属结构有较大差别,其基本特点如图 8.7 所示。

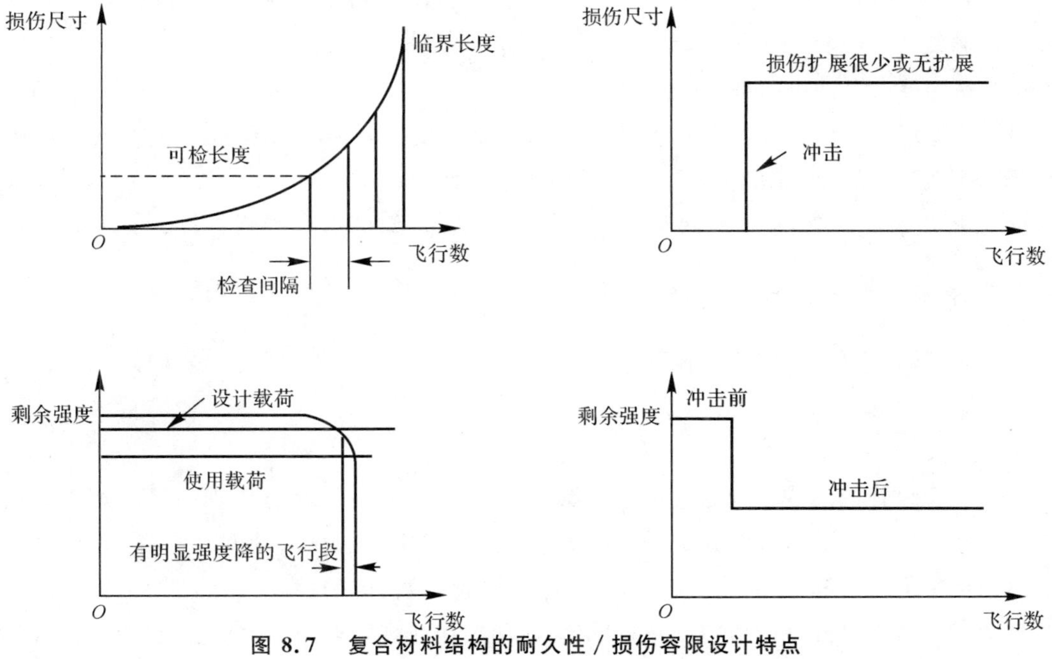

图 8.7　复合材料结构的耐久性 / 损伤容限设计特点

8.2 耐久性 / 损伤容限设计方法

耐久性 / 损伤容限的设计方法主要是正确地制定和执行对结构的耐久性 / 损伤容限控制计划。它包含两项任务，即关键件的确定以及对关键件进行全面的质量控制。具体而言，包括要确定那些关键部位、关键件可能出现的缺陷 / 损伤的类型、尺寸、位置、范围及它们的相对严重性；评定损伤对疲劳载荷的敏感性及其疲劳扩展特性；最后验证剩余强度，确定检查间隔，并考虑环境的影响。这些原则就复合材料结构和金属结构而言是相同的，只是针对复合材料结构的特点，有一些问题须特别注意。

一、关键件的选择

损伤容限评定的关键件一般是那些对承受飞行、地面载荷起重要作用，一旦破坏或其破坏持续未被查出会对结构安全性造成严重后果的结构危险部位和构件。耐久性评定的关键件主要是可能影响飞机功能可靠性和经济性（不能经济更换）的零构件，两者没有严格界限，只是侧重点不同。

关键件确定原则与金属结构一样，着重考虑单传力途径结构，特别是不可检结构；高局部应力、高应力集中部位；强度计算或试验中显示的薄弱部位；刚度差较大、振动较大的部位。但对复合材料结构，尤要注意以下部位的结构件：

（1）易受外来物冲击的部位；

（2）可能承受非层板平面内的载荷（即面外载荷）、受载复杂的承力区的构件和部位；

（3）受高温、湿 / 热或特殊环境因素长期作用的部位；

（4）加工、装配困难，易产生缺陷的部位。

二、复合材料结构损伤容限结构类型

通常将复合材料结构归为缓慢“裂纹”扩展结构，可采用两种设计概念，即损伤无扩展概念和损伤扩展概念。

1. 损伤无扩展概念

按此概念设计的结构在规定的检查间隔内不应出现损伤扩展，若出现明显的缺陷 / 损伤扩展，必须更改设计。之所以采用此种设计概念，是为了满足含损伤时的剩余强度要求。由于复合材料结构中的缺陷和损伤往往较难预测，并且在疲劳载荷下的扩展目前无明确的规律可循，因此一般设计时将设计许用值控制在较低值，以使损伤在规定期间不致扩展；又由于复合材料与金属相比有优异的疲劳性能（包括含冲击损伤后），鉴于上述原因，目前复合材料结构设计时

通常采用损伤无扩展概念。必须注意损伤无扩展应通过有试验支持的分析和结构的疲劳试验验证。

2. 损伤扩展概念

采用损伤扩展概念设计的前提条件是：对可能出现的每种缺陷 / 损伤类型，在使用载荷谱下的扩展特性有可靠的数据和足够可靠的检测方法。

三、复合材料结构耐久性 / 损伤容限的设计的一般原则

按耐久性 / 损伤容限设计的复合材料结构，在结构设计时除合理选材外，还应遵循下列原则：

(1) 合理控制设计应变 / 应力水平。根据构件所受载荷的性质和大小，综合考虑强度、刚度、耐久性和损伤容限的要求，确定合理的应变水平和质量指标。这是复合材料结构耐久性和损伤容限设计的关键。

(2) 结构形式选择和材料设计。考虑构件使用部位、载荷类型、连接要求、工作环境、工艺性等多种因素的同时，还应选择能提高复合材料结构损伤容限特性的合理的结构形式，进行合理的材料设计 —— 包括选择组份材料和铺层设计。

(3) 细节设计。应该注意到复合材料层压结构层间性能比较低，在细节设计时应尽量避免使其受到面外载荷。对无法避免的面外载荷以及应力集中、刚度突变、传力不连续等细节处，必须采取适当的设计措施。

(4) 可修理性和可更换性。复合材料呈脆性，易分层，抗冲击性能明显低于金属，因此设计时要考虑到在结构受损时能方便地进行修理和更换。

(5) 可检查性。对于重要的接头、应力集中部位及其他关键结构部位，能方便地进行日常维护和定期检查。

下面我们主要就结构选材、材料设计和细节设计方面进行一些讨论。

四、复合材料结构耐久性 / 损伤容限的设计选材和材料设计

根据结构完整性要求，对所用材料体系性能的要求应综合考虑。针对耐久性和损伤容限设计要求，则要考虑材料的韧性和最高使用温度等环境因素。重点是抗冲击损伤的性能，包括冲击后剩余压缩强度(CAI)和冲击后损伤面积，层间断裂韧性 G_{IC}，G_{IIC}，此外还有开孔试样的拉伸、压缩性能。

提高层间断裂韧性主要从两方面考虑：

1. 选取韧性好的基体

这是因为层间性能主要取决于基体性能。一般说基体的韧性高可有效地提高 G_{IC} 和 G_{IIC}，从而可抑制分层、减少冲击后损伤面积(见表 8.2)。对复合材料结构整体油箱(如机翼油箱)要

防止冲击后漏油，因此还应有较高的击穿临界能量值，使之在高能量冲击下不易被击穿。热塑性基体能显著地提高抗冲击能力，但成本较高，目前有少量应用。

表 8.2　不同基体和纤维复合材料的断裂韧性值

材料体系	基体	$G_{\mathrm{I}C}/(\mathrm{J}\cdot\mathrm{m}^{-2})$	$G_{\mathrm{II}C}/(\mathrm{J}\cdot\mathrm{m}^{-2})$
T300/5208	环氧	97	350
T300/QY8911	双马	252	665
T300/5405	双马	267	1 358
T800/5245	双马	352	556
IM7/5250-4	双马	280	620
IM6/APC2	热塑性	1 800	2 200
AS6/2220-3	环氧	252.9	887.2
AS6/5245C	双马	301.6	817.2
AS6/PEEK	热塑性	1 167.5	2 411.7

应当注意，目前常用的冲击后压缩强度(CAI)是两种性能，即冲击阻抗和损伤容限的混合表征。损伤阻抗是指抵抗冲击事件的能力，而损伤容限则是一定损伤状态对结构性能的影响。采用高韧性树脂一般能提高它们的损伤阻抗，但不一定能提高损伤容限。

2. 利用复合材料的材料可设计性来提高韧性

(1) 采用混杂复合材料。主要是用玻璃纤维或芳纶纤维(Kevlar)与碳纤维混杂。由于玻璃纤维等有高延伸率和高断裂韧性，因此可有效地提高受损结构的剩余拉伸、压缩强度，如图8.8所示。图中的临界应变相应于受拉时裂纹失稳扩展时的应变值。

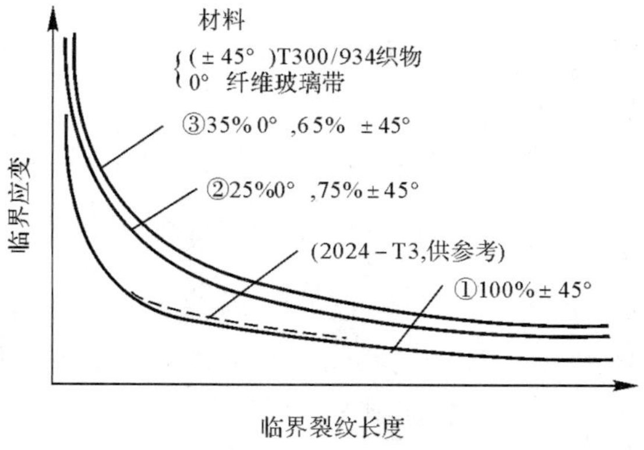

图 8.8　S-玻璃纤维和碳纤维混杂对损伤容限特性的改善

(2) 利用铺层设计改善损伤容限特性(见图 8.9)。一般说±45°层压板对冲击损伤和含孔拉伸均相对不敏感，所以受损后强度降要小些。此外，采用不同的纤维(如高应变纤维 AS6)、不同的铺层比、甚至不同的预浸料供应形式(单向带或织物)，都可获得不同的效果。

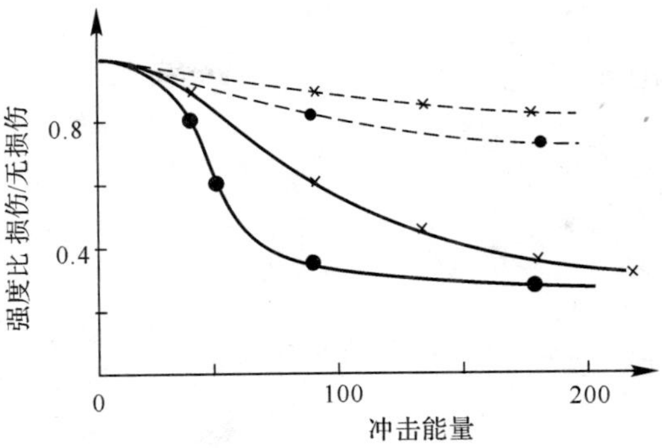

图 8.9　冲击损伤对拉伸、压缩强度的影响

拉伸：× — × 50％0°/ ± 45°，× ---- × 100％ ± 45°；压缩：• — • 50％0°/ ± 45°，• ---- • 100％ ± 45°

五、细节设计

与金属结构一样，细节设计能直接影响结构的耐久性和损伤容限，但层压复合材料结构容易出现分层和局部层间脱胶，以致降低结构的承载能力，尤其是承受压缩载荷和冲击载荷的能力。究其原因，除去制造缺陷之外，从设计看主要有以下一些原因。

由于不同铺设角的相邻铺层之间的刚度特性和热膨胀特性差别过大，从而出现过大的层间应力；另外在自由边或因冲击而出现层间法向应力，这些均易引起分层（见图 6.14）。为此，应按第 6 章中提到的各原则进行铺层设计和结构的细节设计，包括对结构刚度变化较大的部位精心设计。例如当构件厚度变化过剧或断层时，必须将铺层数按图 6.15 的要求递减或做成小台阶形。还有防止或减小应力集中，防止构件上出现过小的弯曲半径等细节设计措施。对于构件的自由边和孔边可以采用包边的方法防止分层；在连接孔处可加垫圈并采用定压力拧紧的办法。此外，缝纫和三维编织可增加构件中的 Z 向纤维，对避免分层也是十分有效的。

注意胶接连接处的细节设计。二次固化或胶接长桁的端头应斜削（见图 8.10），以免刚度变化太大而导致在胶接面上须传递过高的层间载荷。在角形长桁和壁板（或蒙皮）的胶接处则应谨慎选用连接方式（可参见图 7.14），减小应力集中，防止分离。

蜂窝夹层结构是一种效率较高的复合材料结构形式，已经并将会得到广泛应用。它与其他构件连接时采用胶接连接较多。但有时易在胶接面处分层，所以端头处也要斜削（见图 8.10）。另当蜂窝板受侧压力时，在边缘支持处其面板与蒙皮的胶接应考虑侧压力的来向，建议采用如图 8.11 所示的形式。

至于开口区的细节设计已在第 6 章中详述，不再重复。

总之，除上所述，在第 6，7 两章中曾提及的细节设计措施对提高复合材料结构的耐久性 / 损伤容限均同样有效。

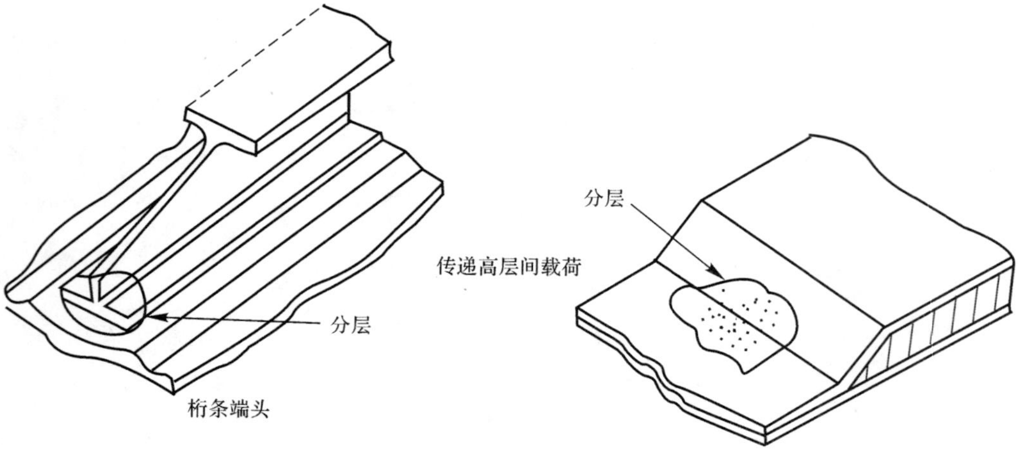

图 8.10 桁条和蜂窝板端头设计

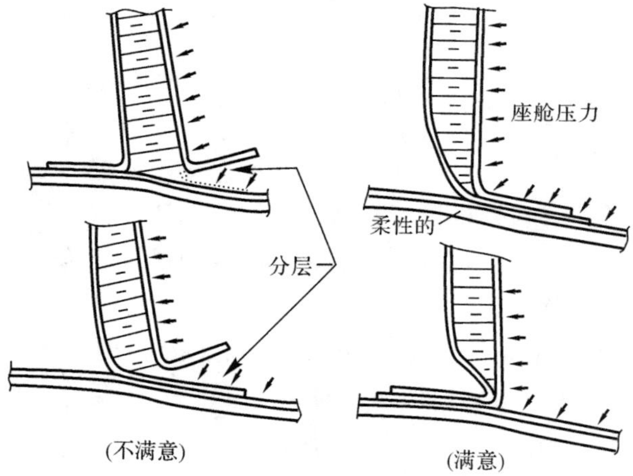

图 8.11 蜂窝板受侧压力时边缘支持的设计建议

8.3 提高结构耐久性/损伤容限的特殊设计技术

碳纤维复合材料存在缺陷/损伤时引起的强度下降有时可高达60%左右,因此按损伤容限设计的结构常采用较低的设计许用值(一般不超过4 000$\mu\varepsilon$)进行控制,这显然使结构效率有所下降。为了充分发挥复合材料的潜在优势,近年来国内外对提高损伤容限,从而提高设计许用值(目标为6 000$\mu\varepsilon$或更高)的途径做了很多研究。20世纪80年代后期国外文献介绍,由于综合应用了多种方法,已有可能达到使机翼结构的拉、压设计许用应变提高到6 000$\mu\varepsilon$,剪切提高到 10 000$\mu\varepsilon$ 以上的设计目标。这些途径主要基于以下的设计思想：

（1）提高结构的抗损伤能力，以抑制损伤的形成；或减小损伤（如受冲击后）范围；抑制和阻止损伤进一步扩展。

（2）提高结构包容损伤的能力，即提高复合材料结构受损后的剩余强度和疲劳强度 / 疲劳寿命。

以下就其中的几种作一简介。

一、提高结构耐久性 / 损伤容限的特殊设计技术

1. 软化带设计技术

软化带设计技术可以以小的质量和成本代价，有效地改善结构的损伤容限，是一种很有潜力的设计方法，在国外得到重视和应用。它主要用于以下两方面：

（1）受拉壁板。将高破坏应变的纤维（如玻璃纤维）、铺层条带（如破坏应变较高，模量较低的 ±45° 层）或用玻璃纤维与碳纤维混杂后构成的软化带，以一定间隔散布在承担大部分结构载荷的高模量纤维中，形成损伤扩展抑制组元，改善损伤容限。这种设计方法有可能成为抑制损伤扩展的手段。设计得当，可抑制损伤扩展，或使损伤沿软化带边界扩展，从而提高受拉壁板的拉伸剩余强度。该技术可以应用于碳 / 环氧复合材料的翼面、机身壁板结构的整体加筋壁板或夹层壁板设计中。

（2）机械连接区。机械连接适用于承受高载荷和复杂载荷。复合材料构件中的孔引起的应力集中较金属更为严重，因而影响连接强度。“软化”设计是将低模量层或条带布置在机械连接区，用以减小孔的应力集中，并使多钉连接的钉载趋于均匀，可作为改善其连接强度的措施之一，如图 8.12 所示。

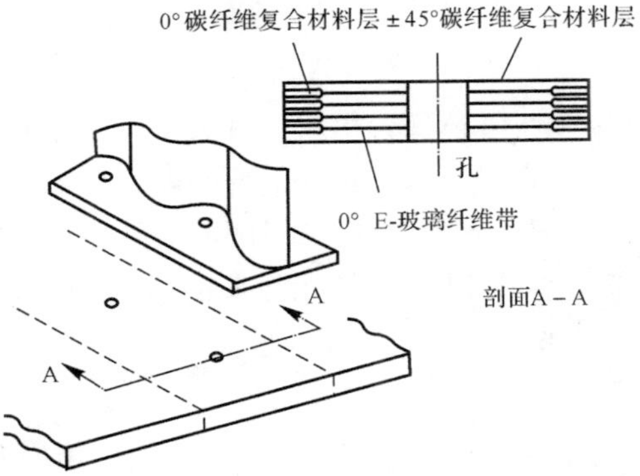

图 8.12　连接区软化带设计方案举例

2. 软蒙皮设计技术

软蒙皮设计的基本思想是把复合材料加筋蒙皮结构中不同铺层角的铺层组，比较集中地

分配在不同元件(蒙皮和加筋条)中,以提高结构的损伤容限,达到提高损伤容限设计许用应变的目的。所谓“软蒙皮”,即是将机翼的蒙皮设计成低刚度的蒙皮(一般相对比较薄)。它以模量较低的 ±45° 层为主(可占层压板的 70% ~ 80%),也有的在局部区域混杂以一定的玻璃纤维,主要用以承受剪切和整体油箱中的内压。同时有少量比例的 0°,90° 层用以保证局部强度和稳定性,如图 8.13 中的(0°/45°/90°)为 10/80/10 铺层比例的层压板蒙皮。加筋条则以 0° 层为主,沿机翼展向布置,用以承受机翼壁板的拉、压载荷。蒙皮和加筋条通过机械连接或共固化方法构成机翼壁板,这种方法一般用于蒙皮承剪的旅客机和运输机机翼结构。有的设计方案(如机身壁板上)则可在软蒙皮中隔一定间距,嵌入相当的 0° 层作为附加的增强件(止裂带)。

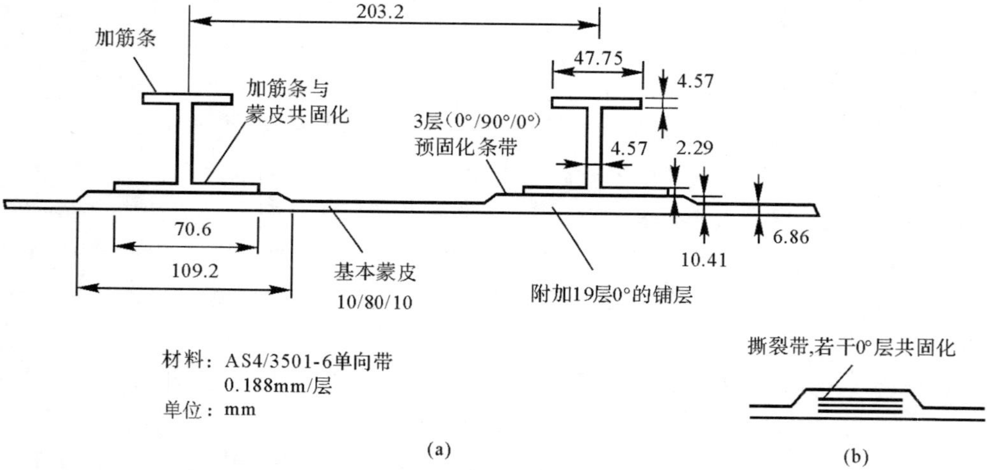

图 8.13　软蒙皮设计举例(机翼壁板典型剖面)

加筋条:(0°/±45°/90°)比例 60/30/10;基本蒙皮:(0°/±45°/90°)比例 10/80/10

3. 夹胶膜技术

层间夹胶膜主要是针对易受冲击结构提出的一种提高冲击阻抗或减小层间应力集中的设计方法。复合材料的碳纤维铺层之间夹入一些环氧树脂基胶膜(如 FM 系列胶膜)或热塑性胶膜(如 HXT 系列胶膜、PEEK 胶膜等)时,可提高层间断裂韧性。新一代的层间夹胶膜是将韧性颗粒喷涂在预浸带上,在保证不增加层间厚度的同时大幅度地提高了层间韧性和冲击后压缩强度,这种层间夹胶膜技术已被成功地应用于波音 777 飞机的尾翼结构中。

4. 三维增强(*Z* 向增强)技术

三维增强主要是为了抑制冲击等引起的分层损伤的扩展,用以提高复合材料结构的冲击阻抗。它包括厚度方向增强的纺织复合材料(指采用三维编织、*Z* 向缝纫等纺织预成形件与 RFI(树脂膜渗透成形技术)或 RTM(树脂传递模塑成形技术)成形工艺制造的复合材料(详见第 5 章图 5.16),以及用紧固件或 *Z* 向销机械连接增强等多种方法。其中以干缝纫件或三维编织件作为预成形件的干缝纫 /RFI 和三维编织 /RTM 是改善结构抗冲击损伤能力很有潜力和发展前途的方法。

Z 向销连接是除金属紧固件之外的另一种提供 Z 向增强的机械连接方法。该方法是将包含有小直径的坚硬的碳 / 环氧树脂销钉的泡沫预制件(由 FM 制成)放在层压结构上,在对复合材料构件进行热压处理时将这些预制件压入层压板。此法可用于局部增强,也可用于全部增强,还可代替金属紧固件固定骨架结构用。试验结果显示可在一定程度上减少分层面积、提高冲击阻抗。

二、采用特殊设计技术需注意的问题

(1) 复合材料的损伤形式众多,其形成和扩展的机理不同,必须针对不同的损伤采取相应的设计方法,才能有效地提高损伤容限。另外,上述的几种方法主要着眼于改善冲击损伤容限,但在另一种载荷状态下其他损伤可能成为主要矛盾。如对于主要受拉伸载荷或拉-剪载荷的结构,构件中的孔或其他穿透损伤就比较危险。为了最大限度地提高结构效率和设计应变的水平,应就不同部位具体结构最易产生的损伤类型并结合所受载荷特点,有针对性地分别采用相应的措施,才能取得最佳效果。

(2) 实践表明,要提高复合材料结构的损伤容限,单一地用一种方法一般不能完全奏效。必须结合具体结构,合理地协调配合、综合应用多种方法,才能取得理想效果。

(3) 应该注意到损伤容限关键部位通常只占总结构的很少一部分(例如 20%),为了满足损伤容限要求(通过增加厚度来降低应变水平)所付出的质量代价可能只有 4%,但为了提高其损伤容限采取的设计措施所带来的成本代价则可能要大得多,或对无损强度、刚度或质量带来某些不利影响。因此在实际设计中应对结构的强度、刚度、耐久性、损伤容限、质量及成本等加以综合考虑,以求得最佳的结构效率、成本效率以及各种性能之间的平衡。

最后要说明一点,损伤容限和损伤阻抗是两个不同的物理概念,有些特殊设计方法能提高损伤阻抗,但不一定能提高损伤容限,因此工程应用时应予以注意。

8.4　损伤容限分析和疲劳特性概述

一、损伤容限分析方法概述

以拉伸载荷下含孔(裂纹)等穿透损伤的层压板和以压缩载荷下含冲击损伤的层压板为例,概述求剩余强度的大致过程。

1. 含孔(裂纹)等穿透损伤时层压板的拉伸剩余强度

一般先通过理论分析或有限元法对孔边应力 / 应变进行分析;然而利用有关判据,估算出其剩余强度。目前用的有损伤影响(Damage Influence,简称 DI)失效判据或损伤区纤维断裂(Fiber breakage in Damage zone,简称 FD)失效判据。

2. 含冲击损伤时的压缩剩余强度

分析主要包括两方面的内容：

(1) 计算出冲击损伤区域的大小。它可以利用弯曲应变能密度分层失效判据(假设冲击分层损伤主要由基体强度和层间剪切强度控制)，或在该判据基础上进一步考虑横向剪切强度对分层影响的剪切应变能密度分层失效判据进行计算，可参阅参考文献[10]。

(2) 用上述的 FD 或 DI 判据估算含冲击损伤层压板的压缩剩余强度。

3. 估算剩余强度的判据

(1) 损伤影响(DI) 失效判据。该判据可表述为：当缺口(或损伤) 附近特征点处的加权法向应力(见图 8.14) 达到层压板的破坏强度时，含损伤层压板出现破坏，其数学表达式为

$$\sigma_y(x,0)(1+\alpha\sqrt{2x/W})\Big|_{x=D_i}=\sigma_b \tag{8.1}$$

D_i 为满足下式的 x 值，

$$\frac{\mathrm{d}}{\mathrm{d}x}\left[\sigma_y(x,0)(1+\alpha\sqrt{2x/W})\right]=0 \tag{8.2}$$

式中，σ_b，$\sigma_y(x,0)$ 分别为层压板的无损强度和损伤附近的法向应力分布；W 为试样宽度；α 为与损伤形式(孔、裂纹、分层、冲击损伤等)、载荷形式及性能有关的常数。对圆孔拉伸，

$$\alpha=\left|\frac{A_{11}+A_{12}}{2A_{22}(1+(K_T^{\infty}-3)^2)}-\nu\right|+K_T^{\infty}\left[\sqrt{\left(\frac{2R}{W}\right)^3}-\left(\frac{2R}{W}\right)^2\right] \tag{8.3}$$

式中，A_{ij}，ν 分别为层压板的面内刚度系数和层压板的泊松比；K_T^{∞} 为层压板的孔边应力集中系数。

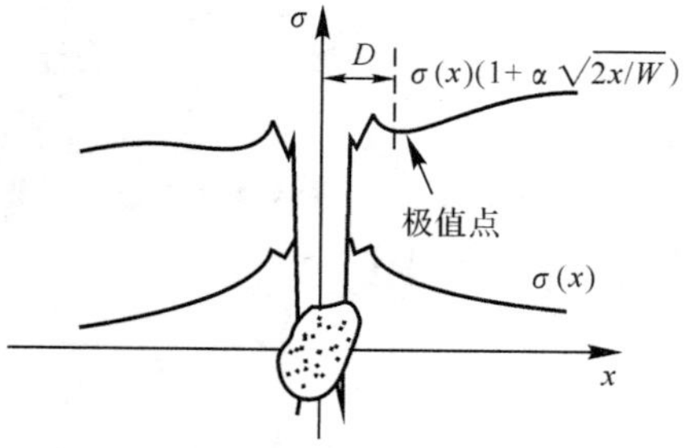

图 8.14　DI 判据示意

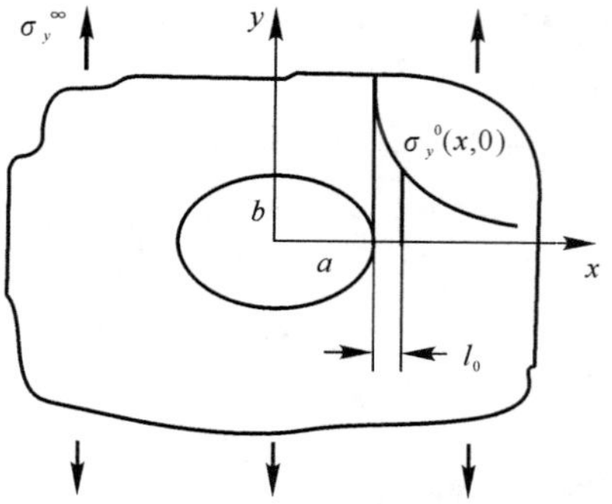

图 8.15　含孔层压板中缺口附近 0° 层的应力分布

(2) 损伤区纤维断裂(FD) 失效判据。该失效判据可表述为：当缺口(或损伤) 附近特征长度 l_0 范围内 0° 层的平均法向应力(见图 8.15) 达到单向板的极限强度时，含损伤层压板出现破坏，其数学表达式为

$$\frac{1}{l_0}\int_a^{a+l_0}\sigma_y^0(x,0)\,\mathrm{d}x=X_t \tag{8.4}$$

式中，X_t 为单向板的纵向拉伸强度；$\sigma_y^0(x,0)$ 为不考虑损伤区影响时，缺口截面上 0° 层的法向应力分布，表示为

$$\sigma_y^0(x,0)=\alpha_1\int_a^{a+l_0}\sigma_x(x,0)\mathrm{d}x+\alpha_2\int_a^{a+l_0}\sigma_y(x,0)\mathrm{d}x+\alpha_3\int_a^{a+l_0}\tau_{xy}(x,0)\mathrm{d}x$$

式中，l_0 为材料体系常数，与铺层形式、缺口形状及尺寸无关；a 为缺口在 x 轴向的半长；$\alpha_j(j=1,2,3)$ 为层压板常数；$\sigma_x(x,0)$，$\sigma_y(x,0)$，$\tau_{xy}(x,0)$ 为层压板沿 x 轴的应力分量。

对于常用的复合材料体系，由试验数据得到的特征长度 l_0 可参见表 8.3。

表 8.3　常用复合材料体系的特征长度 l_0 值

材料体系		HT3/5405	HT3/QY8911-I	HT3/5222	HT3/KH304	T300/914C	T300/5208	AS4/3501-6	AS4/3502	AS4/PEEK
l_0/mm	拉伸	2.22	2.22	2.73	2.35	1.59	2.35	1.05	2.16	1.54
	压缩	2.57	4.0	4.01	3.41	6.04			2.43	$w/2-a$

4. 剩余强度的估算

(1) 含孔复合材料层压板的拉伸剩余强度。用上述的 FD 和 DI 失效判据估算拉伸剩余强度。

(2) 含冲击损伤层压板压缩剩余强度的估算。可用基于 FD 失效判据和含椭圆孔假设的方法，也可用基于 DI 失效判据和软化夹杂假设的方法来估算含冲击损伤层压板的压缩剩余强度。

以下简单介绍基于 FD 判据的估算方法：

当含冲击损伤时，可按图 8.16 将冲击损伤简化为椭圆孔，其长轴等于分层区投影图的宽度，分层区投影图可由无损检测给出或用理论方法计算得到；其短轴等于表面凹坑的宽度，表面凹坑的宽度可以直接测出或简单假设为长轴的 0.3；据此计算得到含椭圆孔层压板缺口附近 0° 层的法向应力分布；利用 FD 判据（见式(8.4)）和表 8.3 或含孔层压板受压试验给出的特征长度 l_0 值估算压缩剩余强度。

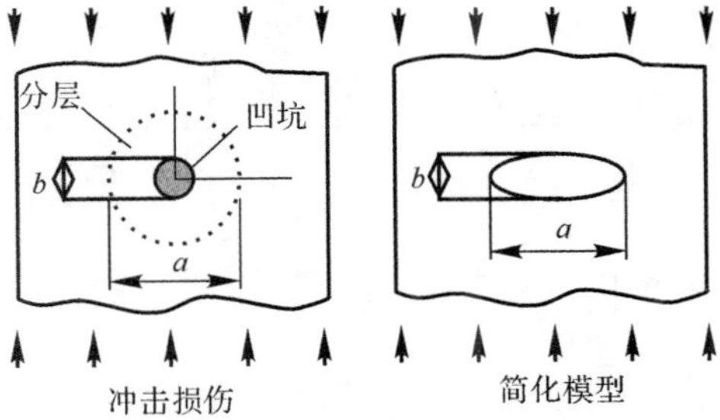

图 8.16　冲击损伤的分析模型

基于 DI 判据的估算方法详见参考文献[10]，此处不再阐述。

二、疲劳特性

各向同性金属材料在疲劳载荷作用下，可以观察到明显的单一主裂纹的扩展。而各向异性复合材料则表现出非常复杂的破坏机理，可能出现基体开裂、界面脱胶、纤维断裂，乃至分层等多种损伤形式交错出现、无规则扩展以及它们的组合积累，往往缺乏规律性。但大量研究表明，复合材料具有优异的疲劳性能。图 8.17 简略描述了它与金属材料疲劳损伤之间的差异。图中临界损伤尺寸是指结构“用坏”时的最大损伤尺寸。虽然复合材料的初始缺陷比金属材料大，但由于多种损伤形式和增强纤维的相互牵制作用，使复合材料疲劳呈现出很好的断裂韧性和低的缺口敏感性，有较大的临界尺寸，疲劳门槛值高。

目前复合材料结构设计许用值主要取决于损伤容限许用值，在这样的应变水平下，由于复合材料优良的疲劳性能，通常复合材料结构具有无限寿命，这就是习惯上所说的“静力覆盖疲劳”的含义。疲劳破坏准则可以是强度不足，但多数情况下则表现为结构刚度的下降，不能满足设计要求而失效。此外，应该特别引起注意的是胶接结构，如果设计不当，有可能出现疲劳破坏。但一般说，迄今为止疲劳破坏通常不是复合材料耐久性 / 损伤容限设计的关键问题。

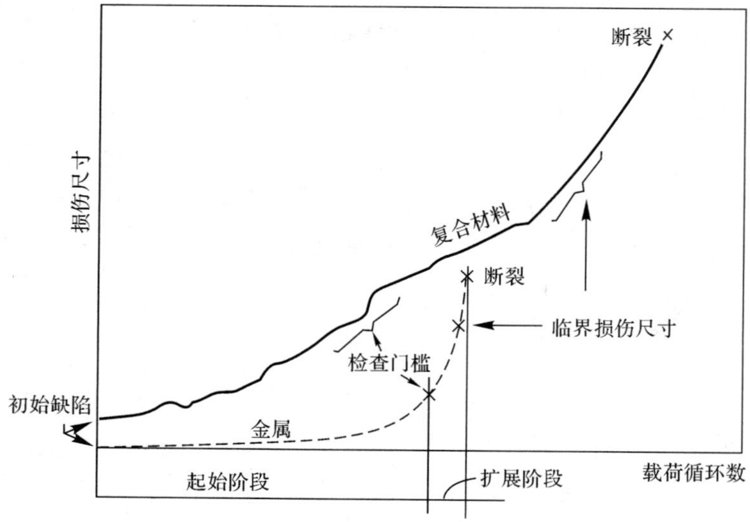

图 8.17　复合材料与金属疲劳损伤增长比较

目前还没有较为成熟的耐久性分析方法。在参考文献[10]中列出了剩余强度降模型、剩余刚度降模型和累积损伤模型等几种疲劳寿命估算方法，目前，尚在进一步完善、发展，而且试验表明，复合材料疲劳寿命的分散性大，不易预估准确。此外，须注意到复合材料的疲劳性能易

受湿 / 热环境的影响。

8.5　湿热、雷电、腐蚀环境的设计考虑

飞机复合材料结构在使用中除经受机动载荷、突风载荷等载荷环境外，还将受到对其完整性有影响的总体环境（如温度、湿度、雷电、砂石、冰雹、雨雪、阳光及大气污染等）和局部环境（如燃油、滑油、清洁剂等）的影响。耐久性设计的目的在于提供抗腐蚀、抗磨损、抗疲劳 / 环境影响损伤的能力，同时要以合理的维修价格确保经济寿命。复合材料对此须采取一些特殊的设计措施。因此，在复合材料结构设计的选材、选型、详细设计及试验验证阶段，应根据飞机预计的服役地区、飞行范围、使用任务、结构状况等制订飞机复合材料结构设计应考虑的环境条件，包括对结构完整性有明显影响的所有总体环境与局部环境。对所用材料体系和结构状况，应评定复合材料结构可能遭受到的最严重的单项或组合环境，还应评定长期作用的环境谱，包括环境的强度、出现频率、持续时间及出现顺序等。当有试验数据证明某项环境因素没有明显影响时，可以不予考虑。

一、复合材料结构设计中须考虑的环境

1. 湿热环境

对复合材料结构，湿热环境是必须考虑的总体环境，应通过分析和试验，验证复合材料结构在设计使用寿命期内，在可能遇到的温度、湿度和载荷环境的单独或综合作用下，仍能满足结构完整性要求。

温度：① 按飞机预定使用地区内的气候高温、加上日光曝晒引起的最大可能升温，确定气候引起的结构最高温度。按地面最低温度与空中飞行低温（考虑非标准大气）之最低值确定气候引起的结构最低温度。② 应通过可靠的分析计算或实测确定飞行中气动加热及其他热源所产生的结构最高温度、最大温差、典型温度剖面。

复合材料的吸湿量：应根据飞机设计使用寿命和预期使用环境，确定复合材料结构寿命末期达到的平衡吸湿量。对已知的材料体系，设计的吸湿量可通过将试样放置在模拟可能获得最严重吸湿量的曝露水平下达到吸湿平衡，也可以采用 85％RH 条件下的平衡吸湿量。

飞机的湿热环境由大气环境和飞行环境两部分构成。表 8.4 给出了我国飞机服役典型环境的划分。

飞行环境主要是气动加热，飞机飞行中的气动加热将使飞机结构产生热应力。飞机的飞行高度在 10 km 以上，飞行马赫数大于 2，短时间内可加速到最大飞行速度，这会在结构中造成很大的温度梯度。高空环境相对湿度较小，所以在考虑热载谱时可不计湿度要求，但要考虑地面湿结构快速机动飞行时出现的热冲击，以及由此形成的地 — 空 — 地的湿热循环。

表 8.4　我国飞机服役典型环境区的划分

典型	环境区	主要特征	典型地区
1	干冷	气温低，年均气温低于10℃，降雨量少，年均相对温度大于80％的小时数不大于500 h，工业污染较少，空气中腐蚀介质含量低	西藏、青海、宁夏、新疆、吉林及黑龙江的大部分地区
2	基本（温和环境区）	气温适中，年均气温低于15℃，降雨适中，比较干燥，年均相对湿度大于80％的小时数不大于3 000 h，工业污染较严重	西安、郑州、北京、沈阳
3	内陆湿热	气温较高，年均气温在15～20℃之间，降雨量较大，露日数和雾日数较多，空气潮湿，年均相对湿度大于80％的小时数大于4 000 h，工业污染较严重，空气中有害介质含量高，该环境区气候基本上属于亚热带湿润型气候	重庆、武汉、长沙、广州、南京
4	温和沿海	气温适中，年均气温低于15℃，降雨量大，空气潮湿，风大，空气中盐含量大，盐雾沉降量大，工业污染较严重	青岛、厦门、沿海地区
5	湿热沿海	气温高，年均气温大于20℃，其他情况与温和沿海环境区相似	海南沿海

2. 冲击环境

飞机复合材料结构对诸如工具掉落、跑道碎石、冰雹、地面运输等引起的冲击损伤很敏感。另一类必须考虑的冲击是诸如雷击、鸟撞和弹伤造成的高能量冲击。这类冲击一般形成目视可见的损伤。雷击冲击将导致复合材料结构局部烧焦，产生击穿孔或局部分层，鸟撞和弹伤一般产生击穿孔。

要求结构在低能量冲击环境下仍能满足强度和寿命要求，在高能量冲击下损伤不应快速扩展。

3. 老化环境

复合材料结构的老化环境包括湿热环境、腐蚀性液体（燃油、液压油、防冻液等），以及紫外线辐射、风化、砂蚀、雨蚀等。

二、湿热环境效应及设计考虑

湿热环境效应包括两个问题，即在最严酷的湿热环境条件下引起的力学性能降低，以及长期的湿热老化环境对力学性能(包括寿命)的影响。温度和湿度对飞机复合材料影响的途径是不同的。温度影响是通过热传导在较短的时间内作用于复合材料结构上；而湿度影响是由复合材料吸湿，含水量逐渐增加，经历较长时间(数年或十多年)对复合材料结构造成影响，形成危害。

1. 湿热环境对复合材料力学性能的影响

湿热环境对复合材料力学性能，特别是基体控制的力学性能影响较为严重。试验结果表明，在设计时必须考虑湿热环境对层间剪切强度、压缩强度、冲击后压缩强度(CAI)、开孔拉伸和压缩强度的影响。

2. 湿热环境对复合材料物理性能的影响

湿热环境对复合材料物理性能也有所影响，主要表现在吸湿后玻璃化转变温度(T_g)会不同程度地有所下降；而随着温度的升高，其热膨胀系数会有所增大，有些材料体系，如T300/914C 单向板在到 180°C 后会加快增长。

3. 湿热环境对复合材料破坏模式的影响

湿热环境不仅影响复合材料层压板的物理、力学性能，也影响其破坏模式。以 T300/914C 层压板压缩破坏模式为例可以说明，低温干态环境下(－55℃，干态)，破坏模式基本是基体本身的破坏；常温湿态环境下(23℃，湿态 $m=0.9\%$)，则是基体和界面的混合破坏；高温高湿环境下(120℃，$m=1.6\%$)，几乎全是纤维 / 基体界面的破坏。

4. 湿热老化效应

纤维增强树脂基复合材料的湿热老化实际上是复合材料经受吸湿、温度和应力联合作用而产生的退化过程，退化机制作用于纤维、界面和基体上，并引起物理-化学变化。在吸湿过程中，结构内部会产生溶胀应力，而湿结构在热冲击下由于外层快速脱湿而产生更大的溶胀应力。这种内应力反复作用并达到某一量级时会引起应力开裂，以致于形成龟裂。这种龟裂会影响复合材料结构的再吸湿及再干燥速率，最后可能形成宏观裂纹。树脂基复合材料的老化过程，也是其降质(退化)过程，在此过程中，力学性能，特别是受基体控制的性能，例如剪切和横向响应变化很大。所以在复合材料结构设计阶段必须研究所选材料体系的老化效应。

由于老化过程理论预估十分困难，一般是通过老化试验或加速老化得到数据。

5. 湿热环境设计考虑

设计师在不同的设计阶段，对湿热环境考虑的方面不同。

(1) 设计选材阶段，主要考虑最高工作温度 T_{max} 和长时高温下材料饱和吸湿。例如对战斗机 $T_{max}=150\sim180$℃；80～100℃ 下材料有 0.6% 左右的吸湿增重；对民机 $T_{max}=90$℃；70℃下材料有 0.8%～1.0% 吸湿增重。

(2) 设计分析阶段，综合考虑温度湿度/载荷应力。在分析中计及湿热及湿热老化对复合材料性能的影响。也可用环境因子计及湿热影响。

(3) 验证试验阶段，试件预吸湿，有时进行温度谱与载荷谱的叠加试验。

(4) 湿热和某些化学介质的防护设计。湿热对复合材料的基体和胶层的性能影响较大，会大大降低结构的耐久性，为此可采取以下措施。

1) 在被胶接构件的接缝处全密封防护。机械连接接头应采取湿装配方法，在紧固件头部、被连接构件的接合处均应涂以密封胶以防水气浸入。

2) 整体油箱边界用密封胶密封；内表面涂防渗透涂料，以防冲击后漏油。

3) 结构上要设计有效的排水系统和放水口，以便定期排除积水。

三、雷电环境及雷击防护

雷击是一种自然现象，飞机结构都要考虑防雷击问题。为此金属结构的零构件要适当布置搭铁线，使飞机本身形成一条电气回路。当雷击到达机体端部等位置时机体便成了雷电冲击的导体，有强大电流通过机体，从触及部位向其他部位迅速传导，直至放电刷放电。复合材料或是不导电(玻纤或芳纶纤维复合材料)，或导电性能差(如碳纤复合材料)，雷击冲击将导致复合材料结构局部烧焦，产生击穿孔或局部分层，因此对有电磁性能要求的结构，如雷达罩或用作电气接地平面和作为电磁场衰减屏蔽的复合材料机体结构，对机翼和尾翼的翼尖部、前后缘以及机身前端等易受雷击的部位，需要采用特殊的结构参数、连接技术、表面处理、涂层和边缘加工等防雷击措施，以求有效地防止或减少复合材料结构的雷击损伤(见图 8.18)。对整体油箱区的雷击防护应保证不致烧穿，内部不会发生火花，并使结构受损最小，以防雷击后漏油。图8.19是 A-320 尾翼上采用铝棒分流器的情况。

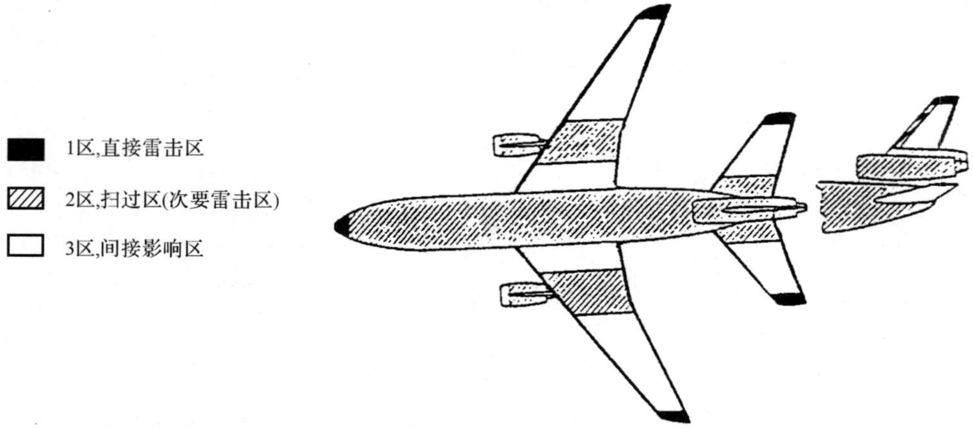

图 8.18　运输机雷击区域

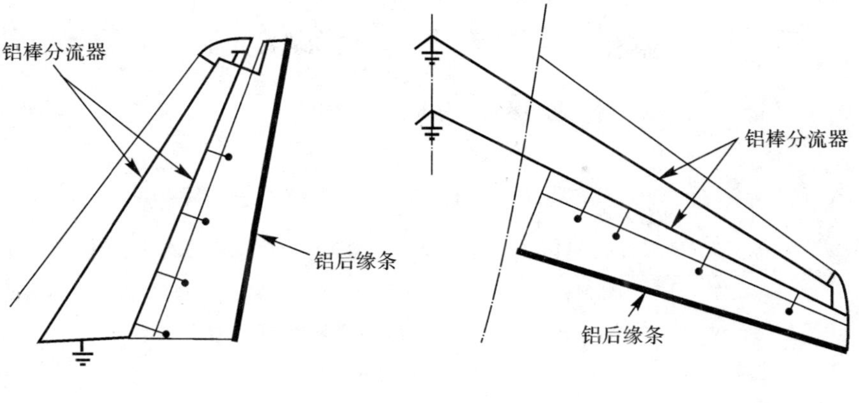

图 8.19　A－320 尾翼上的铝棒分流器

(a) 垂直尾翼和方向舵；(b) 水平尾翼和升降舵

1. 雷击附着区划分

根据雷电附着的可能性将飞机表面划分成三个区域，每个区域具有不同的雷电附着特性和传导特性。这些区域定义如下：

(1) 初始附着区域(区域 1)，雷电初始附着(进入或离开)概率很高的飞机表面；

(2) 扫掠冲击区域(区域 2)，雷电从初始附着点位置被气流吹移通过概率很高的飞机表面；

(3) 除区域 1 和区域 2 外的所有飞机表面为区域 3，该区域受到雷电附着的可能性很小。

2. 不同区域和复合材料整体油箱防雷击的要求

(1) 位于区域 1 的复合材料结构应进行雷电防护，以避免遭到直接雷击而损坏；

(2) 位于区域 2 的复合材料结构应具有对雷电扫击和反复雷击的防护能力；

(3) 区域 3 雷电附着的可能性很小，但它要传递很大的雷电电流，要求位于此区域内的复合材料结构应使雷电电流通过；

(4) 对复合材料整体油箱结构，必须避免潜在的放电威胁，设计时要采取必要措施来保证在直接雷击环境下不出现放电火花。

3. 复合材料构件常用的防雷击措施

复合材料构件常用的防雷击措施列于表 8.5 中。

表 8.5　雷击防护方法

防护方法	使用说明
表面火焰喷涂金属	喷涂厚度不易控制，应保证涂层随构件变形过程中不致产生裂纹，应采用涂有脱膜剂的模具进行火焰喷涂
表面等离子喷涂金属	铺叠构件之前对模子进行喷涂。涂层厚度取决于喷枪距喷涂表面的距离
铺铝箔的预浸料	把覆有薄铝箔的预浸料铺设在模子中作为构件的外表面，对双曲度表面构件，要注意铝箔的剪裁
铝丝网	使用铝线网或铝纱网材料。适用于复杂曲面的成型，比铝箔法更易控制，具有质量小的优点。若要求表面光滑，则固化期间应使树脂透过铝丝网或涂漆前进行增填
分流片	在构件上每隔一定距离安置一片平铝片，或在构件四周形成一圈。要注意铝片与金属骨架间的搭接
防雷击导电涂层	在构件外表面涂覆导电涂层，以降低构件表面电阻。可参照有关导电漆的技术标准执行

四、腐蚀环境及其防护设计

1. 腐蚀环境

复合材料结构在使用过程中，可能遇到各种外部使用环境（如温度、湿度、雨雪、阳光、雷电、风沙、尘埃、盐雾、噪声及工业污染等），此外还受内部的燃料、液压油、冷却剂、密封剂以及生产和使用中一些酸碱的环境介质的腐蚀影响。另外，复合材料与某些金属材料相接触时可能会出现电偶腐蚀。

2. 环境介质的腐蚀控制

它可通过两个途径来进行控制。一是提高材料自身的耐蚀性，主要是提高基体的紧密性，使介质的扩散、渗透系数下降。二是在复合材料表面使用防护层，应用恰当的防护涂层可以达到不同的目的。例如，它可以减缓材料的吸湿和老化过程；可抵御前缘迎风部位破坏性很大的砂蚀、雨蚀；可以隔离基体与金属的直接接触，避免电偶腐蚀。与此同时，它还可使结构件具有良好的装饰外观，甚至起隐形、伪装等特殊作用。

目前广泛使用的涂料主要有环氧类涂料和聚氨酯类涂料。

3. 复合材料与金属的电偶腐蚀及防护设计

电位不同的两种材料连接、接触，并与电解液接触时，会引起电位较低材料的加速腐蚀，称为电偶腐蚀。碳具有较好的导电性并具有较高的电位，碳纤维复合材料在与金属材料的零、构件连接时，几乎都起阴极作用，加速金属的腐蚀。碳纤维复合材料与大部分金属的电位差在 0.5 ～ 1.0 V之间，有些高达 1 ～ 2 V，因此需要在金属和复合材料偶联区采取防电偶腐蚀措施。电偶腐蚀的发生须存在三个条件：电位差、电解质和导电联结。防护也应从这三个方面着手。为此可采取以下设计措施：

(1) 注意结构密封，防止水气、海水浸入，以免电解溶液积聚。

(2) 尽量避免小的金属件（如紧固件）与大面积复合材料（如飞机构件）接触，对紧固件应严格防护。必须接触时，可在两者之间采用涂层或绝缘材料（如玻璃布等）制成垫片、套管、胶带，以形成断开电路的绝缘层。

(3) 选用互相相容的材料，从根本上防止电偶腐蚀。复合材料只能与经过表面处理的钛合金、不锈钢接触，不能与铝合金以及只经镀镉、镀锌的钢直接接触。

用于湿 / 热环境的防护设计措施（见本节“二”之“5”）也可用作防腐蚀的设计措施。

参考文献

[1] 王耀先.复合材料结构设计.北京:化学工业出版社,2001.
[2] 杨乃宾,章怡宁.复合材料飞机结构设计.北京:航空工业出版社,2002.
[3] 杜善义.复合材料及其结构的力学、设计、应用和评价.第3册.哈尔滨:哈尔滨工业大学出版社,2000.
[4] 王兴业,等.复合材料力学分析与设计.北京:国防科技大学出版社,1999.
[5] 沈观林.复合材料力学.北京:清华大学出版社,1996.
[6] 蒋咏秋,陆逢升,顾志建.复合材料力学.西安:西安交通大学出版社,1990.
[7] 张双寅,刘济庆,于晓霞.复合材料结构的力学性能.北京:北京理工大学出版社,1992.
[8] 李顺林.复合材料力学引论.上海:上海交通大学出版社,1986.
[9] 张志民,张开达,杨乃宾.复合材料结构力学.北京:北京航空航天大学出版社,1993.
[10] 陶梅贞.现代飞机结构综合设计.西安:西北工业大学出版社,2001.
[11] 中国航空研究院.复合材料结构设计手册.北京:航空工业出版社,2001.
[12] Michael C Y Niu. 飞机复合材料结构设计与制造.西安飞机工业公司,译.西安:西北工业大学出版社,1995.
[13] 航空航天工业部科学技术研究院.复合材料设计手册.北京:航空工业出版社,1990.
[14] 张延辉.复合材料层板的损伤容限及多目标优化设计[D].西安:西北工业大学,1998.
[15] 张延辉,李为吉.一种机翼模糊重要度的多目标优化设计方法.航空学报,1999,20(4):355-357.
[16] 谢鸣九.复合材料连接手册.北京:航空工业出版社,1995.
[17] 迟坚,谢鸣九.复合材料机械连接钉载分配有限元分析研究.航空学报,1998,19(7).
[18] 沈真.复合材料飞机结构耐久性/损伤容限设计指南.北京:航空工业出版社,1995.
[19] 薛克兴.复合材料结构的损伤与修补.北京:航空工业出版社,1992.
[20] 陈绍杰.复合材料结构修理指南.北京:航空工业出版社,2001.
[21] 中国航空研究院.军用机疲劳、损伤容限、耐久性设计手册.北京:航空工业出版社,1995.